意图网络（IBN）
下一代园区网络演进策略

Transforming Campus Networks to Intent-Based Networking

Enabling Your Network for the Future

[荷] 彼得·扬·尼夫肯斯（Pieter-Jan Nefkens） 著

夏俊杰 译

U0338757

人民邮电出版社

北 京

图书在版编目（CIP）数据

意图网络（IBN）：下一代园区网络演进策略 /
（荷）彼得·扬·尼夫肯斯（Pieter-Jan Nefkens）著；
夏俊杰译. -- 北京：人民邮电出版社，2021.7
ISBN 978-7-115-56483-2

Ⅰ．①意… Ⅱ．①彼… ②夏… Ⅲ．①局域网 Ⅳ.
①TP393.1

中国版本图书馆CIP数据核字(2021)第081231号

- ◆ 著　　　　［荷］彼得·扬·尼夫肯斯（Pieter-Jan Nefkens）
  译　　　　夏俊杰
  责任编辑　傅道坤
  责任印制　王　郁　焦志炜
- ◆ 人民邮电出版社出版发行　北京市丰台区成寿寺路 11 号
  邮编　100164　电子邮件　315@ptpress.com.cn
  网址　https://www.ptpress.com.cn
  大厂回族自治县聚鑫印刷有限责任公司印刷
- ◆ 开本：800×1000　1/16
  印张：16.75
  字数：361 千字　　　　　　　　　2021 年 7 月第 1 版
  印数：1 – 2 000 册　　　　　　　　2021 年 7 月河北第 1 次印刷
  著作权合同登记号　图字：01-2021-0900 号

定价：99.90 元
读者服务热线：(010)81055410　印装质量热线：(010)81055316
反盗版热线：(010)81055315
广告经营许可证：京东市监广登字 20170147 号

内容提要

基于意图的网络（IBN）也简称为意图网络，是业界公认的下一代网络基础设施，它以思科全数字化网络架构（DNA）为基础，能够以更智能化的方法来管理园区网络，且能大幅降低网络设计、变更和运维的压力，是一种面向未来的网络模式。

本书分析了企业园区网络在向意图网络转型时面临的各种挑战性问题，包括网络硬件和软件方面的挑战，以及组织机构和流程挑战，提出了一种独特的四阶段方法来帮助组织机构开启意图网络的转型之旅。本书分为三部分，总计 14 章，内容涵盖了传统园区网络部署模式、当前网络变革需求、企业架构、思科全数字化网络架构、意图网络、意图工具、IBN的四阶段迁移策略（确定挑战、准备意图、设计/部署和扩展、启用意图）、架构框架、启用数字化业务、IT 运维，以及成功部署 IBN 的建议。本书还通过一个附录对园区网络使用的各种技术进行了简单介绍。

通过学习本书，读者可以知道为什么以及如何向意图网络进行迁移。本书适合网络顾问、网络架构师、网络设计师以及网络运维工程师阅读。

关于作者

Pieter-Jan Nefkens，IT 和网络顾问，长期在荷兰工作，从职业生涯早期就开始从事设备和人的连接工作（甚至在互联网时代开启之前）。Pieter-Jan 很早就以 IT 企业家的身份开展工作，在网络、安全、虚拟化和主动软件开发方面拥有丰富的专业知识。在 20 多年的顾问生涯中，他始终站在新趋势和新技术的最前沿，并通过实施项目和咨询方案为包括小型企业和大型国际化企业在内的客户解决实际业务问题。Pieter-Jan 坚信，只有亲自使用过技术，才有可能为客户提供真正有效的咨询和应用建议。Pieter-Jan 自职业生涯开始就与思科保持着密切关系，参与过大量贝塔测试和早期的现场试验，是最先采纳并部署各种网络新技术的专家之一。

Pieter-Jan 非常乐于分享和使用新技术，从 2017 年起一直担任 Cisco Champion（思科引领人）。除了从事网络咨询工作之外，Pieter-Jan 还参与了欧洲内陆航运的标准化工作。

在过去的几年里，Pieter-Jan 一直为荷兰政府和自己的咨询公司工作。

关于技术审稿人

Denise Donohue，CCIE #9566（路由和交换），从 20 世纪 90 年代中期就开始从事信息系统领域的相关工作，从 2004 年开始从事网络架构方面的工作。在此期间，她与来自多个行业且规模不一的私有和公有网络进行合作，专注于业务与技术的协同。Denise 撰写了多本思科技术图书，经常在线上、线下研讨会以及专业会议上分享自己的知识和见解。

Shawn Wargo，思科系统企业产品营销团队的首席技术营销工程师（PTME）。Shawn 于 1999 年加入思科，在 2010 年成为技术营销工程师之前，曾在 TAC 和工程部门工作。Shawn 主要专注于 Catalyst 多层交换产品，特别是下一代硬件（如 Catalyst 9000）和软件产品（如思科 SDA）。

献辞

谨将本书献给我已故的父亲 Piet，终生难忘他的指导与忠告。同时，将本书献给我可爱且优秀的妻子 Renate，从我构思到实际写作本书的整个过程中，她给予了我无与伦比的支持。

致谢

感谢众多提供直接或间接帮助的朋友，没有你们的支持，我就无法完成本书的写作。

首先，感谢我的妻子 Renate 和两个漂亮的女儿给予我的信任，感谢你们始终接纳、包容我，在面对困难和挑战时也依然如此。

感谢我的父母让我勇敢地追寻自己的梦想，给我提供学习技能和获取知识的机会。特别要感谢我已故的父亲 Piet Nefkens，以及 Jos van Splunder 和 Lex de Lijster 不断教导我，让我知道只有自己理解并能够使用新技术去解决实际问题，才能确保 IT 咨询走向成功。

非常感谢 Patrick Nefkens 审阅我的初稿并提供了非常有益的反馈信息，帮助我顺利完成工作。

感谢 Dick van den Heuvel 为我提供了一个与 DNA Center 合作并帮助团队实现自动化的机会。

感谢 Brett Bartow、Chris Cleveland 及思科出版社的其他朋友，他们相信我能够将流程和组织机构变革与技术结合在一起，融入到一本思科图书中。

感谢 Brett Shore、Lauren Friedman 和 Andrea Fisher Bardeau 等推行 Cisco Champion（思科引领人）计划的朋友，让我有机会加入该计划并认识了 Brett Bartow，使得本书最终成为可能。

还要隆重感谢和拥抱所有的思科引领人！非常高兴能够成为这个温暖的网络专家社区的一员，这几年收到的所有反馈、意见、食谱，以及参与的聚会都非常棒，也非常有趣。

此外，特别感谢我钟爱的钢琴师，你们的音乐让我能够始终专注、流畅地写作本书。

最后，还要感谢技术审稿人 Denise Donohue 和 Shawn Wargo，感谢你们的耐心和承诺，以及在我第一次写作中给予的坚定支持。

前言

IBN（Intent-Based Networking，意图网络）是思科、Juniper、Gartner 等公司正在开启的下一代网络革命。思科通过 Network Intuitive 愿景和思科 DNA Center、SDA（Software Defined Access，软件定义接入）、思科 SD-WAN 等解决方案阐释了这一概念。但 IBN 不仅仅是这些技术和解决方案的简单组合，更是一个关于现代网络基础设施设计、管理和维护方式的理念，它以思科 DNA（Digital Network Architecture，全数字化网络架构）为基础。

虽然 IBN 被业界公认为下一代网络基础设施，但很多 IT 专家和组织机构仍然面临着如何设计并将网络基础设施和网络运维模式迁移为 IBN 的挑战，特别是基于现有的网络环境。这种挑战常常表现为"是的，我知道 IBN，但是我该怎么做""我已经安装了思科 DNA Center，但是我能做什么"或者"IBN 如何帮我更快地向内部用户提供服务"等问题。

本书主要聚焦企业园区网络，深入探讨了上述挑战和相关问题，详细解释了 IBN 的相关概念，特别是与园区网络相关的 IBN 问题。在介绍了这些背景知识之后，本书提出了一种独特的四阶段方法来帮助组织机构开启 IBN 迁移之旅（也有人称为 IBN 转型之旅）。

由于 IBN 需要在技术（以及如何应用这些技术）和组织机构（如何管理网络）方面进行变革，因而本书还提供了实现组织机构变革的相关建议，希望能够为将现有网络迁移为 IBN 的所有人员和组织机构提供帮助和支持。

作为一名工程师和咨询顾问，我的职业生涯大部分时间都在专注于促成和实现变革。变革总是以这样或那样的方式与技术手段发生关联，特别是利用技术解决今天或明天的问题，或者利用技术开启新的创新理念和创新想法。作为一名第三方专家，我的职责始终是帮助和支持组织机构实现变革。

IBN 将引领整个网络行业进入精彩绝伦的变革时代。网络（特别是园区网络）将在组织机构当中发挥越来越重要的作用，变革的速度也将不断加快，这一点在我的日常工作中随处可见。在网络中部署意图对我来说只是万里长征第一步，接下来还能做什么？我相信未来一切皆有可能。

本书全面总结了我的过往经验和思考，探讨了思科 DNA 和 IBN 的概念，希望能够为企业的下一代网络转型提供助力。

希望本书能够为读者提供足够的信息和背景知识，知道为什么以及如何将现有园区网络和网络运维团队迁移为 IBN。

最后，本书附录还提供了书中提及的各种网络技术的基本知识。

本书读者对象

本书主要面向对 IBN 以及如何将现有园区网络迁移至 IBN 有疑问的网络顾问、网络架构师（设计师）、高级网络工程师和 IT 经理。阅读本书需要具备一定的网络基础知识，但是并不需要深入理解这些技术。本书附录从概念层面提供了这些网络技术的基本知识。

本书组织方式

本书涵盖了将现有园区网络成功迁移至 IBN 的所有内容，从逻辑上分成三大部分，建议按顺序阅读本书。

第一部分，"IBN 概述"：提供了与园区网络和 IBN 相关的背景知识，包括信息的逻辑组合，介绍了常见的传统园区网络部署模式，讨论了为什么需要通过架构框架进行变更，最后还讨论了 IBN 的相关概念。如果你已经了解了特定章节的内容，那么可以直接跳过这些内容。

- 第 1 章，"传统园区网络部署模式"：本章从概念层面描述了当前大量组织机构的园区网络部署模式。本章没有提供园区网络的具体配置和技术细节，而是重点描述了园区网络的设计理念和设计选项，以及每种选项的优缺点。本章描述了分层园区网络、紧凑核心层模型和多种无线部署模型，同时还描述了园区网络中的各种典型网络技术，如生成树协议（STP）。

- 第 2 章，"当前网络变革需求"：本章描述了网络变革的外部趋势、驱动因素（或力量），这些因素要求改变当前园区网络的设计和维护模式。本章将详细探讨包括无线/移动、（Net）DevOps、复杂性、云和数字化等在内的多种外部趋势。

- 第 3 章，"企业架构"：本章描述了企业架构的基本概念，解释了企业架构对企业总体及企业内部网络设计的价值。网络设计方案（或架构）是更大的技术架构的组成部分，是企业或组织机构的总体架构。本章以 TOGAF®企业架构标准为例来介绍企业架构，并描述网络基础设施与企业架构之间的关系。

- 第 4 章，"思科全数字化网络架构"：本章详细讨论了思科在 2016 年 5 月推出的思科全数字化网络架构（DNA）。思科 DNA 是一种架构，旨在构建最先进的网络基础设施并实现 IBN。本章描述了思科 DNA 的需求、架构构建块以及设计原则。

- 第 5 章，"意图网络"：本章通过解释意图的含义、如何将意图用于网络基础设施，以及如何将意图与思科 DNA 相关联来阐述 IBN 的理念。本章分析了 IBN 如何帮助网络运维团队应对第 2 章提出的变革需求，同时保持对网络的控制能力。此外，本章还介绍了两种 IBN 部署技术：SDA 和传统 VLAN。本书使用基于意图的网络（或支持意图的网络）来描述采用 IBN 概念配置的网络。也就是说，IBN 描述了这个概念，而基于意图的网络则是这个概念的实现。

- 第 6 章，"意图工具"：本章描述了可以在园区网络中部署 IBN 的工具，解释了 IBN 的多个重要概念（如自动化和保障）以及能够满足这些 IBN 概念需求的相关工具。

第二部分，"IBN 迁移策略"：描述了一种四阶段迁移方法，可以帮助组织机构成功地向 IBN 迁移，包括迁移过程中可能遇到的各种问题、解决方案和建议。建议完整阅读这部分内容，不要略过任何一个章节，因为这些章节的内容相互依赖，必须全面掌握。

- 第 7 章，"第一阶段：确定挑战"：本章描述了迁移过程的第一个阶段，旨在确定园区网络的变革需求（本章标题特意使用了"挑战"一词，因为这个词更加积极，而且挑战是可以解决的）并获得必要的支持和承诺。通过本章的学习，大家可以了解到 IBN 是一个理念，不仅包含（新）技术和特定的硬件需求，而且还包含对组织机构的需求和期望。本章讨论了如何确定硬件和软件挑战，以及与组织机构及其流程相关的挑战问题。本章最后介绍了行动计划，行动计划中包含了向 IBN 迁移的各种细节信息。

- 第 8 章，"第二阶段：准备意图"：本章描述了向 IBN 迁移的第二个阶段。第二阶段的目的是为园区网络和组织机构做好迁移准备。首先需要解决第一阶段确定的所有挑战问题，解决了挑战问题之后，剩下的步骤主要是为网络（和网络运维团队）的成功转型做好准备。本章将讨论园区网络配置的标准化、为网络运维团队引入自动化和审计工具，以及这些步骤对 IBN 的重要性，同时还讨论了为什么以及如何执行这些步骤。本章最后描述了本阶段可能遇到的多种风险，以及应对这些风险的相关建议。

- 第 9 章，"第三阶段：设计、部署和扩展"：本章描述了将园区网络迁移至 IBN 所需的全部信息，讨论了包括 SDA 和传统 VLAN 在内的两种部署技术，解释了部署园区网络的方式以及各自的优缺点。此外，本章还讨论了一系列操作步骤，以便在园区网络上分步实施 IBN。与前几个阶段一样，本阶段也提供了风险信息，以帮助识别潜在的风险问题并提前做好准备。

- 第 10 章，"第四阶段：启用意图"：本章描述了网络迁移的最后一个阶段，此时的园区网络已经迁移至 IBN，必须充分利用 IBN 带来的各种可能性。本章讨论了将 IBN 引入组织机构的相关策略，其中包括允许园区网络按需为业务提供服务的方法论。

第三部分，"组织机构变革"：与前两个部分完全不同。前两个部分主要讨论园区网络向 IBN 迁移的背景知识和实际的迁移操作，本部分主要描述 IBN 对组织机构的影响，其中的各个章节可独立阅读。

- 第 11 章，"架构框架"：本章简要回顾了架构框架的基本内容，然后深入探讨了 IBN 对传统企业架构框架的影响和改变方式。

- 第 12 章，"启用数字化业务"：本章详细描述了数字化转型和数字化业务的相关概念，分析了 IBN 适应（并支持）数字化业务的方式以及对组织机构产生的影响。

- 第 13 章，"IT 运维"：本章描述了 IBN 与常见 IT 运维框架之间的关系，介绍了 ITIL、DevOps 和精益等多种常见的 IT 运维模型，探讨了 IBN 对这些 IT 运维模型的影响和改变。

- 第 14 章，"成功部署 IBN 的建议"：向 IBN 迁移需要完成多个层面的变革，包括技术层面、组织层面和个人层面的变革。本章探讨了在个人和组织层面实现变革的背景信息以及相关建议，包含了人的改变以及与之相关联的恐惧因素，提供了成功实现此类变革的建议。最后，本章还讨论了持续推进 IBN 的一些重要建议。

- 附录 A，"园区网络技术"：本附录从概念层面描述了本书用到的主要园区网络技术。本附录没有详细解释每一种技术，而是从概念上对这些技术及其应用做了简要总结。本附录主要适用于技术水平相对有限的读者，让他们对这些技术有一定的理解。

资源与支持

本书由异步社区出品，社区（https://www.epubit.com/）为您提供相关资源和后续服务。

提交勘误

作者和编辑尽最大努力来确保书中内容的准确性，但难免会存在疏漏。欢迎您将发现的问题反馈给我们，帮助我们提升图书的质量。

当您发现错误时，请登录异步社区，按书名搜索，进入本书页面，单击"提交勘误"，输入勘误信息，单击"提交"按钮即可。本书的作者和编辑会对您提交的勘误进行审核，确认并接受后，您将获赠异步社区的 100 积分。积分可用于在异步社区兑换优惠券、样书或奖品。

扫码关注本书

扫描下方二维码，您将会在异步社区微信服务号中看到本书信息及相关的服务提示。

与我们联系

如果您对本书有任何疑问或建议，请您发邮件给我们，并请在邮件标题中注明本书书名，以便我们更高效地做出反馈。

如果您有兴趣出版图书、录制教学视频，或者参与图书翻译、技术审校等工作，可以发邮件给我们；有意出版图书的作者也可以向本书的责任编辑提交投稿（邮箱为 fudaokun@ptpress.com.cn ）。

如果您是学校、培训机构或企业，想批量购买本书或异步社区出版的其他图书，也可以发邮件给我们。

如果您在网上发现有针对异步社区出品图书的各种形式的盗版行为，包括对图书全部或部分内容的非授权传播，请您将怀疑有侵权行为的链接发邮件给我们。您的这一举动是对作者权益的保护，也是我们持续为您提供有价值的内容的动力之源。

关于异步社区和异步图书

"异步社区"是人民邮电出版社旗下 IT 专业图书社区，致力于出版精品 IT 技术图书和相关学习产品，为作译者提供优质出版服务。异步社区创办于 2015 年 8 月，提供大量精品 IT 技术图书和电子书，以及高品质技术文章和视频课程。更多详情请访问异步社区官网 https://www.epubit.com。

"异步图书"是由异步社区编辑团队策划出版的精品 IT 专业图书的品牌，依托于人民邮电出版社近 30 年的计算机图书出版积累和专业编辑团队，相关图书在封面上印有异步图书的 LOGO。异步图书的出版领域包括软件开发、大数据、AI、测试、前端、网络技术等。

异步社区

微信服务号

目录

第三部分　组织机构变革

IBN 概述

什么是 IBN（Intent-Based Networking，意图网络）？IBN 是一种新技术吗？IBN 是一个单纯的概念吗？还是两者兼而有之？为什么需要 IBN？本书第一部分将简要描述常见的园区网络拓扑结构，分析这些拓扑结构的变革需求，解释什么是真正的意图网络以及如何应用于企业园区网络。

第 1 章

传统园区网络部署模式

　　如果从设计的角度来看当前的园区网络，就可以发现，在过去的 15 年里，网络基本上没有出现太大的变化。虽然网络速度出现了大幅提升，全双工也成了默认设置，但几乎所有的园区网络仍在使用 STP（Spanning Tree Protocol，生成树协议），仍在为端口分配 VLAN，仍在为应用提供连接（无论这些应用位于内部数据中心还是云端）。生成树协议和 VLAN 在园区网络的历史中可以追溯到遥远的过去，目的是实现可扩展性和冗余性。安全性则只是在配置工作中增加了更多的复杂性而已。事实上，园区网络已经变得极其可靠且可用，以至于绝大多数最终用户（以及管理人员）都将其视为与自来水和电力一样，认为网络始终存在，始终可用。

　　思科在官网的设计区域提供了大量经过验证的园区网络设计指南，这些 CVD（Cisco Validated Design，思科验证设计）都经过了严格的实验室测试，提供了适用于大多数园区网络的可用技术、设计选项以及参考配置。虽然这些设计（和配置）都通过了实验室验证，但并不意味着这些设计方案将自动适合所有园区网络。任何组织机构都可能会存在一些极端情况或特殊需求，这就要求必须对这些设计和配置方案进行必要的细微（或大幅）调整。

　　本章不是要全面重复园区网络的最新 CVD，而是解释最常见的园区网络部署模式。本章将讨论以下拓扑结构：

- 三层园区网络拓扑结构；
- 紧凑核心层园区网络拓扑结构；
- 单交换机园区网络拓扑结构；
- 与园区网络相关的设计选项。

1.1   园区网络设计基础

园区（区域）网络通常是建筑物和办公区（近来也包含工业环境）内的企业网的一部分，负责将用户端点（如计算机、便携式计算机、电话、传感器、摄像头等）连接到企业网中，这是将用户连接到企业网的第一步。园区网络通常包含有线和无线局域网。

园区网络的设计方案（或拓扑结构）通常包含 3 种不同的功能层级，如图 1-1 所示。

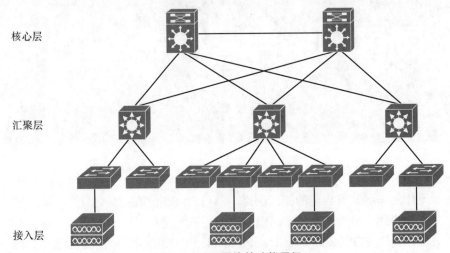

图 1-1   园区网络的功能层级

接入层是端点（包括与用户相关的端点和通用端点）连接企业网的位置。接入层包括有线和无线高速网络接入。由于接入层是端点连接企业网的层级，因而安全服务是该层的关键组成部分。可以通过 IEEE 802.1X 网络访问控制、基于端口的访问列表、基于 IP 的访问列表以及思科 TrustSec 实施安全接入服务。由于不同类型的端点都要连接同一个基础设施，因而需要通过 VLAN 来隔离不同的功能设备，需要通过 QoS（Quality of Service，服务质量）机制对特定应用或服务（如视频或语音对话）的可用带宽进行控制。

第二个功能层级称为汇聚层。由于该层在逻辑上将接入交换机的上行链路聚合到一台或多台汇聚交换机上，因而该层需要提供可扩展性和弹性机制。可扩展性是通过聚合接入交换机实现的，而弹性则是通过多台汇聚交换机的逻辑隔离实现的。

例如，如果接入交换机出现了故障，那么该故障将局限在该接入交换机所连接的汇聚交换机上，其他汇聚交换机（以及其他接入交换机）都不会因为这台接入交换机的故障而出现问题。如果行为异常的交换机连接了多台汇聚交换机，那么就很难实现相同级别的弹性机制，此时需要在两台汇聚交换机上进行更复杂的配置操作。为了降低由此增加的配置复杂性，可以采用更先进的技术，将两台物理交换机视为一台交换机进行配置。可以通过思科 Catalyst 交换机的 VSS（Virtual Switching System，虚拟交换系统）、StackWise Virtual 或思科 Nexus 交换机的 vPC（virtual PortChannel，虚拟端口通道）来实现。

核心层是分层网络中的最高层级，主要功能是在不同的园区网络交换机与组织机构的数据中心、Internet、云服务以及其他连接服务之间路由流量。随着园区网络中的汇聚交换机数量的不断增加，需要通过核心层来保持园区网络的配置和操作的可管理性。

例如，假设某企业拥有 6 台汇聚交换机且没有核心层，那么这 6 台交换机中的每一台都需要与所有其他汇聚交换机进行连接，从而产生 15 条（5＋4＋3＋2＋1）上行链路。如果出现了第 7 座建筑物，那么需要管理的上行链路数量就将增加 6；依此类推。图 1-2 所示为没有核心层的网络的拓扑结构图。

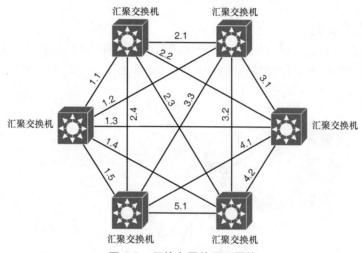

图 1-2　无核心层的园区网络

引入核心层之后，每台汇聚交换机都只要连接两台核心路由器（或交换机），网络结构和配置操作都变得更加简单，也更具扩展性，如图 1-3 所示。

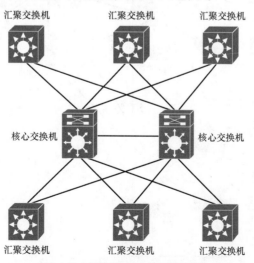

图 1-3　拥有核心层的园区网络

上述网络方案中的每台汇聚交换机都有两条上行链路，且每条上行链路都连接一台核心交换机。如果需要在网络中增加一台汇聚交换机，那么只要在核心交换机上增加两条链路即可，而不需要增加图1-2所示的6条链路。如果汇聚交换机出现了故障，那么在核心交换机上也只会有两个接口能够看到这个故障问题，而不会导致所有汇聚交换机都出现问题。其他汇聚交换机仍然能保持无差错或无故障的活动状态。

上述3层架构不但能够为园区网络提供可扩展、有弹性、可管理的网络拓扑结构，而且还能提供更好的安全性、服务质量以及企业所需的其他网络服务。

1.1.1 三层设计模式

三层网络设计模式是当前应用最为广泛的园区网络拓扑结构，该设计方案中的3个功能层级均由单独的交换机和其他网络设备执行。图1-4给出了一个基于三层分层结构的大型园区网络示例。

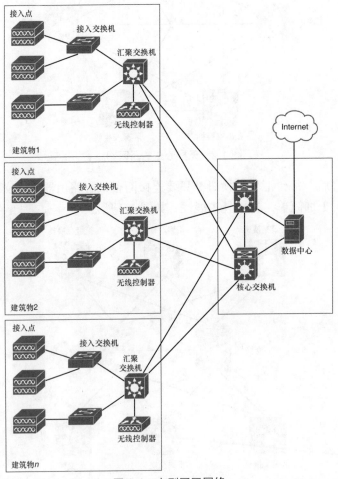

图1-4 大型园区网络

三层园区网络通常部署在多个办公区和建筑物紧密相连的环境中，可以通过高速光纤链路连接企业总部。这样的示例有大学校园的园区网络、拥有多栋建筑物的医院园区网络，或者在私有园区内拥有多栋建筑物的大型企业的园区网络。

1.1.2 两层/紧凑核心层设计模式

紧凑核心层园区网络是 CVD 园区设计方案中非常常见的一种网络设计模式，该设计方案将汇聚交换机与核心交换机的功能合并为一台交换机。图 1-5 所示为一个紧凑核心层园区网络设计示例。

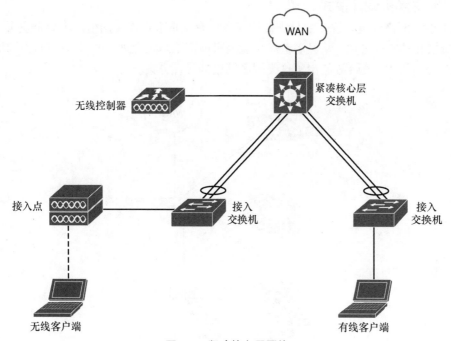

图 1-5　紧凑核心层网络

该设计方案的关键原理就是网络中没有环路。接入机房中的每台接入交换机堆栈都通过组合成单个端口通道的上行链路（通常是两条）连接核心交换机。WLC（Wireless LAN Controller，无线 LAN 控制器）连接在核心交换机上，而接入点、打印机以及工作站都连接在接入交换机上。

通过使用无线网络的本地分流模式，有线和无线客户端都能共享相同的分配给园区网络的 IP 地址空间。本章稍后将介绍园区环境下的无线网络拓扑结构。当然，也可以将控制器放在数据中心，这种方式有其自身的优点和缺点。

紧凑核心层网络通常要为核心交换机配置高可用特性，这可以在单个堆栈中设置两台交换机或者在 VSS 模式下设置两台核心交换机来实现。无论采用哪种设计方案，接入设备机房中的接入交换机的上行链路都在物理上分别连接两台核心交换机（充当一台核心交换机）。

虽然部署了高可用特性，但网络在物理和逻辑上并没有环路，该拓扑结构能够有效解决生成树协议等带来的配置复杂性。

接入交换机通常充当二层交换机，拥有管理 IP 以及为园区网络定义的全部 VLAN。核心交换机使用交换机虚拟接口为不同的 VLAN 提供三层功能。此外，核心交换机拥有连接 WAN 的三层上行链路，负责连接数据中心和 Internet。根据需要，可以采用 VRF-Lite 在 WAN 上将不同的 IP 网络逻辑分离为不同的 VPN，以隔离不同的端点。

紧凑核心层园区网络设计模式对于单个（大型）建筑物来说非常普遍。

1.1.3   单交换机设计模式

对于小型网络环境来说（如分支机构或者只有少量端点连接网络的小型企业），将接入层、汇聚层和核心层分离，从经济上和功能上来说都不是很合理。可以考虑将这些功能都组合到一台交换机中。图 1-6 给出了这类园区网络的设计方案。

图 1-6   单交换机园区网络

由于将不同的功能都合并到单台交换机中，因而不需要生成树协议等复杂技术，可以禁用这些协议。该设计模式与紧凑核心层网络相似，可以在网络中通过广播风暴控制机制来减少广播风暴对网络的影响。通常要在同一台交换机上配置三层连接（当前大多数接入交换机都支持基于静态路由的三层交换功能），不过对于非常小的网络来说，也可以由提供 WAN 连接的路由器来处理三层连接。

在需要的情况下，也可以通过创建双交换机堆栈的方式为这类园区网络提供高可用特性，允许用户在故障状况下通过另一台交换机保持网络连接。

无线网络的设计取决于组织机构的类型。如果园区网络是大型企业的小型分支机构，那么就可以在 FlexConnect 中配置接入点，将控制器安装在中心位置的数据中心。如果园区网络是小型企业，那么就可以将小型 WLC 连接到接入交换机上以提供无线控制器功能。当然，控制器功能也可以采用云化部署方式，具体取决于所选择的解决方案。

1.2 无线网络

当前，无线网络在企业网中的应用和部署越来越普遍。在过去的十多年里，无线网络已经从可选功能（用于管理）逐步演变为成熟的网络基础设施，成为企业端点的主要连接接口。无线网络使用 2.4GHz 和 5GHz 频段中的共享频率。由于这些频段在不同的 IEEE 802.11*标准中拥有不同的规范，因而无线网络的部署需要较为专业的知识，是一个较为复杂的过程。本节将解释思科无线网络的操作方式以及园区网络的无线部署方式。大多数思科无线网络都是基于控制器的无线网络，都需要配置 WLC 和 AP（Access Point，接入点）。

WLC 是无线网络部署方案中的配置和管理中心点。客户端的无线网络、安全设置以及 IP 接口都要在控制器中进行定义，而且无线频谱的操作管理也由控制器负责。

AP 通常支持一个或多个无线频段（最常见的是 2.4GHz 和 5GHz 频段），负责处理无线网络的通信功能。对于园区网络来说，AP 通常连接在有线交换机上并加以供电。AP 本身并不需要进行任何配置，可以从控制器接收必要的信息和配置。

AP 启动之后，会获取 IP 地址并尝试寻找控制器。找到控制器之后，会向控制器注册并建立 CAPWAP（Control and Provisioning of Wireless Access Point，无线接入点控制和配置）隧道。其中，CAPWAP 隧道是 AP 与控制器之间的控制流量以及客户端流量的传输隧道。

隧道建立之后，控制器会将正确的无线配置参数发送给 AP，同时启用无线电并广播无线网络。AP 则侦听无线网络上的信息并与控制器共享该信息，因而控制器可以调整所有 AP 的无线参数，以提供尽可能最优的无线网络覆盖和运行状态。通常将共享信息和管理无线特性的过程称为 RRM（Radio Resource Management，无线资源管理）。图 1-7 给出了 CAPWAP 隧道及通信流程示意图。

如果无线客户端需要连接网络，那么就会将自己与特定的无线网络相关联。AP 将请求转发给控制器，由控制器处理该关联请求并执行客户端的身份认证过程。在此过程中，AP 在控制器与客户端之间转发消息。客户端成功通过身份认证和关联之后，无线客户端与控制器之间就建立了二层连接。从本质上来说，AP 是共享的半双工无线网络与控制器之间的桥梁，负责在客户端与控制器之间来回转发以太网帧（如图 1-7 中标识为"客户端数据流量"的空心箭头所示）。

根据上述控制器原理，思科无线网络支持以下 4 种常见部署模式：

- 基于中心控制器的中心分流模式；
- 基于本地控制器的本地分流模式；
- 基于 FlexConnect 的中心控制器模式；
- Mobility Express 模式。

接下来详细讨论这些部署方式。

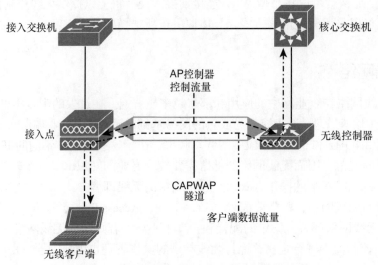

图 1-7 无线 CAPWAP 隧道及通信流程示意图

1.2.1 基于中心控制器的中心分流模式

对于该部署模式来说，不同园区网络中的多个 AP 都注册到位于数据中心的中心控制器上并进行管理。客户端流量通过 CAPWAP 隧道经 WAN 传输到中心控制器，从而进入数据中心的有线网络。图 1-8 所示为基于控制器的中心分流的无线网络拓扑结构。

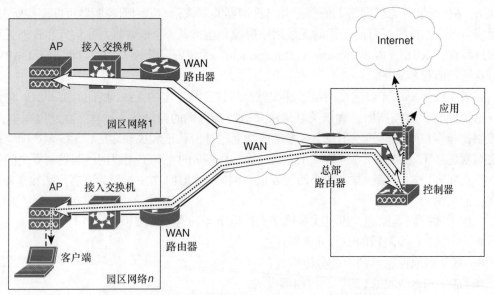

图 1-8 基于中心控制器的中心分流的无线网络拓扑结构

该配置模式的优点如下。

- 对于整个企业无线网络来说，只需要配置和管理单个控制器。
- 流量经 WAN 从不同的园区网络传输到中心控制器，从而能够检测客户端流量并以最优方式路由给企业应用或 Internet。

不过，该部署模式也存在下面一些缺点。

- 如果控制器出现了问题，那么就会影响所有园区网络。由于整个无线网络需要进行同时更新，因而对于规划升级操作的维护窗口来说是一个严峻挑战。
- 严重依赖 WAN。如果 WAN 连接出现了问题，那么无线网络也将中断。
- 不同 AP 上的客户端之间的通信必须流经控制器，从而给 WAN 带来了额外负担。

1.2.2 基于本地控制器的本地分流模式

对于该部署模式来说，控制器部署在每个园区网络中。CAPWAP 流量位于本地（园区网络内部），无线客户端的分流位置位于 WLC。图 1-9 所示为基于本地控制器的本地分流模式的无线网络拓扑结构。

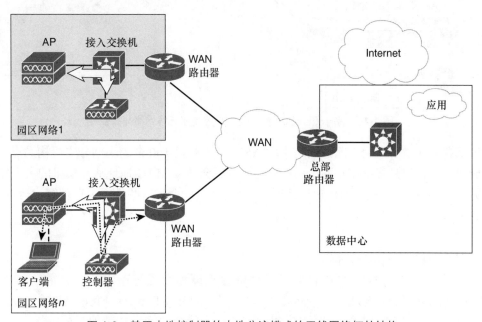

图 1-9　基于本地控制器的本地分流模式的无线网络拓扑结构

该部署模式的主要优势之一就是园区环境中的无线网络不需要依赖 WAN 的可用性，另一个优势在于可管理性和故障域。如果本地控制器出现了故障，那么只会影响该园区的无线连接。该部署模式的缺点在于每个园区都要部署自己的控制器，这不但增加了部署成本，而且还要在中心站点部署相应的管理工具，以管理分布式控制器的配置操作。

1.2.3 基于 FlexConnect 的中心控制器模式

该部署模式使用中心控制器来配置和管理 AP，但客户端流量并不通过中心控制器进行发送，而是通过 AP 的以太网接口进行本地发送。图 1-10 所示为基于 FlexConnect 的中心控制器拓扑结构。

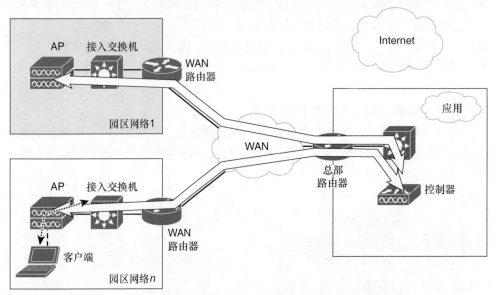

图 1-10 基于 FlexConnect 的中心控制器无线网络拓扑结构

该部署模式主要适用于园区网络中的 AP 数量不超过 100 台的小型分支机构站点。虽然该功能很好用，但是客户端在两个 AP 之间漫游时会导致 MAC 地址从交换机的一个端口移动到另一个端口。如果经常出现这种情况，那么交换机就会将这些日志消息理解为运行错误，但实际上却是正常行为。

1.2.4 Mobility Express 模式

除了使用专用的本地控制器进行无线资源管理和配置管理之外，目前还可以使用 Mobility Express 功能。802.11ac Wave2 AP 均支持 Mobility Express，允许 AP 成为轻量级控制器，从而为本地网络中的 AP 提供集中配置、无线资源管理及其他功能特性。Mobility Express 最多支持 50 台 AP，具体取决于用作控制器的 802.11ac Wave2 AP 的类型。FlexConnect 可以转接客户端流量，而且还能在网络中所有能够成为新的主 AP 的 802.11ac Wave2 AP 之间进行故障切换（并进行自动配置）。

在功能上来说，该 AP 除了常规的 AP 功能之外，还运行了控制器软件，拥有独立的 IP 地址和管理功能。图 1-11 所示为启用 Mobility Express 功能特性的 AP 示意图。

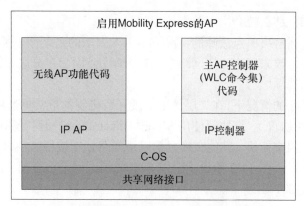

图 1-11 启用 Mobility Express 功能特性的接入点

在 AP 内部，通过操作系统（C-OS）将网络接口共享给 AP 和控制器软件的 IP 地址。AP 和控制器软件均拥有自己的 IP 地址，AP 则通过控制器软件的 IP 地址进行管理。

1.2.5 锚点控制器

除了上述 4 种思科无线网络部署模式之外，还有一种用于无线访客服务的特殊场景。该场景需要用到第二台控制器，称为锚点控制器（Anchor Controller）。该场景下的无线访客网络不会终结在常规控制器上（负责终结 AP），而是通过第二条隧道将客户端流量转发给锚点控制器。锚点控制器通常放置在 DMZ 中，以防止无线访客用户访问内部网络。

无线网络的每种部署模式都有各自的优缺点，具体选择时需要考虑多种因素。不但要考虑技术因素，而且还要考虑组织机构因素，如组织机构的规模、园区站点的数量、WAN 的可用性以及安全性需求等。思科在"无线部署指南"（Wireless Deployment Guide）中提供了常见的设计注意事项及技术选择。对于园区网络来说，最重要的是无线网络已成为大量企业网的主要连接选项。

1.3 设计选项

与所有设计方案一样，园区网络的设计框架也提供了多种设计选项以满足不同企业的特定需求（无论是单交换机网络、紧凑核心层网络，还是全功能的三层园区网络）。其中，有两种设计选项不但会影响园区网络的运行方式以及可扩展性，而且甚至可能影响向意图网络的迁移。

1.3.1 冗余处理机制

LAN（Local Area Network，局域网）与生俱来的一种复杂性就是 LAN 的二层冗余机制。二层网络的一个基本假设前提就是，同一个二层域中的所有设备都能直接相互访问（单个广播域），单个广播域中的每台设备都能通过单一路径可达。此外，对于所有网络来说，如果单一路径出现了故障，那么就会出现单点故障问题。

网络工程师希望在解决单点故障的情况下不引入太多的复杂性。多年来，人们已经设计并实现了多种概念和协议来解决二层网络中的这个问题，因而在分层园区网络设计模型中提供了一些可能的设计选项。

在确保网络无环路的情况下，在二层域中实现冗余机制的最常见选项就是STP（Spanning Tree Protocol，生成树协议）。该协议使用 Moore-Dijkstra 的最短路径算法和根选举机制。每个二层网络都有一个根交换机，其他交换机都以最佳路径连接根交换机。生成树协议会阻塞所有备用路径传送流量。图 1-12 给出了启用 STP 的园区网络示意图，图中每台接入交换机都有一条上行链路被 STP 阻塞了。

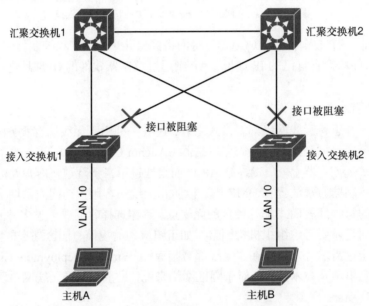

图 1-12 通过 STP 阻塞上行链路的园区网络

生成树协议存在一些固有缺点。首先，交换机收到入站 BPDU（Bridge Protocol Data Unit，桥接协议数据单元）数据包之后，会立即启动生成树协议，在运行最短路径算法的过程中不允许任何流量通过。其次，根选举进程主要基于 MAC 地址和优先级。如果没有配置这些参数，那么汇聚交换机就很可能未被配置为根交换机，而连接终端用户的接入交换机或不可管理的交换机则很有可能被意外地选为根交换机。此外，在大型网络环境中，排查生成树协议的故障也极其复杂。最后而且很重要的一点就是，所有备用路径都被生成树协议阻塞了，因而只能使用一半可用带宽。

另一种冗余选项就是缩小二层域范围，并在冗余路径上使用三层机制。与二层相反，IP（三层协议）的假设前提是可以通过多条路径去往目的 IP 地址。因此，如果两层之间的上行链路是三层链路，那么就可以解决二层网络中的环路问题。图 1-13 所示的园区网络中的汇聚层与接入层之间就是三层连接。

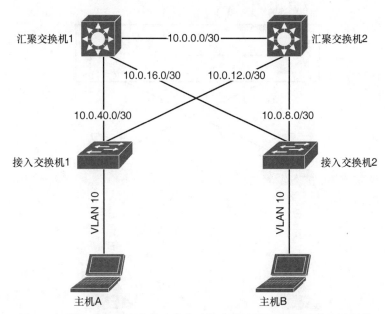

图 1-13　接入交换机与汇聚交换机之间部署三层上行链路的园区网络

　　但不幸的是，由于接入交换机与汇聚交换机之间使用了三层链路，因而接入交换机 A 上的 VLAN 10 中的主机将无法与接入交换机 B 上同一 VLAN 10 中的主机进行通信。虽然这两个 VLAN 拥有相同的 VLAN 标识符，但是在逻辑上却被分隔为两个单独的广播域。此外，该冗余选项需要在上行链路上配置点对点 IP 地址，这会带来更多的配置复杂性。

　　在二层实现冗余机制并有效使用全部带宽的第三种选项就是通过特定技术，让两台物理交换机作为一台物理交换机进行工作，如堆栈、Catalyst 交换机的 VSS（Virtual Switching Solution，虚拟交换解决方案）或 Nexus 交换机的 vPC（virtual PortChannel，虚拟端口通道）。接入交换机认为它正在通过端口通道中捆绑的两个接口与单台交换机进行通信。该技术已经得到广泛验证，在园区网络中的应用也非常普遍。

　　由于此时的网络没有任何环路，因而可以完全删除生成树的配置，或者为园区网络中的所有 VLAN 使用单个生成树实例，通过风暴控制等技术来防止广播风暴和环路。BPDU 保护（BPDU Guard）机制可以防止其他交换机在园区网络中引入生成树。请注意，BPDU 数据包是通过端口通道的默认成员接口发送的，而不是通过端口通道本身发送的。因此，无法通过生成树协议来检测端口通道的故障。图 1-14 给出了采用 VSS 技术的紧凑核心层园区拓扑结构示意图。

　　也可以采用 UDLD（UniDirectional Link Detection，单向链路检测）等技术来解决上述问题。虽然删除 STP 能够提供单路径广播域的优点，但引入 VSS 会让汇聚交换机的操作和故障排查变得较为复杂，删除生成树的好处通常不足以抵消该复杂性。对于小型园区网络来说，也可以通过思科交换机的堆栈方式来实现类似的功能行为。

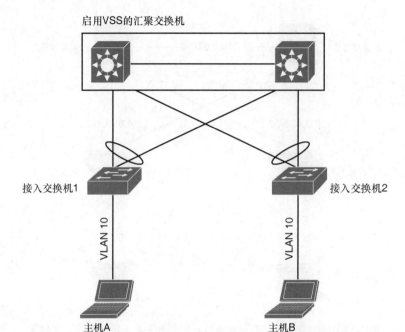

图 1-14   汇聚层部署 VSS 技术的园区拓扑结构

　　上述冗余选项在园区拓扑结构中的使用都较为普遍。目前最常见的部署方式是通过 VSS 或 vPC 将接入交换机连接到汇聚交换机上。只要接入交换机之间没有互连且接入交换机存在环路问题，那么就可以采用这种设计选项。对于某些网络环境（如生产车间的园区网络）来说，如果因布线限制而无法使用 VSS 或 vPC（如某些接入机房只能通过其他接入机房进行连接），那么三层机制可能是一个不错的选择。此时，网络设计人员应根据特定需求及园区网络的物理限制来权衡上述选项，以创建拥有冗余机制的最佳园区网络设计方案。

1.3.2   云托管

　　虽然云并不一定是园区网络的必需设计选择，但是在很多情况下，云确实会给园区网络的部署带来深远影响。

　　收购了 Meraki 之后，思科可以提供完全不同的园区网络设计和部署方案。Meraki 网络主要基于两大关键设计原则。

- 云托管：每台 Meraki 设备（无论是交换机、接入点还是防火墙）都由云门户进行管理。这些设备可能有一个受限接口，只要通过该接口进行少量配置将设备连接到 Internet 即可，其余配置完全由云门户进行管理。如果希望创建一个新的无线网络（SSID），那么完全可以通过云门户将配置推送给 AP，由云门户创建一个新 VLAN，然后再通过 Internet 推送给设备。

如果没有 Internet 连接，交换机或 AP 也能继续工作，只是无法管理设备。

- **简单易用的 GUI（Graphical User Interface，图形用户界面）**：另一个关键设计原则就是易于使用。与很多云托管服务一样，Meraki 设备的使用和配置也非常简单（这是云托管服务的特性）。Meraki 工程师曾经说过，如果无法通过门户中的开关按钮启用/配置某种技术或功能特性，那么就不会部署该功能特性。坚持该关键设计原则的另一个主要原因就是 Meraki 网络主要面向中小企业，这些企业通常缺乏有经验的网络操作人员，只有通用的系统操作人员/管理员以及外部合作伙伴（可以在需要的时候提供帮助和经验）。因此，Meraki 网络（及其设备）的配置必须非常简单。

上述设计原则完全反映在了 Meraki 的网络交换机和 AP 设备当中。虽然园区网络拓扑结构的概念结构（三层、紧凑核心层或单交换机）并没有出现大的变化，但是针对某些（小型或特定）场景，却可以提供更多的设计选项。

最明显的额外设计选项之一可能就是无线网络。采用 Meraki 解决方案之后，可以使用云控制器，而不用在园区网络中安装控制器。由于取消了本地控制器（适用于小型紧凑核心层和单交换机企业环境），因而减少了特定站点的网络设备数量；由于不使用中心控制器，因而可以大大降低 WAN 压力（包括带宽和可用性）。只要站点拥有 Internet 连接，就可以提供无线连接。此外，另一个好处就是可以在云门户轻松呈现已连接的所有客户端和站点，使得远程故障排查变得更为简单。

与所有设计选项一样，该设计选项也有一定的缺点。特别是对大型企业环境来说，部署和运行两种截然不同的平台是一个很大的问题。例如，很难为所有被管的网络设备和联网端点创建单一管理视图。此外，由于受设计原则的限制，Meraki 产品的某些功能特性有限或者无法提供某些功能特性，但用户又需要这些特定功能特性。这种情况的一个很好的案例就是在拥有复杂频谱环境的办公室或商场中设计和配置无线网络。

类似的设计选项也同样适用于园区网络的有线部分。虽然紧凑核心层或单交换机网络的概念并没有任何改变，但是如果特定园区网络不需要高级路由协议或复杂的安全机制，那么云托管方式的园区网络可能也是一种非常好的选择方式。它不但具有很好的易用性，而且还无须配置太多的复杂工具进行集中管理。

1.4 本章小结

部署园区网络时，通常采用以下 3 种拓扑结构。

- **三层部署模式**：园区网络的每层功能（接入层、汇聚层和核心层）都由专门的交换机承担。三层部署模式适用于园区包含多座（大型）建筑物，不同建筑物之间通过高速光纤网络（LAN）进行互联，且主建筑物拥有数据中心的企业网络。在每个建筑物内部，接入交换机都连接在汇聚交换机上，汇聚交换机则通过建筑物之间的高速 LAN 连接到核心交换机上。一般来说，这类部署模式的核心层与汇聚层之间的连接通常都是三层连接，因而建筑物内的 VLAN 之间是相互隔离的。

- **紧凑核心层部署模式**：汇聚层和核心层功能合并到单个逻辑核心交换机中，接入交换机仍连接汇聚交换机，汇聚交换机则连接 WAN/MAN 以连接数据中心。该部署模式通常适用于单个建筑物或者多个建筑物通过外部 WAN 提供商连接数据中心的应用环境。
- **单交换机部署模式**：此时所有的三层功能都合并到单台交换机中。这是最简单的园区网络部署模式，通常适用于分支机构和小型企业环境。

组织机构通常都在有线网络拓扑结构之上部署无线网络。在过去的十多年里，无线网络已经从可有可无的可选功能（用于管理）逐步演变为企业端点的主要连接方式。当前园区网络部署的绝大多数无线网络都基于控制器。AP 与控制器进行通信，由控制器集中管理无线配置、安全设置以及无线资源管理和客户端身份认证。

虽然无线网络变得越来越重要，而且园区内部的网络速度也越来越快，但园区网络的设计模式和首选技术并没有出现太大变化，仍然通过 VLAN 从逻辑上将端点分隔为不同的逻辑故障域，仍然采用生成树协议来预防网络环路。当前的园区网络已无处不在，而且非常可靠且值得信赖，以至于绝大多数用户都将园区网络视为与电力和自来水一样的基础设施，认为始终存在且始终可用。

第 2 章

当前网络变革需求

在过去的十多年里，园区网络本身并没有发生太大的变化。虽然引入了 VSS（Virtual Switching System，虚拟交换系统）和 vPC（virtual PortChannel，虚拟端口通道）等技术来取代 STP（Spanning Tree Protocol，生成树协议），但为了安全起见，很多园区网络仍然部署了 STP。网络设计也与此类似，也没有发生太大变化，以至于有人说园区网络是静态的而不是动态的。那么，为何当前的园区网络需要迁移至意图网络呢？这里面有一些驱动力在推动园区网络进行变革。本章将讨论其中的一些主要驱动因素，包括：

- 无线/移动发展趋势；
- 物联网和非用户操作设备；
- 复杂性和可管理性；
- 云；
- (Net)DevOps；
- 数字化。

2.1 无线/移动发展趋势

无线网络最初于 2000 年初引入（首个 IEEE 802.11 标准发布于 1997 年，真正得到广泛应用的无线网络标准是发布于 1999 年的 IEEE 802.11b）。虽然需要使用特殊的适配器，但是可以连接新兴 Internet 及企业基础设施的无线以太网提供了大量新概念和无限可能性。新的用例包括为依赖较慢蜂窝网络的用户提供"高速"网络访问（Mbit/s 而不是 9600bit/s），以及实现物流优化（由无线基础设施将数据发送给订单拣选员）。

> 注：订单拣选员是仓库中的工作人员，负责从仓库的库存物品中"拣选"订单物品，并为物流运输做好准备。

早期的无线网络主要针对这两个用例进行部署和研究。当然，第三个用例就是为管理人员提供无线连接，并为此部署了首个企业园区无线网络。

自从笔记本电脑默认内置了无线适配器之后，就逐渐出现了更多用例，如酒店接待服务和企业无线园区网络。随着手持移动设备（如智能手机和平板电脑）的大量引入，无线联网设备出现了指数级增长（见图 2-1 和图 2-2）。到了 2016 年，人均无线设备数量达到了 2.5台，而过去人均无线设备的数量仅为 0.2 台。

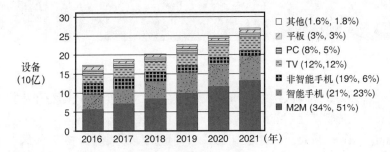

图 2-1 全球设备和连接数增长（来源：思科公司，VNI 2017）

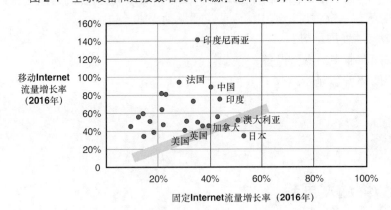

图 2-2 2016 年固定和移动 Internet 流量增长率

传统企业园区网络主要关注固定工作场所的（静态）有线访问，无线访问网络只是一个不错的可选功能，并不是必需功能。不过，在过去的 5 年里，园区网络的关注点出现了很大变化。

案例：FinTech 公司

首先，FinTech 公司希望为访客和员工拥有的终端设备提供无线网络。由于有媒体报道另一家组织机构中的记者能够通过无线 AP 访问内部网络，因而董事会决定将无线访客网络与企业网完全隔离（包括逻辑上和物理上）。最初的无线试点项目选择的是战略性场所（会议室、行政楼等），包含了一个小型控制器和 5 个接入点，目的是试验无线网络的作用和效果。该试点项目取得了圆满成功，后来逐渐将无线访客网络扩展到了整个办公环境，从而能够在整个公司范围内提供无线访问能力。由于该服务是为访客提供的，因而在需求上以覆盖为主，而没有太多考虑速率。

最近，FinTech 公司的高管决定，希望使用笔记本电脑而不是固定工作站来改善员工的协作效率，且更加有效地利用有限的办公空间（FinTech 公司的员工数量一直都在增长，使得办公空间变得越来越紧张）。

为此，FinTech 公司安装了更多的 AP 以提供更大的容量（此时的容量需求大于覆盖需求），并进行了现场测试，以通过部署更多的接入点来容纳更多使用 Citrix 的新笔记本电脑。当然，无线网络仍然与企业网络完全分开，且通过 Citrix 将笔记本电脑连接到桌面上。

正确安装了 AP 之后，现场测试完全成功，而且使用了与最初试点不同的各种型号的笔记本电脑进行了大规模部署。

规模应用后不久，有些笔记本电脑逐渐出现了连接故障。但故障排查操作非常困难，因为不允许调整无线网络以开展故障排查操作，这样做会影响其他用户的工作效果。一夜之间，无线网络就从"可有可无"变成了关键业务，但是又没有进行正确的预规划，缺乏必要的冗余控制器，而且也没有在不同的管理层级上对这些问题制定相应的预案。

最终，通过更新无线网络以及便携式计算机（与经过测试验证的便携式计算机相比，这些计算机存在客户端驱动程序问题）上的软件解决了上述无线故障，使得无线网络重新按照设计目标进行运行。

几乎所有的企业都能找到与 FinTech 公司相似的案例。无线网络已成为当前企业园区网络的主要连接方式。虽然可靠性可能不如有线方式，但无线方式的灵活性和易用性远远超过了性能和可靠性问题。对比一下 15 年前的普通写字楼与现在的现代化办公环境，就可以很明显地看出这一点（见图 2-3）。

无线网络的巨大成功也是其固有弱点。由于所有无线网络都处于免费频段（也称为非授权频段），而且同一位置连接了越来越多的设备，导致使用率大幅增加，必须调整无线网络的密度和容量。如果办公室的 WiFi 服务不够快也不够可靠，那么用户肯定会抱怨。毕竟，人们已经越来越普遍地根据 WiFi 服务质量来选择酒店和其他场所了。

总之，无线设备的数量一直都处于快速增长的状态，高密度无线网络（在相对较小的区域内允许更多的无线设备）已不再专门面向会议场所和大型体育场馆，已逐步成为企业的必备设施。

图 2-3　15 年前的写字楼与现在的现代化办公区

2.2　联网设备（IoT/非用户操作设备）

与自来水、天然气和电力设施一样，Internet 已成为一种商业化基础设施。Iconic Displays 的研究表明，75% 的受访者认为，如果没有 Internet，那么他们会比一周没有咖啡喝更加焦躁不安。在过去的十年里，由于引入了智能手机、平板电脑和其他 IP 设备，联网设备的数量成倍增加。很明显，网络一直都在持续增长，而且这种增长趋势永远也不会停止。

过去，每位员工可能只需要一台设备联网，随着 BYOD（Bring Your Own Device，自带设备）的逐步兴起，联网设备的数量至少增加了 2.5 倍。也就是说，每位员工平均要使用 2.5 台联网设备，而且这个数字只会随着时间的推移而不断增大，并将持续增长。表 2-1 列出了人均联网设备的预期数量。

表 2-1　人均设备及连接数量

地区	2016 年	2021 年	CAGR*
亚太	1.9	2.9	8.3%
中东欧	2.5	3.8	9.1%
拉丁美洲	2.1	2.9	7.0%
中东和非洲	1.1	1.4	5.4%
北美	7.7	12.9	11.0%
西欧	5.3	8.9	10.9%
全球	2.3	3.5	8.5%

*Compound Annual Growth Rate，年复合增长率

表 2-1 源自思科 VNI（Virtual Networking Index，可视化网络指数）。虽然表中的数量看起来似乎已经很高了，但这只是将商店、杂货店、家庭、企业等各种场所看到的所有各类联网设备加起来的结果，实际的数字应该还会更大，因为 WebEx Board 或视频会议系统等智能板也在与网络相连，而且越来越多地用于远程协作。

传统的物理网络也是如此。越来越多的安全系统开始连接网络，如监控物理访问的系统（如读卡器）或摄像头，而且这些系统都有自己特殊的复杂要求。

园区网络设备增长的另一个重要因素是 IoT（Internet of Things，物联网）。物联网已不再局限于工业解决方案，越来越多的组织机构开始安装智能照明系统，并在电梯中提供 IP 电话以应对突发情况，甚至在自动扶梯中安装传感器，向维保企业提供实时状态的反馈信息。总体来说，物联网正在以多样化的形态大规模地进入企业园区网络，而且通常并不是由从其他部门获得服务的业务部门所驱动的。

最后，联网设备出现爆炸式增长的主要原因是个人设备（如智能手表、健康传感器及其他类型设备）的消费普及，据说有些设计师已经开始着手研究智能服装。所有这些设备都是员工使用的联网设备，都需要连接到被称为 Internet 的商业化服务中。

从以上发展趋势可以看出，未来几年联网设备的数量仍将呈现急剧增加态势，导致网络设备的数量也将大幅增加。当然，还必须配置足够的人员去管理这些网络设备。

2.3 复杂性

曾经的园区网络非常简单，仅在需要时才配置特定 VLAN 的网络端口，并将设备连接到端口上。虽然网络中的每一次变更都需要更改配置，但是对于企业网来说，除了偶尔的部门调整（可能会导致将 HR VLAN 迁移到其他端口）之外，基本上很少会出现过多的变动情况。当前，仍有不少网络工程师或架构师认为园区网络非常简单，所有的配置都是静态的，变更操作也是可预测的，而且都可以在设备上直接执行命令来完成相应的管理操作。

不过，最近一段时间以来，情况出现了明显变化，某些客观因素导致企业园区网络的复杂性不断增加。仅举几个例子，当前的园区网络基础设施增加了大量 IP 电话、即时消息和视频会议（现在统称为协作工具）以及视频监控设备。这些网络设备都有各自不同的需求和动态特征，而且设备上运行的所有应用程序都要求设备能够按预期提供服务，从而导致必须在园区网络中引入 QoS（Quality of Service，服务质量）机制，园区网络需要管理这种期望和行为。由于连接到园区网络并使用园区网络的设备类型越来越多，这使得园区网络的动态特性也越来越多，从而导致园区网络的复杂性也在持续增加。

案例：QoS

根据 SharedService 集团的默认设计规则，大型分支机构在接入层通过吉比特交换机以两条 10Gbit/s 的上行链路连接汇聚交换机。由于员工主要使用 Citrix，因而可以认为服务质量不是必需要求，因为每个用户都有足够的可用带宽。虽然并非完全正确，但 Citrix 使用的 ICA 协议可以处理偶发的微突发流量或流量时延，这种情形有时确实会发生。

该企业网曾经引入了 IP 电话服务，在 IP 电话项目试点及全面推广期间，都没有出现音频质量劣化或丢包问题，因而又引入了其他应用（与其他任何新应用一样）。

最近，作为生命周期管理的一部分，SharedService 集团采用 Catalyst 3650 交换机替换了原先由 Catalyst 3750 交换机组成的接入层网络，之后就开始出现语音质量问题。与此同时，企业网又引入了视频服务。与视频相比，语音协议对带宽的需求相对可预测，视频可以采用压缩技术来减少占用的带宽。但由于压缩结果不固定，因而使用的带宽也有所不同，从而产生了突发流量问题。这致使用户不断抱怨呼叫被挂断、呼叫过程中有"静默"现象以及与语音相关的其他问题。

开展故障排查之后，发现面向最终用户的某些接入交换机出现了输出队列丢包问题。为了验证该情形是否属于正常行为，在老的 Catalyst 3750 交换机上也执行了类似的故障排查操作，发现丢包问题虽然并不是很频繁，但确实时有发生。

最终，发现丢包原因出在了 Catalyst 3650 交换机的默认行为上（与老交换机相比）。老交换机会重置 QoS 比特（除非配置了 **mls qos trust** 命令），而且即使未配置 QoS 策略，默认也在出口队列使用这些比特。

不过，Catalyst 3650 交换机的默认 QoS 行为差异较大。虽然 QoS 比特在穿越交换机的过程中会被保留，但是出站端口并没有进行队列选择（除非在入站端口设置了 QoS 选择策略）。也就是说，如果没有在"内部标记"入站流量，那么所有流量都将被放到同一个默认出站队列中。Catalyst 3650 交换机的默认配置是仅使用 8 个出站队列中的 2 个。

从 SharedService 集团的案例可以看出，应该在企业园区网络中部署某种形式的 QoS 机制，让交换机（无论是在接入层还是在汇聚层）拥有更多的队列和缓冲空间。

向网络中增加各式各样的设备除了会给网络带来更多的动态变化之外，安全性问题也变得日益复杂，从而给园区网络提出了更高的要求。当前的安全行业正在攻击（网络犯罪）与防御（企业内部安全人员）之间展开激烈较量，过去几年的勒索软件攻击极大地证明了安全的重要性。2017 年 6 月，通过乌克兰 Docme 软件进行的 nPetya 攻击在其影响上甚至取代了这些攻击。在发起攻击之前，恶意软件已经通过 Docme 中的软件更新机制进行了恶意分发。一旦发起攻击，恶意软件就能立即展开操作，而且在某些环境的感染速度超过了每秒 10000 台电脑。破解本地管理员的密码之后，恶意软件会在网络中快速扩散，感染并摧毁传播路径上发现的任何计算机。这与软件是否为最新版本毫无关系，因为该恶意软件的编写人员是真正的网络高手。

为了保护组织机构免受攻击，必须在企业网中增加必要的安全机制（这一点是必需的），从而进一步增加了园区网络的复杂性。

总体来说，园区网络的配置、操作和管理复杂性正在逐步增大，虽然缓慢但却毫无疑问。随着时间的推移，园区网络的配置数据正变得越来越杂乱无章。各种各样的补丁程序、互连关系、特殊策略、面向特定应用的访问列表以及其他多样化配置，大大降低了网络的可见性。这不但增大了安全事件的发生概率，而且也增大了应该可以避免的重大故障发生概率。

2.4 可管理性

从前面讨论的园区网络发展趋势可以清楚地看出，园区网络的运维管理团队面临了两大主要挑战：联网设备的数量出现指数级增长以及网络的复杂性日益增加。同时，联网设备数量的指数级增长还会给网络复杂性带来倍增影响。

当前网络经常需要基于每台设备进行必要的变更、安装和管理。也就是说，创建新 VLAN 时，需要由网络工程师登录设备并通过 CLI 创建新 VLAN。排查与网络相关的故障问题时也要执行相似的操作步骤，需要登录设备并跟踪可能出现故障的操作情况。但不幸的是，大多数用户都首先将 IT 故障事件归咎于网络，因而网络工程师还必须"证明"故障根源不是网络（常见的抱怨是"网络有问题"或者"我无法连接网络"）。

统计数据表明，每个网络工程师可以平均同时维护 200 台设备，包括设备的连接位置、特定流程涉及的交换机等信息。也就是说，当前的网络操作指数约为 200 台设备/fte（full-time equivalent，全时当量）。当然，该数值取决于网络的复杂性、组织机构的规模以及适用的规章制度等。

因此，30 名 IT 运维团队可以同时管理 6000 台设备，大致相当于 2500 名员工且每名员工拥有 2.5 台设备。不过，企业中的设备数量呈现指数级增长，而且每位员工的平均设备数量正在接近 3.5 台，某些地区甚至达到 12.5 台（该数字包含连接到同一企业园区网络的所有 IoT 设备，如 IP 摄像头、IP 电话、WebEx 智能平板、电灯开关、窗户控制器、位置传感器、读卡器等）。这就意味着 2500 名员工连接的设备数量可能达到惊人的 20000 台（取平均数 8 来计算）。如果再加上智能传感器和智能设备的数量，那么同一企业网络需要同时管理的端点数量将轻易突破 50000 台。

这就意味着网络运维人员应该增加到 300 名左右（按照设备数量需要 250 名员工，再考虑一些额外的复杂因素），但这根本不可能（不但有成本因素，而且还有人力资源因素）。总之，现有园区网络的可管理性已经面临巨大危机，必须进行变革。

2.5 云（边缘）

为企业中的某些或所有应用使用云基础设施（无论哪种形式）已成为大多数企业的策略规则。当然，上云策略为企业带来了大量好处，如易用性、应用敏捷性、可用性和易扩展性，但是也给企业网带来了一些新的挑战。

大多数传统企业网采用的都是分层设计架构，包括一个总部办公区（HQ）和一个内部 WAN，由内部 WAN 将多个分支机构连接到内部网络。通常通过一个（大型且共享的）集中式 Internet 连接为员工提供 Internet 访问能力，而且还可以在集中式 Internet 连接上管理和部署安全策略，如图 2-4 所示。

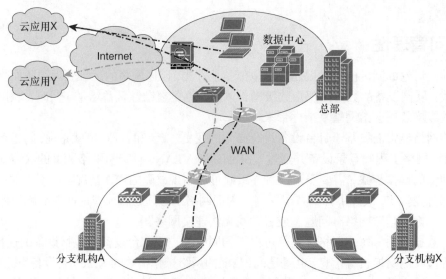

图 2-4　传统的中心分流架构

　　传统网络通常将大多数应用程序都托管在总部的企业数据中心。随着应用程序逐步向云端迁移，这些应用程序对 Internet 连接造成的负荷也逐步增大。从数据角度来看，企业数据中心正在从自己的原先位置扩展到云端。由于越来越多的企业开始提供 SaaS（Software as a Service，软件即服务）并将其标记为云服务，因而云服务的数量处于快速增长状态。例如，某企业拥有 3000 名员工，计划将平均邮箱大小为 2GB 的企业电子邮件服务迁移到微软 Office 365，那么仅初始邮箱迁移就需要传送 6TB 数据，即使使用吉比特 Internet 专线且平均速度为 100MB/s，传送操作也需要花费 70 天左右的时间。

　　即使完成了初始迁移操作，后续用户登录新工作站时，都需要将用户邮箱下载到新工作站以实现邮件缓存。很明显，迁移到云端之后，中心 Internet 连接以及相应的安全策略都将承受严重的负担。

　　与此同时，除了传统的专用 WAN 电路之外，大多数企业都采用了基于 Internet 的 WAN。此时，网络提供商可以部署思科 IWAM（Intelligent WAN，智能 WAN）和基于 Viptela 的思科 SD-WAN（Software-Defined WAN，软件定义 WAN）。有些企业已经开始采用这些技术取代原有的专用 WAN 电路，这不但增加了内部 WAN 容量，而且还可以通过本地 Internet 连接为企业访客提供无线访问。

　　这两种趋势（在分支机构实现本地 Internet 访问和企业越来越多地部署云应用）结合起来，就会出现一种新的设计模式，将云应用的负荷转移到分支机构本地 Internet 进行分流，如图 2-5 所示。

　　通常将该设计模式称为云边缘模式，虽然这种模式在执行和监控安全策略方面存在一定的挑战，但确实越来越普遍。该模式下的分支机构园区网络将拥有更多的网络功能，如防火墙、恶意软件检测、智能路由解决方案以及实施集中管理和部署的先进工具和技术。

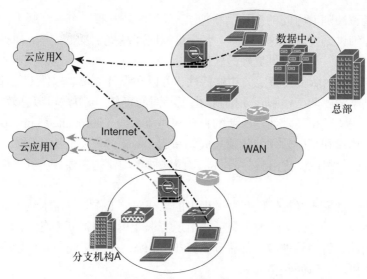

图 2-5 通过云边缘连接云应用

2.6 (Net)DevOps

DevOps 是一种源自软件工程的方法论。DevOps 的作用是以更快的速度发布软件的新版本和新功能。DevOps 方法论的普及得益于敏捷软件开发方法。

传统的软件工程方法论通常遵循五步流程进行软件开发。

- **步骤 1**. 设计。
- **步骤 2**. 开发。
- **步骤 3**. 测试。
- **步骤 4**. 验收。
- **步骤 5**. 发布。

一般来说，上述流程中的每一个步骤都由专门负责该流程的团队执行。例如，只有在设计团队完成了设计工作后才能开始开发工作。开发团队通常不参与设计过程，因此大多数软件开发项目都会出现延迟交付、过度规范、超出预算的情况，而且还经常没有提供客户真正想要的功能特性，因为设计团队没有真正理解客户需求，而且客户需求也经常随着时间的推移而变化。

敏捷软件工程方法论采用了不同的开发方法，不再让不同的专家团队按序执行软件工程流程，而是创建多专业协同团队。团队中的设计、开发和测试工程师协同工作，以较小的迭代开发快速满足客户需求并生成可以向客户展示的发布就绪代码。这些较小的迭代开发被称为冲刺（Sprint），包含了设计—构建—测试在内的微流程。团队与客户在需求和功能特性方面保持密切合作，优先级主要取决于业务价值或业务成果与所需的开发工作量。

敏捷软件工程方法论的优势非常明显。首先，由于迭代速度非常快，因而软件可以进行多次发布（功能特性随着时间的推移而增加），而不再是发布一个最终版本。此外，开发团队还要与客户详细讨论并共享这些版本。客户可以向产品提供反馈信息，使得最终产品能够更好地满足客户需求，从而提供更好的软件产品。

其次，该方法让团队负责特定的功能特性，可以在设计人员、软件工程师和测试工程师之间创建一种共享的团队工作和互动机制。出于共同的责任，该方法可以有效提高代码质量。

敏捷软件工程团队也经常使用所谓的自动构建流水线（automated build pipeline），以自动化方法将多个构建和部署软件的步骤集成到一起，将软件提交的源代码版本进行合并、自动编译，并进行单元测试以找出软件漏洞。按照这种自动化构建模式，可以更快地部署新软件的发布版本。

不过，敏捷开发主要聚焦软件开发过程中的"开发"工作。将流水线中的发布代码投入运行还需要花费很长的时间，因为通常还会出现需求变更、增加新服务、适配服务器以及其他多种因素。因此，将新软件版本部署到企业 IT 系统中，与将同一软件版本部署成云服务相比，需要花费更多的时间和精力。

这就是 DevOps 出现的原因，开发（Dev）和运维（Ops）人员在同一个团队中展开密切合作。DevOps 将软件工程的自动化流水线扩展到应用程序服务器端，将软件发布操作纳入到同一个自动化流程当中。这样一来，如果敏捷团队决定发布并发行软件代码，那么就能自动完成该代码的部署操作。通常将这种完整的 DevOps 流水线称为 CICD（Continuous Integration/Continuous Delivery，持续集成/持续交付）。大型技术组织一直都在用这种机制在云服务中部署新功能特性或进行漏洞修补。

工具链（Toolchain）

CI/CD（或 CICD）使用的自动化流水线也被称为工具链。团队（以及流水线）依靠一套以自动化方法链接在一起的行业最佳工具，而不是依赖单一工具完成所有任务。工具链通常包括以下工具（取决于团队的组织方式）。

1. 代码（**Code**）：代码开发和检查工具，包括源代码版本管理。
2. 构建（**Build**）：自动构建工具，可以提供代码是否兼容以及是否存在语言错误的状态。
3. 测试（**Test**）：自动测试工具，可以基于单元测试操作自动验证代码是否按预期运行。
4. 打包（**Package**）：验收之后，将不同的源代码以逻辑方式打包并存储到存储库中。
5. 发布（**Release**）：发布已批准的管理代码，将不同软件包的代码打包到单个发布版本中。
6. 配置（**Configure**）：基础设施配置和管理工具，是从存储库中提取（最新）版本并将其自动部署到服务器上的过程（采用自动化配置）。
7. 监控（**Monitor**）：应用程序性能监控工具，负责测试和衡量用户体验以及解决方案的通用性能。

此外,还可以采用其他类似的工具链流程,如计划(Plan)、创建(Create)、验证(Verify)和打包(Package)。这取决于具体的敏捷方法论以及团队集成工具链的方式。

借助 DevOps,可以大幅提高新功能特性和错误补丁的发布频率,使得客户能够更快地使用新功能特性。不过,如果需要部署新服务器或完整的新应用程序,那么还必须要创建 VLAN,配置负载均衡器、IP 地址以及防火墙,这些操作都由网络运维团队执行。考虑到可能存在的潜在影响(网络与一切相连,而且通常也没有适当的测试环境),因而有必要精心做好变更准备,尽可能地将潜在影响降至最低。变更流程通常需要得到变更咨询委员会的批准,这需要一定的时间,因而实际部署新应用程序和服务器所花费的时间比真正需要的时间更多。

术语 NetDevOps 表示将网络操作集成到现有的 DevOps 团队中以减轻上述负担。这种集成是可能的,因为借助思科 ACI(Application Centric Infrastructure,面向应用的基础设施)等技术,可以大幅提高网络的自动化程度以及标准化能力。

虽然 NetDevOps 主要聚焦于数据中心,但是也同样适用于园区环境。由于园区网络中的设备复杂性和多样性不断增加,因而需要创建、删除和维护更多的功能多样化的网络。如果企业的最终用户无法理解增加新 VLAN 之前必须进行细致准备以最大程度减少对其他服务的影响,那么就无法理解为什么在园区环境中创建新网络需要花费那么长的时间。总体来说,NetDevOps 正在园区网络环境中取得越来越多的进展。

2.7 数字化

如果询问企业 CTO 的首要任务是什么,那么答案一定有数字化转型(或数字化)。什么是数字化?数字化对园区企业网的影响是什么?

IT 是组织机构密不可分的重要组成部分。没有 IT,企业业务就会陷于停顿。对于几乎所有行业来说,应用程序在企业运营的各个方面都发挥了极其重要的作用。通常来说,企业会要求应用为满足自身业务需求而必须支持特定的功能特性,然后再使用这些应用,并根据实际需求不断完善。

随着联网设备越来越多,企业逐渐进入数字化时代,能够使用的数据和信息越来越多。将数据收集到数据湖中之后,可以通过智能算法(机器智能)和智能查询操作,找到优化企业流程的新模式。

数据的数字化以及利用数据优化业务流程的过程是数字化转型的一部分。与此同时,摩尔定律规则下的技术发展速度正不断加快,使得技术能够在越来越短的时间内解决越来越复杂的问题。这样一来,就会出现如下事实:技术在企业数据中找到适当的模式并发现克服这些模式缺陷的方法之后,就可以建议甚至自动重组并改进这些业务流程。这个过程就是数字化。成功进行数字化转型的关键是 IT 必须与业务相辅相成。IT 部门与业务部门必须相互理解,而且还必须能够意识到两者的密切协同能够有效推动组织机构的发展和进步。因此,数字化要求企业必须改变园区企业网的运行方式，并与业务进行更加密切的协同。有关数字化以及数字化各个阶段的更多内容请参见第 12 章。

2.8   本章小结

虽然园区网络的设计和运行并没有因时间的推移而发生显著变化，但园区网络的使用方式却发生了巨大变化。其中的一个重大变化就是，园区网络（无论是小型咨询企业还是拥有多家生产工厂的全球性企业）对于每家企业来说都变得越来越重要。如果园区网络出现故障，那么企业业务很可能会陷入全面停顿，目前只有少数组织机构能够理解并适应这一点。数字化转型（也称为数字化）全面强调了 IT 以及网络的重要性，任何不适应的组织机构都将遭受无法预知的灾难性后果。

由于使用园区网络的应用程序越来越多，而且每种应用程序的需求各不相同，因而园区网络的复杂性一直都在持续增加（虽然缓慢但趋势不变）。网络复杂性的不断增加导致网络可视性不断降低，从而大大增加了园区网络的安全风险，也大大增加了排查故障时间。园区环境的数字化意味着越来越多的端点将连接企业网络，虽然这些端点通常并不由员工进行操作和管理，但确实需要通过网关进行操作和管理。也就是说，园区网络还必须连接不属于员工所有或管理的端点。这两个因素都导致园区企业网络变得越来越复杂且难以管理。

加快新功能特性的部署速度是当前世界各地组织机构普遍采用的技术使用方式，因而 IT 部门越来越多地通过高效率的自动化和标准化流程来组建多学科团队，从而更快地部署新技术和新功能，并更好地满足业务流程的需要。这种自动化和标准化技术部署方式也同样需要应用于园区网络，否则，园区网络将无法跟上时代的发展步伐。

所有这些因素都促使园区网络必须优化调整其设计、部署和运行方式，否则，园区网络将很快变得难以管理、混乱且不可见，进而导致频繁停机和中断。此外，网络中断而导致的收入和信任损失，可能会给组织机构带来破产的巨大风险。

思科全数字化网络架构和意图网络范式是应对这些挑战、优化园区网络并适应未来新数字网络需求的重要手段。

第 3 章

企业架构

很明显，为了应对第 2 章提到的各种发展趋势，园区网络的设计和运行模式必须随之进行调整。从过去的发展来看，虽然这样做通常会增加复杂性，降低可管理性，但根据需要创建并采用这些推动力仍然是一种惯常做法，对于 IT 行业或企业的其他部门来说并不罕见。因此，采用结构化方法来设计和运营网络是一种非常好的方式，通常称为架构框架模式。

本章将分析架构框架的好处以及与企业息息相关的当前和未来技术。为便于描述，接下来将以 TOGAF®（Open Group Architecture Framework，开放组架构框架）标准为例来解释架构框架。

本章将主要讨论以下内容：

- 什么是架构框架以及架构框架的好处；
- TOGAF®架构框架概述；
- 其他企业架构框架概述；
- 网络和 IT 在这些架构框架中的位置。

3.1 什么是架构框架

牛津词典将术语 architect 定义为设计建筑物的人，而且在很多情况下还要负责监督建筑物的建造过程。另一种解释是将该术语定义为负责发明或实现特定想法或项目的人。

architect 一词的后一种定义不仅适用于建筑行业，而且适用于大量设计与生产环节需要特定工作方法的行业。

例如，汽车制造业中的 architect（架构师）的角色是负责将汽车的设计转化为可在不同车型上重用的模块化组件。沃尔沃 XC60、V60、V90、XC90、S90 和 S60 等型号使用的都是相同的 SPA 底盘，其他汽车制造商也采用相同的设计原理。重用组件的作用表现在两个方面：降低设计成本、缩短上市时间。如果第一次就已经正确了，为什么还要白费力气重复做工作呢？

采用架构师角色的另一个案例是计算机制造业，尤其是需要同时按照标准计算机和订单方式生产的系统。计算机制造商已经提前设计好了机箱、主板、可能的驱动器配置以及其他选项，消费者既可以选择订购预制好的计算机（如从库存中提货），也可以修改计算机的某些配置选项，然后由计算机制造商按订单制造。生产这些系统的生产线完全相同，只是在一些易于调整的选项（如 CPU、内存配置、磁盘配置或键盘）上有所不同而已。

还有很多类似的案例，所有具有架构师角色的环境都有一个共同点，那就是使用模块化的分层方法。也就是说，将大型设计分解成较小的逻辑和功能模块，并详细描述模块的每个功能，包括相关性以及输入和输出等。

由于模块很小，而且在逻辑上自包含，因而更容易理解和实现。这种（最常见的）技术实现还有一种好处，那就是可以延长设计寿命。如果其中的某项技术实现过时了，那么只要采用新技术实现特定模块以满足功能需求即可，更大范围的设计方案仍然有效且可用。

有时也将这些模块称为架构构建块（功能性）和解决方案构建块（技术性），也可以通称为构建块。听起来是不是很熟悉？相信大家一定很熟悉。无论是应用程序、操作系统还是企业网络（包括园区 LAN、WAN、数据中心或云等组件），这些 IT 系统基本上都采用了相似的设计模式。

可以采用不同的方法论来设计、实施和支持按照架构模式构建的系统。这些方法论（包括指南和原则）通常都包含在架构框架中。所有的架构框架都应该实现以下能力。

- **灵活性**：由于特定模块可以被其他模块替代（只要满足需求），因而系统在总体上显得更加灵活。以计算机制造为例，系统的内存量实质上就是一个模块，如果实现了 3 种或 4 种不同的内存模块，那么就能为最终用户提供更大的灵活性。
- **可重用性**：模块一旦设计并实现之后，就可以多次重用。可重用性能够大大降低模块和整个系统的成本。例如，大多数汽车企业都在不同的车型上使用相同的发动机。只要设计了一款发动机，就可以在大量不同的车型中重复使用该发动机。
- **加快实现速度**：如果系统已经拥有一组经过设计和测试的现成模块，那么根据现有模块设计新系统或新方法就会更加容易，从而能够更快地设计和构造新系统。
- **可维护性**：将每个系统都划分为逻辑正确的多个模块之后，一旦发现某个模块的行为出现了问题，那么就能更容易地解决故障问题。此时只要修复该模块的故障即可，而无须排查整个系统的故障问题。
- **变更的可能性**：如果系统因组织机构或业务需求的变化而需要采取不同的行为，那么就可以对现有模块进行重新排序，重用这些模块。如果需要，可以仅设计和构建需要变更的模块，整个系统依然可用且适用。

不过，这里也存在一个常见陷阱，那就是创建的企业架构应该为企业流程提供引领性作用，而不是提供具体支持或者为企业提供具体结果。否则就会导致企业效能下降，使得企业架构缺乏足够的支持性和可用性。这种陷阱通常也是人们质疑企业架构对于企业是否有用的争论根源，TOGAF®标准（如下节所述）则是消除这种潜在陷阱的主流框架之一。

3.2 TOGAF®标准

TOGAF®标准（当前版本是 9.2）描述了开发企业架构的通用框架，是促进此类架构开发利用的常见框架之一。从某种意义上说，也可以利用 TOGAF®开发其他架构。TOGAF®标准及其相关标准由 The Open Group（开放群组）发布和管理。

TOGAF®标准包含了多个组件，如开发企业架构的方法论、功能化（抽象）描述企业的方法、企业在不同层次上的内部关系、管理和维护体系架构的流程以及与企业架构相关的其他组件。接下来将详细描述其中的一些重要组件信息，更多内容可以参阅 The Open Group 网站。

与所有标准或框架一样，确保作者和读者（消费者）能够对标准中的定义拥有相同的理解至关重要。在过去的时间里，很多次会议都以非常激烈的争论而告终，出现了大量干预甚至升级措施，原因仅仅是成员对同一定义或者标准中描述的流程有不同的理解或解释。

从这个意义上来说，了解特定框架使用的定义和上下文至关重要。TOGAF®标准使用了 ISO/IEC 42010:2007 的"架构"定义，即：

架构是一个系统的基础组织，体现为架构所包含的各个组件、组件之间以及与外部环境之间的关系，以及用于指导架构设计和演进的各项原则。

虽然 TOGAF®标准也遵照该定义，但 TOGAF®框架在该定义的基础上提供了两个更加具体的概念解释。

- 架构是以指导某个系统的实施为目标的有关该系统的形式化描述，或在组件级别为该系统的实现而制定的详细规划。
- 架构描述了组成系统的各个组件在系统中的布局、它们之间的相互关系以及用于对这些组件的设计和演进进行治理的各项原则及指南。

有了这两个概念解释之后，TOGAF®使用该定义将企业视为一个系统，从而成为 TOGAF®标准的基础。

3.2.1 TOGAF®概述

TOGAF®标准成为企业开发架构常见框架的原因主要基于三大关键要素。

1. 框架、工具和方法论

TOGAF®标准不仅是一种通用框架，而且还是实现（企业）架构的工具。TOGAF®标准包含了成功开发企业架构所需的基于最佳实践的各类要素、方法论及案例。

2. 务求实效的方法

TOGAF®标准采用了务求实效的方法来开发和维护企业架构，不仅基于开放标准和最佳实践，而且还基于客户的实际需求。这种务求实效的方法反映在以下事实上：框架的目标之一是具体且可用的结果。由于关注具体且可用的结果，因而通过描述架构中的用例，企业总能获得附加值。

务实的另一个方面体现在"足够"的架构方法上。TOGAF®标准指出，不得过度指定架构，而应以足够推动企业前进为准。

3. 迭代方法

TOGAF®标准以迭代方式开发企业架构，这意味着开发和维护企业架构不是一次性的项目，而是一个连续的过程，包含了可重复的步骤来改进和集成企业内部的体系架构。这种迭代过程对于企业架构的集成和采用来说非常有用。

为了实现这种迭代方法，TOGAF®标准提供了 ADM（Architecture Development Method，架构开发方法）。ADM 描述了成功创建企业架构所要执行和/或组织的不同步骤和阶段。有关 ADM 步骤的详细内容将在本章后面进行讨论。

上述三大关键要素始终贯穿于 TOGAF®标准的各个部分。虽然通常都要在（大型）项目中监督这些关键要素以开发和集成（企业）架构，但是，这些关键要素可能会影响或破坏所有企业架构（或者任何架构）的可采纳性和可用性。

3.2.2　4类架构

TOGAF®标准通过以下 4 类架构来描述企业（作为一个系统）：

- 业务架构；
- 数据架构；
- 应用架构；
- 技术架构。

这些架构以功能化和抽象化的方式描述了企业的工作方式。TOGAF®标准中的这 4 个架构仅提供功能化和抽象化的描述和要求，而不为这些描述和/或要求提供解决方案或具体实现。

从方法论角度来看，这 4 类架构类似于 OSI 模型的分层方法（OSI 模型在网络行业应用广泛，是一个概念模型，采用具有不同功能的分层方法描述了应用程序如何通过计算机网络进行相互通信）。技术架构提供了成功实现应用架构所必需的要求和功能，而应用架构则为成功实现数据架构（在某种意义上也包括业务架构）设置了明确的需求。

1. 业务架构

业务架构通常定义策略、治理、组织及关键业务流程。业务架构试图在不指定人员、工具或其他实现的情况下描述业务本身的组织方式以及企业向外部提供的业务。此外，业务架构还应该提供必要的信息，并为实现企业愿景提供支持。也就是说，业务架构是将企业愿景转换为实现愿景所需的具体组件。

例如，制造企业的业务架构通常包含采购、销售、质量和开发以及物流等业务流程，可以从功能上描述这 4 个业务流程。

- 采购负责以最及时的方式以最高质量标准采购必要的原料。
- 销售负责销售商品，并负责将可用库存保持在最低限度。
- 质量和开发部门负责监控当前质量标准，并根据客户反馈开发新产品。
- 物流负责通过销售流程正确、及时地交付货物。

上述架构没有描述任何技术，也没有指定任何组件。

2. 数据架构

数据架构描述了企业内部哪些数据资产（包括物理和逻辑）可用以及企业的不同流程使用这些数据的方式。此外，数据架构还描述了企业内部数据的结构化方式以及数据的管理方式。虽然没有低估数据架构，但确实可以将数据架构视为数据库服务器的数据模型集合以及文件服务器内部数据的组织和结构化方式。

3. 应用架构

应用架构定义了处理数据和支持业务所需的应用系统的类型，定义了企业内部使用的主要应用程序以及这些应用程序必须满足的要求和管理这些应用程序生命周期的方式。

同样，该架构的描述也只是功能性描述，如订单和发票管理系统（负责注册订单并为销售给客户的产品生成发票）、产品质量应用程序（负责监控和管理质量过程）等。

仍然以制造企业为例，企业必须使用仓库管理应用程序来保存可用库存信息，而且还可以通过该应用程序为物流提供足够的相关信息，从而为销售订单提取产品并为运输做好准备。此外，该应用程序还可以向订单和发票管理系统提供必要的相关信息，从而在订单发货之后生成发票，并简化物流分拣过程。

4. 技术架构

技术架构描述了支持业务、数据和应用服务部署所需的逻辑软件和硬件能力。从传统视角来看，技术架构是 IT 满足业务需要并进行主要交互的地方，通常包括 IT 基础设施、必要的中间件、连接外部合作伙伴的（应用程序）网关、网络、通信、使用的标准以及维护 IT 以促进业务发展所需的相关流程。

仍然以制造企业为例，物流部门对物流过程的成功运行提出了一系列明确要求，包括对无线技术的要求，以便订单分拣设备能够直接连接仓库管理系统，从而优化订单分拣和库存管理流程。无线网络的可用性应满足仓库的营业时间，特别是凌晨 4:00 至上午 6:00，因为这段时间是最繁忙的提货时间。

3.2.3 ADM

ADM（Architecture Development Method，架构开发方法）是 TOGAF®标准的核心内容，是开发和实现企业架构的方法论。ADM 基于迭代方法，描述了开发和维护企业架构所要执行的不同阶段。

ADM 是一个循环迭代的过程（包含了核心的需求管理流程以及 8 种按顺序执行的开发阶段）。图 3-1 列出了 ADM 的各个阶段信息，接下来将详细讨论这些阶段。

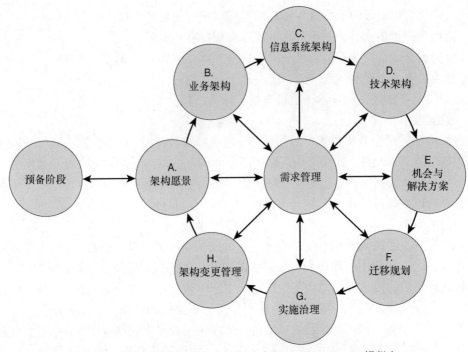

图 3-1   架构开发方法的各个阶段（由 The Open Group 提供）

1. 预备阶段

预备阶段对于 ADM 迭代过程来说是一个例外。该阶段仅执行一次，执行后即可启动所有必要的准备活动，指示启动实施新的企业架构。该指示是预备阶段的输出，也是后续阶段的基础。

2. 阶段 A：架构愿景

架构愿景是 ADM 的第一阶段，描述了架构开发周期的初始阶段，同时还提供了与干系人、待执行的架构工作范围以及行政管理层的支持（批准和授权）等相关的必要信息，以定义新的企业架构或改进现有的企业架构。该阶段的产品（输出）通过需求管理流程进行存储和管理。

与很多组织机构一样，唯一不变的是变化。最后一个阶段——ACM（Architecture Change Management，架构变更管理）——也可以是重启该阶段以定义和实施少量改进的发起者，这是 TOGAF®迭代过程的关键部分。

3. 阶段 B：业务架构

业务架构描述了架构愿景阶段设置的工作范围内的业务架构开发目标。输出包含流程描述、流程模型、职责、组织图以及其他与业务相关的架构制品（制品[artifact]是企业架构的单元）。

4. 阶段 C：信息系统架构

该阶段描述了信息系统架构的开发要求，包括数据架构和应用架构的开发（或调整）。

该阶段还可以生成开发此类架构所需的项目。

5. 阶段 D：技术架构

该阶段描述了技术架构的流程与开发要求。该阶段的输出基于早期阶段的输出以及现有制品，是架构愿景范围内的技术架构，支持阶段 B 和阶段 C 的架构。

6. 阶段 E：机会与解决方案

该阶段是使用产品和解决方案实现功能架构的第一个阶段，包含了从全局范围内确定机会和可能解决方案的多种流程。也可以将这些机会和解决方案视为目标架构，描述了企业将要采纳的未来架构。可以将确定的机会和解决方案划分为不同的交付方式，如项目或计划。可按照优先级和相依性来评估不同类别的机会，从而定义适当的优先级。

7. 阶段 F：迁移规划

基于优先级、成本/收益分析和风险评估，利用上个阶段的输出建立详细的实施计划以及架构路线图。可以将该阶段的输出视为实施前期定义的目标或解决方案架构的项目启动，项目实施本身并不在 ADM 范围内。

8. 阶段 G：实施治理

包含企业架构在内的 ADM 需要进行管理和维护。该阶段描述了有关管理和变更架构（及其制品）的治理规则的开发方法，同时还提供了权限结构和决策方式等信息，提供了责任、问责和参与要求。

治理也是架构师验证和批准实施项目结果的方式。治理是按照架构愿景阶段描述的执行委员会的授权和批准进行的。

9. 阶段 H：架构变更管理

该阶段描述了持续监控企业新开发或变更的方法，确保对架构进行的所有变更都以一致且结构化的方式执行。通常会根据该阶段的触发规则发起新的 ADM 迭代周期。

10. 需求管理

需求管理过程是 ADM 的中心，负责接收并提供企业架构的所有必要需求，以及 ADM 要求执行的必要步骤。

一般来说，形成企业架构之前，需要执行 ADM 各阶段的完整周期。第一个周期结束后会形成初始的企业架构，该架构可能并不完全详细，也可能并不完整，但确实是有实际成果的企业架构。执行下一个 ADM 迭代周期时，可以仅执行其中的某些特定阶段（取决于具体的业务需求或特定的触发规则）。例如，因规则和法规的变化而导致需要改变治理要求，或者因数据法规的变化（GDPR）而需要变更数据架构。这种能够选择特定阶段子集的能力，为持续适应和改进企业架构提供了强大的能力、灵活性和可能性。

3.2.4 指南和原则

所有架构设计都应该基于实际需求和大量设计原则，这一点也同样适用于企业架构。TOGAF®标准通过 ADM 的需求管理阶段来管理这些架构和设计原则。架构原则规定了企业架构的各个方面都必须遵循的一组通用原则，这一点对于设计指南来说也一样。虽然设计指南的严格性较低，但也同样要求以一致的方式设计架构的不同组件。这种一致性可以增加体系架构的透明性和可用性。

架构和设计原则必须具备通用性，能够适用架构的各个方面。一般来说，设计原则通常包括名称、声明、原理和原则含义等内容。

有时，外部规则和法规也会提供必要的架构原则，需要以此为基础对架构进行建模和设计。这可以是适用于特定行业的法律或特定规则。

下面列出了通用的企业架构原则示例。

- **技术不扩散原则**：控制技术的多样性以降低环境的复杂性。
- **遵守法律原则**：解决方案必须符合所有相关法律和法规的要求。
- **业务一致性原则**：每个 IT 项目都必须与业务目标和战略保持一致。
- **解决方案通用性原则**：打破孤岛的解决方案优于重复建设的孤岛性应用、系统及工具，尽可能避免孤岛式解决方案。
- **解决方案简单性原则**：IT 应尽可能简单。在无法避免复杂性的情况下，应该将复杂性封装并隐藏到接口后面，以尽可能地保持简单性。
- **资源共享性原则**：解决方案应最大限度地共享资源，如网络、计算、存储和数据。
- **安全性原则**：安全性应成为所有设计的组成部分，应尽可能地降低将潜在敏感数据泄露给未经授权的设备和人员的风险。

综上所述，这些原则都是通用性原则，提供了需要在设计中实施的框架。同样，设计新的网络基础设施时，这些架构原则也适用于所有网络设计师或架构师。

3.2.5　构建块

无论是软件框架还是园区网络设计，构建块（building block）在设计或开发框架方法中都非常常见。TOGAF®标准也不例外，最常见的制品就是构建块。

TOGAF®中的构建块代表业务、IT 或架构能力（潜在可重用）组件，能够与其他构建块组合以交付架构和解决方案。构建块以简明扼要的方式描述了其功能以及与其他构建块之间的关系。

构建块的描述可大可小，既可以与完整的系统（以及与其他系统之间的关系）描述一样大，也可以与网络设备的 NTP 或 syslog 配置方式描述一样小。通常使用其他构建块对构建块进行建模。在大型设计中重用构建块的好处之一是可以避免两次甚至更多次地重复创建解决方案。构建块提高了标准化程度，而且在使用新解决方案更新构建块的情况下，还能提高企业效率。因此，以简明扼要的方法定义构建块（包括清晰地描述与其他构建块之间的关系）就显得极为重要。

TOGAF®定义了两类构建块。

- ABB（Architecture Building Block，架构构建块）在功能层次上描述了构建块的要求和用法。
- SBB（Solution Building Block，解决方案构建块）则描述了将 ABB 的要求和功能描述转换为解决方案的方式。

这里有一个常见的 ABB 案例，即企业要求所有仓库都能提供无线网络基础设施，以满足分拣设备与仓库管理系统之间的通信需求。要求无线网络必须高度可用，且必须遵守无线网络的最新行业标准和修订标准。无线网络的覆盖范围必须以不出现连接丢失为原则进行实现。

将无线网络 ABB 转换为 SBB 的一个常见案例就是思科 WLC（Wireless LAN Controller，无线 LAN 控制器）的设置，该设置结合 IEEE 802.11ac 的修订要求以及无线站点的现场查勘情况，旨在通过近似重叠的小区实现容量与覆盖的平衡。

3.2.6 存储库

不同的制品（企业架构的组成部分，如架构原理、构建块、目录[事物列表]、用例规范或图表）必须具有易于存储和检索的位置，这就是架构存储库（repository）。存储库是采用版本控制的中心位置，负责存储企业架构的所有内容。存储库元素的版本及发布过程由 ADM 管理阶段进行定义。

如果以特定方式组合和排序存储库中的项目，那么就会创建所谓的架构可交付成果。可交付成果可以是目标架构、解决方案架构或解决方案构建块。

可以将架构存储库简单地比作软件工程师共享和提交工作的代码存储库（如 GitHub），其输出是一个应用程序。对于网络设计人员来说，输出就是企业特定网络设备类型的配置模板。

总之，TOGAF®标准本身包含了大量元素、定义、参考模型、干系人管理以及其他信息。目前市面上存在大量与 TOGAF®标准和企业架构相关的书籍，大家可以在 The Open Group 网站上找到更多详细信息。

3.3 企业架构

TOGAF®标准不是唯一的企业架构框架，人们可以使用不同的框架，有些框架侧重于特定行业或特定目的，有些框架则更加通用。一般来说，这些框架都遵循相似的将需求和过程抽象为不同层次的模式，以创建设计和实现的抽象。此外，这些框架都旨在以某种方式为企业提供附加价值。

表 3-1 列出了一些与特定行业相关的企业架构框架。

表 3-1　面向特定目的的不同企业架构框架

类型	名称	描述
通用	ARCON	协作网络的参考架构，该架构并不直接关注单个企业，而是关注如何协作
通用	GERAM	通用企业参考架构和方法
通用	RM-ODP	开放分布式处理参考模型（ITU-T 建议 X.901-X.904、ISO/IEC 10746 标准），定义了开放分布式系统的相关规范

类型	名称	描述
通用	IDEAS Group	四国集团致力于为架构互操作性开发的一种通用性方法
通用	ISO 19439	ISO 企业建模框架
国防	AGATE	法国 DGA 架构框架
国防	DNDAF	加拿大 DND/CF 架构框架
国防	DoDAF	美国国防部架构框架
国防	MODAF	英国国防部架构框架
国防	NAF	NATO 架构框架
政府	ESAAF	欧洲航天局架构框架
政府	GEA	昆士兰政府的政府企业架构
政府	NORA	荷兰政府电子政务架构
政府	NIST	NIST 企业架构框架

案例：DIY 架构

虽然 FinTech 公司没有遵循现有的架构设计框架（如 TOGAF®），但 IT 部门注意到 IT、实施项目以及网络基础设施有必要采用更加结构化的方法。因此，FinTech 公司决定采取一些改进措施，并在技术设计中描述部分流程（质量流程除外）。技术原理和设计方案基于网络未来几年的发展目标，本质上就是路线图。此后，定义了实现该目标的相关项目。

Windows 服务器环境也在执行相似的流程，希望以更加轻松地方式管理服务器环境并优化工作流。公司启动了一个单独的项目对网络上的信息流进行建模（因为有客户提出希望提供此类信息）。运行一段时间之后，这些项目都取得了一定的进展，并逐渐基于一个共享架构模式实现了项目协作。为此，公司建立了一个共享小组以共享相关经验和信息。该小组最终演变成架构委员会。

虽然 FinTech 公司未采用业界公认的架构标准，但是有组织有计划地构建了自己的体系架构、路线图和项目。这种构建和定义本企业架构的方法本身没有错，而且对于某些特定情形来说还可能是最佳解决方案。采用架构方法的目的是在设计和解决方案层面提供一种一致且简便的方法来描述环境。目的是从整体上提升企业能力，因此采用自下而上的方法自定义体系架构与采用自上而下的方法一样有效。

3.4 本章小结

虽然 TOGAF®标准是设计和部署完整企业架构的工具，但本章介绍的相关组件（包括

ADM）对于所有与 IT 相关的设计和实施流程来说都是适用的。

本章描述的相关机制（如实现模块化、可重用性和可扩展性的构建块）都是业界最佳实践，也是所有网络设计的基础。定义明确清晰的原则并遵循这些规则，能够有效提高网络设计的可见性和可用性。如此一来，使用新网络产品时，只要开发新的解决方案构建块即可，而不用进行全新的网络设计。

对于网络工程师或架构师来说，遵循上述原则能够带来更多的好处，能够更好地了解其他与 IT 相关的架构或整个业务。

对于网络架构师或网络工程师来说，必须意识到，虽然网络设计对于企业来说至关重要，但网络设计本身在整个企业架构中扮演的只是一个相对"较小"的角色。从这个角度来说，改变网络基础设施设计方案时，还必须意识到这些变更可能会给企业架构的其余部分甚至企业本身带来极其严重的后果。

第 4 章

思科全数字化网络架构

2016 年 5 月，思科推出了 DNA（Digital Network Architecture，全数字化网络架构）。与第 3 章描述的架构框架一样，思科 DNA 也是一个架构框架，描述了应该如何设计并部署网络基础设施（不仅限于园区）。与其他框架一样，思科 DNA 本身并不是一种产品，而是一个包含设计原则、抽象构建块和指南的集合。如果能够得到正确实施，那么就（几乎）能帮助所有企业或组织机构部署有效的网络基础设施。

本章将详细描述思科 DNA 的确切含义。需要正确理解的是，与所有 IT 架构或设计模式一样，思科 DNA 本身并不是一款产品，而是一个能够采用特定工具和解决方案实施的规则和规范的集合。

本章将主要讨论以下内容：

- 思科 DNA 的构建需求；
- 思科 DNA 的设计指导原则；
- 思科 DNA 的设计理念；
- 其他设计原则；
- 基于思科 DNA 的思科解决方案概述；
- 思科 DNA 与企业架构。

4.1 架构需求

所有的设计或架构都应该基于一组已定义的满足并解决特定问题的需求。思科 DNA 也不例外，它定义了企业网以及企业面临的常见需求，主要解决第 2 章描述的各种需求问题。

数字化转型的主要驱动力之一就是加快创新和新服务的开发,因而新网络架构必须满足以下需求。

- 加快创新速度:
  - ➢ 灵活性;
  - ➢ 基于上下文;
  - ➢ 智能反馈机制;
  - ➢ 集成和更快的部署。
- 降低复杂性和成本:
  - ➢ 简单性;
  - ➢ 提高效率;
  - ➢ 合规性和技术;
  - ➢ 安全性;
  - ➢ 外部合规性法规;
  - ➢ 高可用性。
- 支持云能力。

接下来将详细描述上述需求。

4.1.1 加快创新速度

数字化转型的主要驱动力之一就是加快创新和新服务的开发,因而新的网络架构必须满足以下各节描述的相关需求。

1. 灵活性

连接到企业网的设备类型正在快速增多,无论设备采用何种联网方式,企业网都必须能够满足大量端点的连接需求。每组设备都有自己的连接需求和安全参数,这就要求基础设施提供的连接方法必须具有足够的灵活性。

除了设备类型的多样性之外,企业网中的应用程序数量和多样性也呈现快速增长趋势。研究表明,应用程序在功能特性和运行需求方面的要求越来越复杂,如应用程序的行为变更越来越动态化,而且需要使用不同的企业数据集。因此,网络架构还必须具备足够的灵活性,从而能够随时随地运行这些应用程序。

2. 基于上下文

园区网络是企业架构的基础。从本质上来说,园区网络是企业内部将设备、用户和应用程序连接到数据中心、Internet 以及/或云应用程序以提供和使用数据的主要设施。如果没有园区网络,那么企业就会陷入停顿。对于传统网络来说,基于应用程序正在使用的 IP 连接和流查看统计信息就够了,可以通过特定流和端口使用情况识别应用程序。

由于应用行为呈现更加动态的变化特征,员工使用的设备数量也在日益增多,加密后的应用程序流量也在不断增加,因而需要更多地了解上下文。无论是否采用了加密机制,网络都必须能够识别应用程序和用户,都必须能够根据识别结果动态调整策略并确定应用程序的优先级（如果需要）。

3. 智能反馈机制

传统意义上的园区网络主要基于可用性进行度量。随着与业务流程的逐步集成以及对网络性能量化需求的不断增加，原先监控园区网络状态的轮询机制（SNMP[Simple Network Management Protocol，简单网络管理协议]）已经难以满足这些需求。基于 SNMP 的传统监控环境（通常需要手动配置）只能提供通用的可用性和容量趋势，缺乏足够的颗粒度来根据应用程序或流程定义 KPI（Key Performance Idicator，关键绩效指标）或度量指标。

随着物联网、基于 IP 的物理安全性、应用即服务（云）以及无线/移动性等与业务流程的集成越来越紧密，迫切需要定义和监控合适的度量指标，从而在企业内部为相应的部门提供必需的 KPI，作为 SLA（Service Level Agreement，服务等级协议）的一部分。

思科 DNA 必须具备这些分析功能，从而为企业提供必要的颗粒度和度量指标。

4. 集成和更快的部署

应用程序的快速开发和部署已逐渐成为企业应用程序的发展趋势，现有和新的应用程序的发布周期都在加快（甚至达到每月一次），甚至每次更新都会对网络提出新需求。几乎每次发布的新应用程序都将企业网作为传输服务，这就要求网络架构必须能够跟上应用程序的发布周期，提供必要的优化建设，从而能够为使用或发布应用程序的部门提供必要的传输服务（可以单独提供，也可以与其他应用程序进行组合）。

这就意味着必须能够以更快的速度部署网络变更操作，而且还必须提供相应的机制，允许应用开发人员以（半）自动化方式请求传输服务。

4.1.2　降低复杂性和成本

从传统意义上来说，系统和应用程序多样性的增长会增加网络系统及其操作的复杂性，从而导致成本增加和效率降低。为了应对这些影响，思科 DNA 必须能够解决简单性和高效性问题。

1. 简单性

传统意义上的网络主要面向特定功能，如办公自动化网络、访客网络、仓库物流网络、工厂生产网络等。随着应用和需求的不断发展，这些网络之间也需要进行通信并相互连接，从而带来了更多的复杂性。大量不同类型网络的运行和操作会大幅提高网络的复杂性，导致网络变更和网络排障越来越复杂，时间也越来越长。

为了防止历史重演，思科 DNA 必须考虑到网络中存在大量不同类型的设备和应用程序，相互之间存在复杂的互连需求（基于网络部署的各种策略）。因此，网络设计必须体现简单性，以软件方式通过策略来确定如何以及以何种方式进行网络接入。

网络必须能够提供确定、灵活和可预测的服务集，可以通过软件和预定行为在网络上实施特定（复杂）策略，而不增加网络基础设施本身的复杂性。

2. 提高效率

企业的高效运营依赖于优秀的网络基础设施，但总会有各种意外事件或问题影响网络的正常运行，从而影响企业的业务。两者之间的集成越紧密，网络出现问题后对业务的影响就越大。在很多情况下，IT 问题都会给网络服务带来破坏。例如，以前在思科内部，如果活动目录（Active Directory）配置出错，那么就会导致网络访问控制出现中断，从而导致服务丢失[①]。

由于意外事件难以避免，因而思科 DNA 的设计必须能够以最佳方式高效解决这些网络事件。效率提升不但能够有效加快故障恢复速度，而且还能大大降低网络总体运行成本。

3. 合规性和技术

思科 DNA 是思科整体解决方案的一部分，其设计思想也基于与业务应用及业务流程进行更直接的交互。与云端以及众多外部被管设备（如物联网传感器等）互连极大地促进了技术创新，同时也对合规性提出了更严格的要求。与合规性和技术相关的要求包括安全性、外部合规性规章制度以及高可用性等。

4. 安全性

网络安全的发展速度甚至超过了动态应用环境或端点数量快速增长的速度。网络安全必须跟上用户面临的持续不断的安全威胁，恶意软件正变得越来越智能，越来越专业。从 Talos[②]等安全情报中心提供的信息可以明显看出，恶意用户已经逐渐变得与普通企业用户毫无两样，也拥有正常的工作时间、软件目标、质量保证、软件保证、恶意软件即服务以及其他与正常业务相似的活动。

因此，安全策略的设置必须与本章描述的其他需求（如简单性和高效性）保持同步。

5. 外部合规性法规

IT 的发展步伐日趋加快，出现这种成熟性的部分原因是数据（有价值的数据会产生信息）对于所有企业来说都变得越来越重要。对于某些业务来说，数据甚至已经成为新型货币，是企业数字化转型成功与否的重要因素。

在企业内部收集和处理越来越多的数据，也要求企业必须遵守各种外部规则和法规，如欧盟 GDPR（General Data Protection Regulation，通用数据保护法规）[③]、PCI、HIPAA 或其他特定市场的监管要求。

遵守这些规则对于企业来说极为重要。这不但能够帮助企业走向成功，而且还能规避因触犯合规性而导致的潜在罚款或业务损失（这些都可能导致负面媒体报道）。

思科 DNA 必须能够遵守外部合规性法规，支持网络运行的可审计性，从而提升网络架构的成熟度。第 12 章提供了更多有关全数字化网络架构和成熟度在组织机构方面的信息。

6. 高可用性

企业网连接了企业中的所有设备。没有网络，几乎所有企业都会陷入停滞状态，因而全数字化网络架构必须在设计时考虑高可用性问题。网络必须具有足够的弹性和容错能力，以

---

① 这些信息曾经在很多有关 ISE 最佳实践的 Cisco Live 分组会议上分享过。

② Talos 是思科公司的安全情报组织，可以提供持续更新的安全威胁支持。

③ 欧盟 GDPR（2016/679）明确指出了企业应该如何管理隐私敏感数据（如个人信息），违反规定的企业将面临巨额罚款。

防止网络中的单点故障导致企业的整体业务陷入停顿。

4.1.3   支持云能力

云（IT 要素即服务）已成为企业内部大多数 ICT 战略的关键要素。这些策略描述包括
"必须基于云，除非……"或者"云不能用于企业数据"等，而且还包含了各种变更要求，
如运行和设计内部云数据中心以及全面的多云策略等。总之，云已成为业务当中的标准 IT
组件，不但要求将特定的云透明连接到企业网，而且还要求企业员工不应该知道或看到云应
用程序与内部应用程序之间的区别。

因此，企业架构本身也必须支持云，允许应用程序在云端和企业网中运行。这就意味着
必须让云应用程序和企业应用程序都能以同样简单的方式应用网络策略、网络分析和变更管
理操作。

此外，思科 DNA 还必须能够充分利用云的潜力（允许安全策略）。例如，使用开放和可
用数据来优化业务流程，将特定流程外包到云端以实现更大的软件规模，或者通过更快地部
署新功能特性来加快创新速度。

4.2   思科 DNA 设计理念

为了更好地满足并实现前面提到的各种需求，思科将这些需求转换为名为"全数字化网
络架构（DNA）"的愿景，如图 4-1 所示。

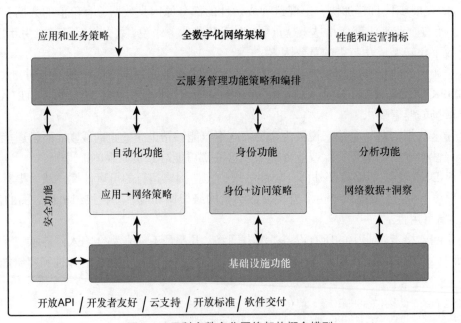

图 4-1   思科全数字化网络架构概念模型

为了便于描述，图 4-1 与思科的 DNA 白皮书[①]略有不同。思科 DNA 提供了 5 种不同的功能以共同满足上述要求。围绕这五大功能，提供了大量指导性的设计原则和一些衍生设计原则，本章后面将会详细解释这些原则。接下来将首先介绍思科 DNA 的五大功能。

4.2.1　云服务管理功能

虽然该功能的名称可能会引起误解，但云服务管理功能实质上就是网络业务架构的总体性功能。云服务管理功能将应用程序策略转换为多个策略，如身份、访问、网络和应用定义。云服务管理负责将这些策略推送给不同的底层功能，并通过分析机制来验证网络状态是否按照相关策略进行了设计和执行。

思科为该功能使用术语"云服务管理"（cloud service management）的原因主要考虑到以下两种需求。

- 平台本身需要与不同的云模型进行完全集成，如私有云、虚拟云或公有云。这就意味着平台必须能够运行在所有这些云上。
- 云设备管理平台还必须能够跨多个云平台编排策略和模型，并提供端到端的策略实施能力。

图 4-1 以箭头方向显示了两种信息流向。一种是从应用程序或业务流程接收业务和应用程序策略，该功能通过用户接口和开放式标准 API（Application Program Interface，应用程序编程接口）来呈现，因而应用程序可以将所需功能嵌入到应用程序内部。另一种则是向应用程序和其他业务流程提供有关网络、网络连接的设备以及所服务的应用程序的运行状态等必要信息（也通过用户接口和 API 来呈现）。

4.2.2　自动化功能

思科 DNA 的自动化功能负责将从云服务管理功能接收到的网络策略转换为具体的网络配置，为基础设施功能内的相关网络设备提供网络配置。

自动化功能使用 API 向云服务管理功能呈现自己的功能，并通过 API（最好是有状态的事务机制）以受控方式将配置推送给网络设备。

6.2 节将通过与网络相关的案例详细描述自动化功能。

4.2.3　身份功能

思科 DNA 中的身份功能负责定义并管理身份和访问策略，这两种策略均基于云服务管理功能中的可用策略和可用资源。身份策略负责确定允许访问网络基础设施的对象，访问策略则负责定义用户或设备有权获得的资源（应用程序和其他资源）。

这两种策略密切协作。基础设施功能使用身份策略来确定哪些用户正在连接网络，身份

[①] 思科 2017 年发布的白皮书 "The Cisco Digital Network Architecture Vision—An Overview"（思科数字网络架构愿景—概述）。

功能则为基础设施功能提供适当的授权访问控制机制，从而为所连接的设备配置适当的资源。

此外，身份功能还负责更改访问控制机制。例如，在网络上发现恶意活动之后，需要将特定设备与网络进行隔离（或进行进一步排查）。

身份功能在很大程度上依赖于开放和已接受的标准（如 IEEE 802.1X 标准[与 RADIUS 结合使用]），向基础设施功能内部的网络设备提供上述功能。

4.2.4　分析功能

分析功能是思科 DNA 的一项关键功能，可以为监控和编排工具（位于云服务管理功能内部）提供与网络运行状态、连接的端点、用户以及应用程序在网络上的执行情况（无论是否运行在云端）等相关的必要反馈信息。

分析功能通过 API 从基础设施功能获取必要的信息。由于这些 API 基于开放标准和开放机制，因而所有提供网络基础设施功能的设备都能提供必要的信息。

4.2.5　基础设施功能

基础设施功能包括所有执行网络功能的与网络基础设施相关的设备，如有线接入设备、无线接入设备、路由器、WAN、安全策略执行设备等。从本质上来说，每台网络设备（无论是交换机、路由器、接入点、无线 LAN 控制器、防火墙还是其他物理或虚拟安全设备）都是基础设施功能的一部分。

事实上，该功能是思科 DNA 的执行部分。通过自动化功能调配的所有网络策略都将转换为实际的网络配置和网络操作，并将网络状态、网络行为方式以及试图连接的用户信息依次发送给分析功能。

优先通过开放标准和/或 API 来执行策略接收或网络数据分析结果的发送操作，从而能够以单一功能和单一方式来管理多样化的网络设备。使用单一功能可以在整个企业网中实现单一视图（无论应用程序和用户位于何处）。

4.2.6　安全功能

虽然安全功能在图 4-1 中以一个垂直模块来表示，但安全功能本身并不是一项单独功能，必须集成在思科 DNA 的每个功能和实现中，因而安全功能更多的是一种设计原则，而不是一种功能。本章将在 4.4 节详细介绍安全设计原则。

4.3　设计原则

思科 DNA 基于以下 4 个设计原则：

- VNF（Virtualize Network Function，虚拟化网络功能）；
- 自动化设计；
- 普遍性分析；

■ 策略驱动和软件定义。

这些设计原则支配并支持未来 10 年的现代网络架构设计。这些设计原则和隐含的思科 DNA 设计基础共同构成了模块化的网络理念，能够满足第 2 章描述的根本性和快速发展的变化需求。接下来将详细描述这 4 个思科 DNA 设计原则。

4.3.1 VNF

虚拟化在 IT 领域非常普遍，已经存在了很长时间。服务器虚拟化的引入加强了服务器计算能力，是一种云化实现（因为不同的虚拟应用程序功能可以在托管服务商提供的单台服务器上进行共享）。IT 领域的虚拟化指的是软件（定义了服务器或服务）通过抽象层运行在硬件之上，不但能够在同一硬件上运行多个服务，而且还能在同一硬件上运行不同的服务。总体来说，虚拟化提供了在同一硬件上运行不同服务而不需要使用专用硬件的可能性。此外，虚拟化还提供了极高的使用灵活性，可以在物理服务器的生命周期内，在不同的时间部署不同的服务。除了服务器虚拟化之外，还可以实现应用程序虚拟化（称为容器或微服务）。目前，新应用程序的开发一般使用的都是应用程序虚拟化，而不是单体式应用程序服务。

借助思科 DNA，虚拟化概念也被纳入网络基础设施当中。网络基础设施通常使用满足需求的硬件并围绕这些硬件设计其余网络。路由器负责运行路由协议并互连多个功能性的路由域。交换机（园区或数据中心交换机）负责将网络端点连接到网络上，并通过 VLAN 将这些网络端点进行逻辑隔离（如果需要）。防火墙（最好是专用设备）则被用于保护这些网络。

虚拟化的缺点之一就是网络功能运行在通用硬件上。随着网络功能数量的增加，可能会导致性能下降。因此，通常仅在网络基础设施设备中为网络中进行了硬件优化的功能设置 VNF，这一点非常重要。

案例：VNF

SharedService 集团的传统策略是将所有分支机构的流量都"拉"到总部，然后在总部通过必要的安全策略控制机制实现集中式的 Internet 连接。该策略适用于全球各地的分支机构。虽然已被全体员工接受，但仍然有部分员工喜欢访问本地转换的 Web 服务（如 Google）。

SharedService 集团计划将总部提供的无线访客服务也部署到各地分支机构。不过，在确认这项新服务的设计方案时，出于多种原因，分支机构不希望无线访客服务仍然通过总部实现 Internet 连接。除了安全风险之外，还需要更多的 WAN 带宽，而且还很难为英语为非母语的分支机构提供足够的服务。这些都是决定无线访客服务必须使用本地 Internet 连接的主要原因。

为了仍然能够应用集中式安全策略，该方案需要在分支机构采购和部署新硬件。这会导致网络投资远高于预期，因而不得不暂时停止为分支机构提供无线访客服务，直至在网络生命周期管理过程中更换完所有网络设备为止。

从 SharedService 的案例可以看出 VNF 的核心优势。虽然这项服务是企业的业务需求，但新增投资远大于不提供这项新服务的成本，因而不得不暂停部署该新服务。如果在分支机构中采用 VNF，那么就可以部署拥有相同策略的虚拟防火墙，并使用本地 Internet 服务提供商提供的路由器的 VLAN 功能部署这项新服务。随着企业部署的云传感器和云应用程序的不断增多，采用 VNF 完全能够以较低的投资成本部署各种新的网络功能。

VNF 的另一个优势在于能够以更快地速度部署新服务。网络设备已经到位，所需要部署的只是软件而已。部署速度的提高有效满足了企业对快速服务交付的迫切需求，而且有助于推动企业创新。

思科 DNA 的第一个设计原则是必须对所有网络功能都进行虚拟化，以实现网络功能部署的灵活性。

4.3.2 自动化设计

FreeBSD 10.x 和 11.x 的常见问题中包含以下问题（笑话）。

"问：更换灯泡需要多少名 FreeBSD 黑客？"

答：1169 人，具体如下。

23 个人向-CURRENT 抱怨灯灭了。

4 个人认为这是配置问题，而这个问题确实是问题。

3 个人提交了该问题的 PR，其中一份被误交到/doc 下了，而且只写了"灯泡灭了"；

1 个人提交了一个未经测试的灯泡，该灯泡会破坏 buildworld，5 分钟之后又将其换回。

8 个人因 PR 发起人未在 PR 中加入补丁而发火。

5 个人抱怨 buildworld 被破坏了。

31 个人回答说对他们有用，必须在有问题的时候进行更新。

1 个人向-hackers 发布了一个新灯泡补丁。

1 个人抱怨说他三年前就已经有补丁了，但是将补丁发送给-CURRENT 时，却被忽略了，而且在 PR 系统上也遇到过糟糕经历。除此以外，提供的新灯泡是非反射性的。

37 个人尖叫说灯泡不属于基本系统，提交者没有咨询社区就无权做这样的事情，而且内核在干什么呢！？

200 个人在抱怨自行车棚的颜色。

3 个人指出补丁破坏了 style(9)。

17 个人抱怨提议的新灯泡受 GPL 的控制。

586 个人参与了关于 GPL、BSD 许可、MIT 许可、NPL 以及 FSF 无名创始人的个人卫生的论战当中。

7 个人将线程的各个部分都迁移到了-chat 和-advocacy 下。

1 个人提交了建议使用的灯泡，虽然这个灯泡比旧灯泡更暗。

2 个人提交了充满怒意的消息来否定这么做，认为 FreeBSD 在黑暗中比在昏暗的灯光下效果更好。

46 人就替换掉昏暗的灯泡展开激烈辩论，并要求-core 发表声明。

11 个人请求更换一个小灯泡，从而更适合他们的电子宠物 Tamagotchi（如果决定将 FreeBSD 移植到该平台）。

73 个人抱怨-hackers 和-chat 的 SNR 有问题，并退订以示抗议。

13 位发布"退订""如何退订？"或"请从列表中将我删除"，后面跟的是常规页脚。

1 个人在其他人都忙着发泄怒火而没有注意到时的时候提交了一个可以工作的灯泡。

31 个人指出，如果使用 TenDRA 编译，那么新灯泡的亮度将增加 0.364%（虽然必须将灯泡重塑为立方体），因而应该将 FreeBSD 切换到 TenDRA，而不是 GCC。

1 个人抱怨新灯泡没有整流罩。

9 个人（包括 PR 发起者）问道"什么是 MFC"。

57 个人抱怨灯泡更换两周之后又灭了。

Nik Clayton <nik@FreeBSD.org>写到：

太搞笑了，我想"稍等，这个笑话当中是不是还应该有一个人负责记录啊"？

接下来我就被照亮了:-)"

虽然这个笑话在很多领域（如技术领域或大型组织机构）都存在。但不幸的是，对于网络基础设施的运行来说，这个问题的答案确实如此。很多时候，基础设施的运行都因为流程、验证、与最终用户保持一致以及变更管理等原因，而必须由大量人员参加。

此外，不幸的是，人们在管理这些基础设施（无论大小）的时候，普遍采用的都是逐台设备管理方式（使用 CLI 或设备集成的管理工具）。因而升级网络 IOS、创建或删除 VLAN 或更改 DHCP Helper 的时候，都必须由网络工程师在设备上输入所需的命令并验证变更操作是否成功。这样做不可避免地增加了更多的复杂性、更高的差错风险，而且执行相对简单的变更操作也要花费更多的时间。

自动化机制允许网络运维团队以受控方式自动执行变更操作，而不需要针对每台设备手动执行变更操作。自动化工具不但能够以非常精确的方式执行所要求的变更操作，而且还能对所有要变更的设备以完全相同的方式执行重复操作。虽然变更操作中的差错可能会带来严重后果，但这样做可以大大降低人为差错风险。因此，通过自动化工具执行变更操作之前，进行必要的变更测试极为重要。

案例：FinTech 公司的自动化操作

FinTech 公司在很长时间里都在使用网络访问控制机制，后来将思科 ACS（Access Control Server，访问控制服务器）更改为思科 ISE（Identity Services Engine，身份服务引擎）。在部署 ISE 的同时，还引入了网络基础设施设备的集中式认证和授权机制。

FinTech 公司最近在执行 ISE 升级的时候，考虑到 ISE 内部出现了一些重大变化，因而必须替换这些设备并执行全新安装。

在设备迁移期间，FinTech 公司制定并记录了变更流程。在准备执行变更操作的时候，发现 60 多台接入交换机的 RADIUS 配置不一致，使用了不同的 RADIUS 服务器组名或默认值。

由于需要更改设计方案，因而整个变更流程变得非常复杂。首席工程师决定为变更后的 RADIUS 配置使用标准化的配置组件（一个配置模块用于网络访问控制，另一个配置模块用于网络设备管理）。

在接下来的准备过程中，创建了一个专用的执行必要变更操作的应用程序。该应用程序在文本中记录了必需的配置变更信息（即实现配置的模板化），并通过旧的 ISE 环境导出信息以了解设备的连接情况。日志记录提供了必要的输出信息，可以验证变更操作是否成功。

执行变更操作期间，工程师多次运行该应用程序，以很小的原子化步骤方式实施配置变更操作。由于该工具能够以一致化的方式执行变更操作，因而变更操作更快，也更安全，工程师们只要验证是否出错即可。如果配置变更后的第一个工作日，没有发现与网络访问控制相关的故障或意外事件，那么就表明本次变更操作完全成功。

从本例可以看出自动化操作的优势。如果园区网络在设计时就引入了自动化机制，那么就可以通过模板或其他工具来实施变更操作（如对其他 ISE 服务器进行身份认证），而不用不断从记事本将配置变更信息复制粘贴到 60 多台设备的 CLI 中。这样一来，不但能够更有效地执行变更操作，而且还可以避免在网络中出现不一致的情况。

思科全数字化网络架构的第二个设计原则要求采用自动化机制来设计网络基础设施。

4.3.3　全面分析

传统网络与思科 DNA 之间存在很多差异。两者存在诸多差异的主要因素就是思科 DNA 可以将策略（自动）推送给基础设施。由于这些策略是动态且由软件驱动的，因而需要通过某种反馈机制来验证基础设施的正确状态和操作。具体的反馈机制由思科 DNA 的分析功能实现。

分析功能可以是简单地检查是否配置了路由表和路由邻居，检查接口的带宽利用率和差错统计信息。传统网络通过 SNMP 轮询机制来执行这类监控操作。这种传统的轮询方式需要以手工方式逐台配置网络设备，需要占用网络设备的大量 CPU 资源，而且无法提供有关应用程序性能或 DHCP 服务器无响应的详细信息。总之，传统的仅轮询方式无法支持思科 DNA。

思科 DNA 不再使用轮询机制，而是通过一种更加现代化的方式来获取网络状态和运行信息。思科 DNA 中的基础设施必须能够提供必要的信息分析功能，而不需要轮询每台设备。与天气传感器向气象模型提供数据一样，思科 DNA 也采用了类似方法。基础设施设备必须向分析功能提供遥测数据（不但要包括接口统计信息等传统可用数据，而且还应该包括与客户端相关的数据）。

这种模型驱动的遥测功能允许思科 DNA 的分析功能收集更多详细数据并执行适当的操作任务，以确定网络是否按预期运行，从而向云服务管理功能提供正确的反馈信息。

思科 DNA 的另一个要求是在支持更多的多样性和端点数量的同时提高网络效率。网络设备数量始终处于增加状态，而且现有网络运维团队需要使用不同的方法来管理和运行网络。网络团队通常需要响应最终用户报告的与 IT 相关的事件。大多数事件都集中在（或归咎于）网络上，而且必须由网络团队来"证明"网络没有故障。模型驱动的遥测功能对于这类任务来说非常有用。不过，除了常规响应网络事件之外，还需要通过足够的网络情报将网络团队的工作由响应方式转变为主动方式。

从本质上来说，思科 DNA 不再等待事件的发生，而是通过可编程网络传感器以可预测的方式主动测量和测试网络。这些传感器可以是现有的网络设备、网络设备上的虚拟服务或者是部署在网络中的专用测试硬件。

这些传感器将频繁执行已配置的测试任务，并将测试结果提供给思科 DNA 的分析功能，从而向网络团队（或其他团队）发送告警信息，以防范可能出现的网络故障。使用传感器，可以为网络引入更多的智能，以主动方式测试多种网络功能和应用程序。这样一来，就能以更加主动的方式提供更多的信息。如果客户端未在站点上收到 IP 地址，那么就可以知道 DHCP 服务器可能已关闭或者存在连接故障。由此可以看出，网络传感器可以帮助网络运维团队由被动方式转变为主动响应方式。

将思科 DNA 网络基础设施提供的数据与机器智能相结合，还能提供常见网络问题的建议解决方案。机器智能是一种网络发展趋势，允许企业内的系统通过可用（结构化）数据来提供各种问题（如订购流程或确定保单成本）的解决建议。思科 DNA 也采用了该原则，由机器智能根据接收到的遥测数据、身份功能信息以及传感器检测结果，在事件或故障发生之前找到相互关系。有了这些"情报"之后，就能为网络运维团队提供有价值的建议操作，从而实现主动响应。目前的网络正变得越来越智能，正在支持网络运维团队不断优化网络运维操作。

思科 DNA 的第三个设计原则就是在思科 DNA 中引入全面分析机制，充分利用网络中的潜在数据资源，验证网络的正确状态，并通过网络智能更快地检测网络事件。

4.3.4 策略驱动和软件定义

前面一直都在重复的一个关键字就是策略。传统意义上的网络配置是将需求转换为大量的配置行代码。除了可以使用模板或者具有类似功能的交换机之外，还缺少为什么必须以特定方式使用某些配置命令集的抽象层。这一点对于园区网络来说处处存在，包括交换机、无线网络、路由器和 WAN。这种配置方式的主要缺点是，没有提供一种简单的方法来验证配置是否按预期工作或者是否能够重用同一个配置。从本质上来说，就是缺少策略。

策略提供了一种抽象机制，可以隐藏配置或实现的细节信息，实现方式是使用所请求服务的通用规范，但同时也尽可能具体。虽然看起来似乎有些矛盾，但可以通过具体的案例来加以说明。

假设某业务应用程序 X 由安装在电脑上的客户端应用程序组成。该应用程序通过 HTTPS 与 Web 服务器进行通信，而 Web 服务器又与应用服务器进行通信，应用服务器从单一 MySQL 数据库服务器获得所需的数据。

上述应用程序描述明确说明了应用程序需要进行哪些通信，但没有说明使用哪个特定的 IP 地址，没有描述数据库服务器所在的位置以及这些 Web 服务器拥有的 IP 地址或客户端使用的 IP 地址。这是一个能够存储/记录在思科 DNA 中的很好的策略描述。

实现该应用时，可以指定具体的 IP 地址，也可以根据网络拓扑结构和部署情况来创建正确的访问列表规则。该策略的强大之处在于可以将其重用于同一应用的其他实现。如果将应用迁移到了云端，那么只要更改 Web 服务器的 IP 地址，即可重新部署该策略。

思科 DNA 充分利用了基于策略的网络运行能力。对于前面的案例来说，如果需要执行变更操作，那么由于思科 DNA 完全"知道"园区网络中需要变更的旧访问列表规则，因而客户端能够在这些端口上与云端进行通信。

策略机制提供了一种非常通用的方式来呈现复杂的技术实现，不但能够在日益多样化的网络中实现可见性所需的透明性，而且还能以一致的方式执行所需的变更操作。

策略驱动的内在机制就是软件定义的概念。如果运维团队定义了策略，那么软件应该能够将策略转换为基础设施中不同网络设备的配置变更信息。该方法允许软件跟踪哪种策略产生了哪些变更，从而能够在删除策略时从设备中删除必要的配置。

采用了软件定义方法之后，一旦用户或设备连接到网络上，思科 DNA 就能以逐个用户的方式向网络提供策略。软件定义方法可以将允许的应用程序策略转换为与该用户相关的特定配置信息，从而能够为企业内的应用程序提供更好的可见性和控制性。

思科 DNA 的第四个设计原则是采用策略驱动的体系架构，并通过软件定义的方法来实施和监控这些策略。不同功能之间的所有通信都基于这种软件定义的方法。

> 注：Mark Hazell、Brian Shlisky、Errol Roberts 和 David Jansen 合著的 *Cross-Domain Segmentation with Intent-Based Networking* 一书提供了多个案例，解释了如何在企业的端到端用例中采用策略驱动的软件定义方法。

4.4　通用设计原则

思科 DNA 的诸多功能和四大设计原则都依赖于大量通用设计原则。除了常规的网络设计原则（如平均无故障工作时间、故障隔离等）之外，思科 DNA 还强调了 4 项通用设计原则，使其与常规（园区）网络基础设施相比独树一帜：

- 支持思科 DNA 的基础设施；
- 开放标准；
- 使用 API；
- 泛在安全。

这 4 种通用设计原则是所有基于思科 DNA 解决方案的基础。接下来将详细讨论这些通用设计原则。

4.4.1 支持思科 DNA 的基础设施

过去人们选择网络设备的依据是其主要网络功能（例如，如果主要功能是交换功能，那么就选择交换机；如果主要目的是为 WAN 提供路由功能，那么就选择路由器）。主要原因是硬件中执行网络功能的芯片（ASIC）基本上都是为该功能设计构建的。也就是说，交换机的 ASIC 和物理接口主要用于交换目的。ASIC 主要针对交换功能进行了预编程，无法在硬件中运行新技术或新网络功能。

> **交换端口与路由端口的区别**
>
> 思科设备上的以太网接口是交换端口或路由端口。在交换机上运行了 **no switchport** 命令之后，可以让交换端口的行为类似于路由端口。此时，会从接口中删除所有二层配置（如生成树），而且大多数交换机都会将内部 VLAN（位于扩展范围内）分配给接口，允许该接口拥有 IP 地址，但是仅允许响应 ARP 请求。因而该 VLAN 对于二层功能来说不可用。大家可以在 IOS 命令参考指南中的 Extended-Range VLAN Guidelines 一节看到这些信息。交换端口与路由端口的另一个区别在于，无法在物理交换接口上配置子接口。
>
> 同样，路由端口不支持二层协议，除非被显式配置为桥接虚拟接口。
>
> 根据模型和构建块设计网络时，必须知道可用的接口类型，因为这些信息会制约设计方案和功能特性。

思科在发布 Catalyst 3650/3850 系列交换机的同时，推出了一款新型 ASIC（即可编程 ASIC），也称为 UADP（Unified Access Data Plane，统一访问数据平面）ASIC。该 ASIC 的第二个版本发布在思科 Catalyst 90006 系列交换机中。该 ASIC 的独特之处在于，交换机启动时无须知道如何处理以太网帧或 IP 数据包，该 ASIC 会在交换机启动时正确编程所需的功能特性。这种可编程 ASIC 的优点很多，而且已被事实证明非常强大。例如，思科在发布 Catalyst 3650/3850 交换机的时候，还没有 VXLAN 技术，但是随着新版本操作系统代码的发布，目前这些交换机已经支持该技术。甚至还可以对外宣称，如果需要在未来设计和采纳某种新网络协议（如 IPv11），该 ASIC 也能在硬件中处理该协议。

思科首席工程师 Peter Jones 和杰出系统工程师 Dave Zacks 在 TechWise TV 视频中讨论了 ASIC 的可编程性，他们都亲自参与了该 ASIC 的研发工作。

除了可编程 ASIC 之外，最新的思科路由器（ISR 4000 系列、ISR 1100 系列）和交换机（Catalyst 3650/3850 系列和 Catalyst 9000 系列）都运行在同一个操作系统之上，称为思科 IOS-XE。思科 IOS-XE 基于 Linux，允许硬件在运行执行网络功能的 IOS 守护程序的同时，还能运行其他服务。从本质上来说，只要设备拥有足够的 CPU 和内存，那么思科 IOS-XE 就允许在设备（如 Catalyst 9000 系列）上运行其他虚拟机（虽然有限）。

在不同的网络设备上使用相同的操作系统还有一个好处，那就是原先只能由路由器提供的某些功能特性（如 MPLS 和 LISP 等路由协议），目前也可以由交换机提供了。总之，技术功能正在逐步融合，而且可以在不同平台上提供相似的功能特性。

ASIC 可编程性与功能特性的融合，为思科 DNA 使用的网络设备带来了大量好处。这些网络设备可以根据思科 DNA 的需求执行各种新服务、新技术或新功能特性，无须替换网络设备。

4.4.2　开放标准

思科网络设备通常通过命令行界面进行配置，由工程师（某些环境下可能是配置工具）以命令方式将配置命令输入到设备中。除了配置工具或工程师有可能无法登录设备（如更改了 IP 地址或 IP 路由）之外，这些命令基本上都是按照原子化方式执行的。也就是说，每条命令都会立即生效。仅 NX-OS（数据中心）和 IOS-XR（服务提供商）支持事务性变更（可以在单次操作中提交一组命令）。思科 DNA 的基础是将策略转换为多个配置块（如构建块），这些配置块可以用于基本的网络基础设施，也可以从网络基础设施中删除这些配置块，从而支持数字化网络中的大量客户端和应用程序。

为了保持网络的完整性，必须以事务方式执行这些变更操作（应用和删除策略）。例如，每个策略变更都应该是网络设备上的一个事务，而不是一串需要逐台设备执行的命令。

思科 DNA 基于现代的自适应方法论，将网络视为一个整体，可以将策略应用于基础设施设备，也可以从基础设施设备当中删除策略。这种方法论对于需要通过自动化流程经网络进行传输的网络化应用程序来说非常有必要。这意味着应用程序开发人员（构建企业应用程序）必须了解网络的运行方式，但是不需要像网络设计人员或网络工程师那样深入掌握设备的具体配置命令。这一点是通过将网络从特定配置命令中抽象出来的模型完成的。由于思科 DNA 只是更大网络环境的一部分，且该模型适用于第三方开发人员，因而该模型必须基于开放的公认标准。

总之，思科 DNA 倾向于采用事务性方法来部署配置，以保持完整性，而且还需要一个将网络从实际配置命令中抽象出来的模型。因此，思科 DNA 要求在设计和实施过程中采用国际公认的开放模型和标准。这可以使用 NETCONF/YANG 模型来实现。

4.4.3　使用 API

思科 DNA 包含五大功能（云服务管理、自动化、身份、分析和基础设施）。这些功能从某种程度上代表了各自特定的职责和任务，而且不同的功能之间还有一定的关系。每项功能通常都作为使用者、提供者或两者。例如，自动化功能向云服务管理功能提供实现方法，可以根据策略更改网络。根据特定的变更需求，自动化功能可以将策略翻译（或转换）为不同的、预定的且经过测试的配置变更，然后再将这些配置变更应用于基础设施功能内的网络设备。

这些思科 DNA 功能之间的交互方法通常由软件负责执行，无须进行人工干预。因而必须以一种正式的方式来描述这些功能之间的交互方法，使得不同的工具能够提供一种或多种思科 DNA 功能。通常将这种描述和启用系统间功能的正式方法称为 API（Application Program Interface，应用程序编程接口）。

API 为软件工程师提供了充足的文档和功能，软件工程师可以在自己的代码中使用这些功能，无须自己编写这些功能。

在思科内部，这种正式的方法可以存在于两种不同的解决方案（每种解决方案都执行一种思科 DNA 功能）之间，因而可以通过服务器间的通信方式来执行这些 API 调用。为了实现策略驱动、软件定义和自动化的全数字化网络架构，思科 DNA 功能之间的通信过程都通过这些 API 进行。这些开放和公开的 API 也适用于与云服务管理功能之间的通信。这种通用设计原则允许外部各方（如企业应用程序开发人员或其他软件工程师）以编程方式（采用软件定义的方法）请求网络的运行状态，而且还能为应用程序的传输服务请求提供可能性。

RESTful API

在软件开发的历史进程中，过去曾经采用了多种方法和原理来实现服务器之间或客户端到服务器之间的通信，如远程过程调用（Remote Procedure Call）、远程方法调用（Remote Method Invocation）、面向服务的体系架构（Service Oriented Architecture）、企业消息队列系统（Enterprise Messaging Queueing System）和完整的企业系统总线（Enterprise System Bus）等多种概念。目前最新也是应用最为广泛的基于 API 的网络通信模式（也称为 Web 2.0 服务）就是 RESTful API。REST 是 Representational State Transfer（表述性状态转移）的缩写，从 2000 年以来一直都在应用。

RESTful API 基于 HTTP 协议，结合了 URL 和所谓的 CRUD（Create, Read, Update, Delete，创建、读取、更新和删除）方法。系统之间传递的数据是以特定文件格式封装的文本，如 HTML（Hypertext Markup Language，超文本标记语言）、XML（eXtensible Markup Language，可扩展标记语言）或 JSON（JavaScript Object Notification，JavaScript 对象通知）。其中，XML 的应用非常普遍，而 JSON 因易于阅读和构造的语法而变得越来越流行。

REST API 调用的一个案例就是气象应用。通过 Web 服务查询指定地点的天气情况时，会将特定的 GET 请求发送给气象服务，返回的响应则是采用结构化格式的天气预报信息，由应用程序解析响应信息并呈现给用户。

可以看出，应用程序负责执行天气服务的系统间响应并接收响应信息，然后再将响应信息呈现给最终用户。有关 API 的更多信息和案例请参阅第 10 章。

越来越多的思科产品都提供了 API 接口，且主要使用 RESTfull API。思科 DevNet 网站提供了与 API 相关的更多详细信息和代码案例。

4.4.4   泛在安全

网络安全的发展速度日益加快，主要原因是恶意行为者正越来越多地采用大量专业化的攻击软件和攻击方法。一般来说，恶意行为者通常都拥有近乎无限的资金和时间来尝试访问他们希望获得的数据，包括（成功）尝试破坏企业供应链中的软件或其他要素以实现其恶意目标。

传统企业的安全性通常通过深度防御机制来实现——在网络中部署多个有效的安全边界，采用分层防御模式，将最敏感的数据隐藏在多个安全防御层级之后。

不过，随着云使用量的不断增加、设备种类的日益繁杂以及其他多种负面因素的影响，可被恶意用户利用的潜在攻击面也日益增多。图 4-2 给出了常见的企业网示意图，显示了可能会被恶意用户利用的潜在攻击点。可以看出，过去的主要攻击面就是 Internet 边界，而当前的潜在攻击媒介越来越多。

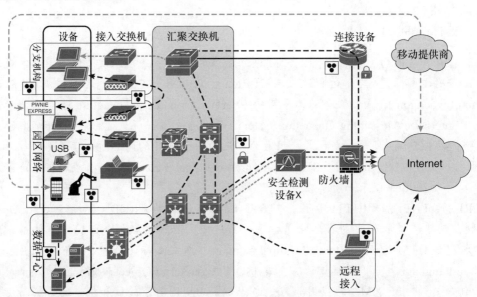

图 4-2   潜在威胁概述（图片取自 Cisco Live 关于进攻性网络安全的技术会议）

为了能够跟上技术发展的步伐并保持企业的可管理性，以及快速响应安全风险，有必要对网络基础设施采用统一的安全方法。这种统一的安全方法必须能够满足最低安全需求，这些需求旨在提高整个企业网的安全性。

- **可见性和检测能力**：网络必须能够为设备（和最终用户）及其在园区网络上的通信提供必要的可见性。有了统一的可见性之后，就能轻松检测出企业内部是否存在恶意活动。
- **单一且一致的安全访问策略**：由于网络的动态性越来越强，因而必须以全局方式来定义和确定安全访问策略，而不是根据具体设备（交换机、下一代防火墙或无线局

域网控制器）来定义安全访问策略。这种一致的安全访问策略有助于提高可见性和
网络安全性。

■ **统一的分段策略**：由于设备类型和相关的访问策略呈现多样性特性，因而有必要为
（园区）网络应用统一的分段策略。统一的分段策略可以有效提高可见性，而且能够
确保在未授权的情况下无法查看流的内部信息。也就是说，使用统一的分段策略可
以确保 IoT 等流量不会与企业流量相匹配，这样一来，即使攻破了 IoT 设备，也无
法监听企业的流量信息。

■ **便捷快速的威胁遏制能力**：2017 年 6 月爆发的 nPetya 病毒在被感染企业的内部每分
钟的感染次数高达 5000 多次。感染率高的原因是恶意软件能够在网络内部快速传
播。从这个真实案例可以看出，现代全数字化网络架构必须能够快速有效地遏制威
胁。也就是说，如果发现了恶意行为，就必须尽快将设备与网络进行隔离，以防止
安全威胁的进一步蔓延。

总之，网络安全性和可见性是思科 DNA 不可分割的组成部分，必须在动态变化的园区
网络中维持必要的安全策略。全数字化网络架构中的安全性必须无处不在。

4.5　思科解决方案概述

从理论上来说，思科 DNA 是企业网络的功能性架构设计，是企业技术架构的一部分。
思科提供的产品解决方案能够满足思科 DNA 的各项功能。图 4-3 列出了基于思科 DNA 的
园区网络的常见产品和解决方案。

图 4-3 解释了如何利用思科提供的产品和解决方案来部署思科 DNA。随着产品、解决
方案以及集成技术的不断发展，某些限制因素可能适用于某些设备。截至本书写作之时，下
列限制因素已经明确，必须在设计和部署时予以考虑。

■ 思科 WLAN 控制器 2504 和 5508 支持 AireOS 8.5 代码版本，支持 SDA（Software Defined
Access，软件定义接入）无线功能，但是不支持模型驱动的遥测（分析）功能。

■ 虽然 Catalyst 3650/3850 是支持思科 DNA 的基础设施，但是在容量以及与 SDA 的关
系方面存在一定的限制。

■ 虽然某些紧凑型 3560C 和工业交换机也支持 SDA，但是需要关注版本说明中指定的
限制因素。

■ Prime Infrastructure 和 APIC-EM 解决方案目前仍然可用，尚未发布停产公告。不过，
思科 DNA Center 是这些工具的后继产品，一旦思科 DNA Center 具备了类似功能，
那么 Prime Infrastructure 和 APIC-EM 将很可能会停产。不过，这并不限制任何组织
机构开始向意图网络进行迁移。

■ 每个组织和每个网络都是唯一的，不同的部署方案和环境特点决定了应该采用哪种
最适合的网络工具。

工具/产品	设计原理							DNA 功能				
	泛在安全	虚拟化网络功能	自动化	云管理	分析	开放标准/API	DNA就绪	基础设施	自动化	身份	分析	策略/编排
DNA Center	✓	✓	✓	✓	✓	✓	✓		✓		✓	✓
APIC-Em/Prime		✓	✓	✓		✓			✓		✓	✓
SDA（软件定义接入）	✓		✓	✓		✓	✓	✓	✓			
NSO（网络服务编排器）		✓		✓					✓			
ISE（身份服务引擎）	✓					✓	✓	✓		✓	✓	
加密威胁分析	✓				✓							
StealthWatch	✓			✓	✓						✓	
WLAN 控制器	✓					✓					✓	
Catalyst 3650/3850	✓	✓				✓		✓				
Catalyst 9000 交换机	✓	✓				✓		✓				
紧凑型交换机	✓					✓	✓	✓				
楼宇交换机	✓					✓	✓	✓				

图 4-3　符合 DNA 标准的思科产品和解决方案

　　如果希望将现有网络迁移为全数字化网络架构，那么建议在迁移之初就参考图 4-3 的表格信息，具体的迁移过程可以参阅本书第二部分。

4.6　本章小结

　　从 TOGAF®标准的角度来看，思科 DNA（全数字化网络架构）是技术架构的一部分，描述了企业网络基础设施的需求、原理和功能。思科 DNA 主要解决第 2 章描述的各种挑战问题和驱动因素，这些需求具体如下。

- 通过以下方式加快创新速度。
  - 提升灵活性；
  - 提供更多的上下文信息以实现精细化的度量和服务；
  - 智能反馈机制；
  - 通过更紧密的集成方式实现快速部署。
- 通过以下方式降低复杂性和成本。
  - 简化设计；
  - 基于策略和自动化能力实现软件驱动的运行；
  - 提高运行效率。
- 与合规性和技术实现更紧密的集成。
  - 安全性；

> ➢ 高可用性；
> ➢ 外部合规性法规的可见性。

■ 默认支持云能力。

根据这些要求，思科 DNA 提供了五大功能：

■ 云服务管理功能，负责为业务提供支持服务；
■ 自动化功能，负责将配置变更快速部署到网络基础设施设备；
■ 身份功能，负责确定谁在访问网络以及将要应用的访问策略；
■ 分析功能，负责验证网络基础设施是否运行正常并提供了正确服务；
■ 基础设施功能，就是实际的网络基础设施设备。

此外，思科 DNA 还提供了很多设计原则和通用设计原则，以满足上述需求并支持这些需求的成功部署。思科 DNA 的设计原则和通用设计原则包括：

■ 虚拟化网络功能；
■ 自动化设计；
■ 全面分析；
■ 策略驱动和软件定义；
■ 支持思科 DNA 的基础设施；
■ 开放标准；
■ 使用 API；
■ 泛在安全。

思科 DNA 在功能层面为网络基础设施的设计提供了一种应用广泛的架构方法，可以满足园区网络的所有需求和可预见的各种挑战。

第 5 章

意图网络

总体来说，思科 DNA 在抽象层面阐述了企业网络基础设施的需求和运行。思科 DNA 通过将企业网的需求划分为若干功能和设计原则来实现其产品描述，它本身并未描述如何使用或实施该网络架构。可以将思科 DNS 与大型办公楼的设计进行类比，大楼设计图纸提供了足够的指南要求和建筑物外观特点，但是并没有说明承包商应该使用哪些材料来建造建筑物或者建筑物的主要功能。与此类似，思科 DNA 也是一种抽象化的网络描述。

IBN（Intent-Based Networking，意图网络）提供了一种强大的关于网络使用方式（如果该网络是根据思科 DNA 的规范和要求构建的）的描述和方法论。从本质上来说，IBN 就是按照思科 DNA 的需求、设计功能和抽象层级部署的网络。

但是，什么是意图网络？意图网络提供了哪些功能？本章将讨论如下 IBN 内容：

- 什么是意图；
- 意图网络范式；
- 意图网络设计；
- 网络即平台；
- 可能的 IBN 实现；
- IBN 案例。

5.1 什么是意图

为了准确理解意图网络，就必须知道什么是意图。"目的"是"意图"的同义词，可以使意图的定义更容易理解。

每个人、部门或组织机构都有各自的多种意图或目的。组织机构的目的可能是为学校提供最优秀的软件,也可能是为用户提供世界上最好的电话。业务流程则能以最有效的方式来完成其描述的任务。当然,每个人都可能有多种意图或目的。一般来说,意图或目的是对希望实现的目标的描述。

举一个意图案例,假设妻子希望我清理厨房里的垃圾桶,然后将垃圾倒到屋外的垃圾箱中。为了完成妻子的意图,我采取的行动是,从厨房的垃圾桶中取出普通垃圾袋,然后扔到外面对应的垃圾箱中。然后回到厨房,取出可回收垃圾袋并扔到对应的垃圾箱中。如果有必要,还要清洁厨房垃圾桶然后再套上新的垃圾袋。

这个案例很好地描述了意图的概念。我的妻子有一个意图,而我则描述了实现该意图的操作步骤。如果按照这种观点来分析生活和工作中的常见任务,那么意图将无处不在。表 5-1列出了一些常见的意图示例。

表 5-1 意图示例

意图	执行步骤
我要修剪草坪	将割草机带出车库,连接电源,拉动电源线以启动割草机,推入草坪并开始修剪,直至割草完毕,然后关闭割草机的电源,清除割草机上的杂草并将割草机放回车库
我要组织晚宴	邀请朋友,尽可能提前准备晚餐,收拾房间,装扮,欢迎朋友,结束并享用晚餐,收拾桌子,度过一个愉快的夜晚
我要开车	检查汽车是否有足够的燃油,如果没有,开车到最近的加油站并加满油箱,开始开车
根据销售订单发货	检查该订单的库存,搜索仓库中的库存商品,选择销售订单中的商品并放到包装箱中,打印装箱单并放入包装箱中,用气泡纸填充包装箱并封箱,通知负责运输的物流公司,打印装运标签并粘贴到包装箱上,然后再将包装箱放在发货平台上
明年更换防火墙	为 CFO 准备预算提案以解释为何要更换防火墙,提交提案,等待批准,询价,购买硬件,执行项目以替换现有防火墙
组装车辆	采购所有必要的零部件和实施细节,焊接底盘,将底盘放在皮带上,让机器人和工人组装所有零件,执行品质和保证测试,准备要装运的汽车,然后运送给经销商
升级网络交换机的代码	确定软件的新版本,使用新版本升级测试环境,执行测试以确定新版本是否适用于现有设计,验证结果,请求变更窗口以进行软件更新,通知最终用户,执行更新操作,验证升级是否成功,更新文档,然后结束变更操作

可以看出,意图确实无处不在。意图的本质就是目的的一种概要性描述,以及为了(成功)实现该目的需要执行的一组预定步骤。这个原理也同样适用于网络基础设施操作。可以通过意图及其步骤明确描述在网络上完成特定任务所要执行的操作。表 5-2 给出了部分常见案例,解释了如何将意图应用于网络基础设施。

表 5-2　基于网络的意图示例

意图	执行步骤
上午 10:00 召开网真会议	与远程对端建立高清视频会话，为该会话创建所需的端到端的服务质量参数，预留带宽，设置音频，验证性能，在会话期间保持连接的安全性，会议完成后关闭高清视频会话，删除端到端的服务质量会话，并删除预留带宽
将应用程序迁移到云端	从数据中心策略中获取该应用程序的现有访问策略，然后将该策略转换为用于 Internet 访问的应用程序策略，在所有外围防火墙上部署该策略，并将该应用程序路由到云端
启用新的 IoT 应用程序	在网络上创建新的逻辑隔离专网，创建 IP 空间，设置 Internet 访问策略，创建访问策略以识别 IoT 设备，并分配给逻辑隔离专网
薪酬应用程序需要在运行期间访问 HR 系统	用户运行了薪酬应用程序之后，请求通过网络访问 HR 系统，根据访问策略为用户连接的设备打开所需的端口和 IP 地址，薪酬应用程序运行完毕之后，删除临时访问策略并清除打开的网络连接
在设备上发现潜在恶意软件	将设备重新分配给包含深度流量监控和主机隔离的调查策略，执行授权变更操作，从而将设备放到新策略中，将可能的事件通报给安全和管理人员，并等待调查

　　表 5-2 只列出了少量案例，实际的意图有无限可能。最重要的条件（和约束）就是必须以可控、可重复执行的步骤来编写意图，从而能够通过思科 DNA 的自动化功能自动执行这些步骤。总之，意图网络解决的是如何运行符合思科 DNA 功能、设计原理和设计需求的网络基础设施。按照这种思路来运行网络，就能有效推动企业更好地拥抱数字化并最终成为数字化企业。

　　接下来将详细讨论如何通过思科 DNA 的功能和设计原理来实现意图网络。

5.2　意图网络概述

　　可以将 IBN 视为一种基于思科 DNA 的网络基础设施，它描述了网络的管理和维护方式以及启用数字化业务的方式。IBN 可以将业务中的意图转换为该特定意图所需的网络配置，实现方式是将意图定义为一组可部署的多个（重复）步骤。IBN 通过思科 DNA 的各种要素（包括设计原理和设计理念等）来完成这种网络操作方法。

　　IBN 采用了系统化方法，将网络基础设施视为一个整体系统。

　　图 5-1 给出了这种系统化方法的示意图。

　　该方法与思科 DNA 的功能性方法非常相似。当然，该方法讨论的是如何运行和管理思科 DNA 网络基础设施。该方法包括了以下 6 个步骤（是一个连续的循环过程）。

- **步骤 1. 请求意图**：是业务的一部分（无论是流程、前端应用还是操作人员），负责向网络基础设施说明特定的意向请求。当然，该步骤基于众多可用意图，而可用意图的种类则与组织机构以及可用性等级有关。

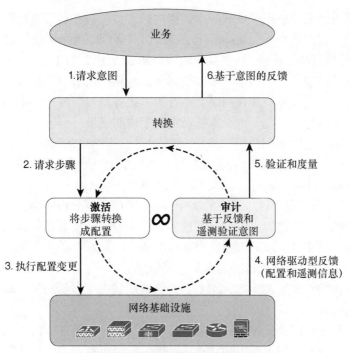

图 5-1 IBN 系统化的网络操作方法

转换进程（接收意图请求）负责将特定意图转换为一组可重复执行的步骤。对于部署网络意图来说，这一点可能是意图网络最重要的一个环节。必须在转换进程中设计、测试和定义这些步骤。取决于所采用的解决方案，这些步骤可以是预定义模板，也可以是与企业相关的特定网络配置。这些可重复执行的步骤必须尽可能可预测，而且通常由网络设计人员进行定义。

例如，如果意图是新 IoT 网络，那么就可以将意图转换为以下步骤：创建新网络、为网络分配 IP 地址池、将网络放到单个逻辑隔离的专网中。

- **步骤 2．请求步骤**：定义并创建了特定意图所需的步骤之后，就需要将步骤发送给激活进程。该进程负责接收必需的步骤，并将这些步骤转换为需要在网络基础设施上执行的特定设备的配置变更信息。激活进程知道应该在哪些设备上执行哪些配置变更操作，并通过自动化功能在相应的网络设备上激活这些配置变更。激活进程负责将所需的配置变更推送给网络基础设施。

仍然以前面的意图案例为例，激活进程将新网络转换为网络中多台核心交换机上的新 VRF，并分配一个新 VLAN，将 IoT 设备都放到该 VLAN 中。激活进程将分配的 IP 地址池转换为设备（该设备为网络提供 DHCP 服务）上的 DHCP 区间。可以自动添加安全策略以检测并授权新的 IoT 设备。

- **步骤 3．执行配置变更**：该步骤是激活进程实际连接网络设备并将配置变更部署到网络基础设施的步骤。该阶段已经将请求的意图转换成了网络基础设施的特定配置，且部署了所请求的意图。虽然激活进程执行了预检查和后检查操作，以验证网络基础设施设备的配置是否成功，但无法确定所部署的配置是否能够实现预期成果。

- 步骤 4. 网络驱动型反馈：该步骤中的网络基础设施设备向 DNA Center 的 Assurance 进程提供反馈信息。反馈基于很多数据流，包括生成的网络配置、网络遥测信息、连接的客户端以及客户端在网络上的行为方式等。可以通过网络驱动型反馈操作来验证步骤 3 执行的配置变更操作是否实现了预期成果。

    仍然以前面的意图案例为例，此时的 IoT 设备已经连接在网络上，且位于指定 VLAN 和 VRF 中。本步骤需要将 IoT 设备是否获得了 IP 地址以及网络上存在哪些通信流的遥测数据发送给 Assurance 进程。

- 步骤 5. 验证和度量：该步骤中的 Assurance 进程已经分析并验证了从网络基础设施设备收到的各种数据流，综合分析这些数据之后，会将潜在问题或正确操作返回给转换进程。该步骤可以向转换进程反馈所请求的意图是否按预期工作以及客户端收到的 IP 地址（包括使用情况的度量）等信息。

    仍然以前面的意图案例为例，本步骤会将意图状态（包括与客户端相关的信息）发送给转换进程。

- 步骤 6. 基于意图的反馈：转换进程接收度量指标并验证所请求意图的操作。转换进程将持续检查所请求意图的状态，并确定所请求意图是否存在问题。如果存在问题，那么就会向运维团队通告故障状态，业务也可以申请获得所请求意图的状态。与此类似，使用基于应用程序的度量（如设备数量、累积的数据使用率以及可用性统计信息），还可以将请求意图的使用统计信息提供给业务层，其中一些信息是企业常用的关键绩效指标。

    仍然以前面的意图案例为例，本步骤将向业务层反馈积极的状态信息，表明所请求的意图正在按预期进行操作，而且还可以提供有关业务可用性及带宽使用情况的汇总信息。至此，新的 IoT 应用程序已在网络上成功运行。

每个被请求的意图都将重复执行这些步骤。大型网络可能很快就会出现数百个请求意图并同时运行在网络上。除了要为各个意图并行运行这些步骤之外，网络还必须能够验证所请求的意图是否按预期工作。因此，这些步骤（包括验证操作）将以连续循环的方式运行（如图 5-1 中的虚线箭头所示），以验证网络的运行和操作是否符合设计预期。如此一来，网络就能为运维团队提供有关网络性能和运行状态的情报支持。

IBN 的前 3 个步骤在当前园区网络中非常常见，通常部署在使用各种自动化工具的场景。传统网络与意图网络的主要区别在于，使用 IBN 可以自动验证配置变更情况。对配置的测试和验证（运行期间）是意图网络的独有能力，可以提高网络质量和网络能力。

传统网络与意图网络的另一个主要区别是，IBN 的所有操作步骤和通信过程均基于 API 和模型，且符合思科 DNA 设计原则。这为网络提供了一种全新的独特处理方法，即应用程序可以自动向网络请求意图，而不需要网络运维团队执行这些变更。此外，状态反馈也是通过 API 提供的，因而同一个应用程序可以验证所请求意图是否按预期正常工作。

IBN 的两大能力（自动验证网络变更以及为软件工程师提供网络即平台能力）允许企业以新颖、直观的方式使用网络并实现数字化业务。

5.3 意图网络设计

意图网络是思科 DNA 的一种网络基础设施，园区网络需要通过特定的设计模式和部署技术来启用意图。接下来将详细讨论两种常见的可以为园区网络启用 IBN 的意图设计模式，即 SDA 模式或传统 VLAN 模式（称为 non-Fabric）。

讨论这两种意图设计模式之前，需要明确这两种设计模式都有共同的需求。

■ **以策略为中心的网络**：这是第一个也是最重要的需求，即意图设计必须基于以策略为中心（而不是以端口为中心）的网络环境。也就是，不是按端口配置网络，而是使用集中式策略服务器，以策略方式向网络端口推送所需的网络端口配置。

端点的所有策略均由策略服务器推送给网络，这是在网络中启用意图的关键需求，因为端点的意图可能会随着环境的变化而变化。

如果需要为接入端口（或无线网络）设置特定策略，那么就必须知道哪些端点连接在网络上。需要通过网络访问控制机制（使用 IEEE 802.1X 标准或 MAC 认证旁路）来识别请求访问网络的端点，并向其提供正确的网络授权（通过 RADIUS 向交换机发送特定策略）。因此，IBN 要求网络部署 RADIUS，如思科 ISE（Identity Services Engine，身份服务引擎）。

■ **微分段**：为了最大限度地提高安全性并与思科 DNA（以及 IBN）紧密集成，要求必须能够根据指定策略将网络分段成比 IP 子网更小的比特。该机制目前已在数据中心得到应用，称为微分段（microsegmentation）。微分段技术可以为所有物联网设备提供一个 IP 网络，且在策略上仅允许 IoT 传感器与存储这些传感器数据的本地存储设备进行通信，其他 IoT 设备无法访问该存储设备。这种微分段技术必须基于策略，而且还必须能够以可编程的方式应用于网络。SGT（Scalable Group Tag，可扩展组标签，曾经称为 Security Group Tag[安全组标签]）用在 SDA 网络中（有关 SDA 的详细内容将在下一节讨论），以提供微分段能力。有关 SGT 对微分段机制的作用请参阅附录 A。

■ **网络反馈**：第 1 章描述的传统园区网络与 IBN 之间的主要区别之一就是向控制器反馈网络状态。也就是说，IBN 中的网络设备会向控制器提供网络状态的反馈信息，该反馈信息可以验证网络是否正在按期望意图运行。当然，反馈信息是通过编程或遥测方式接收的。IBN 支持多种方法和技术来提供此类反馈信息，详细信息请参阅附录 A。

5.3.1 SDA 设计模式

SDA（Software Defined Access，软件定义接入）是园区网络的最新技术之一，也是最完备的可以在网络中启用 IBN 的关键技术（实际上是一组技术）。

SDA 的关键概念是有一个固定的底层网络和一个或多个叠加网络（运行在底层网络之上）。这个概念本身并不新鲜，因为所有对数据进行封装和解封装以允许从不同的 OSI 层提取数据的网络都遵循该基本原理。该原理也同样适用于 Internet 上的 VPN、无线通信的 CAPWAP 隧道以及数据中心内部。

为了更好地解释底层网络和叠加网络的基本原理，接下来将以企业网的通用技术——基于思科 AnyConnect 的思科远程访问 VPN 解决方案加以描述。该技术允许最终用户通过安全性较低的网络（如 Internet）安全连接企业网络。

实现方式是在 VPN 前端设备（如思科 ASA 防火墙或思科 Firepower 威胁防御防火墙）上创建特定的组策略（以及 IP 地址池）。

用户使用 AnyConnect 客户端通过 Internet 连接 VPN 前端设备。根据身份认证和授权机制，将为用户分配一个特定的内部 IP 地址以及访问企业网的权限策略。此后，用户端点将使用内部 IP 地址与企业网进行通信，实现方式是将内部 IP 地址封装到发送给 VPN 前端设备的外部数据包中。

VPN 前端将数据包解封装并路由到企业网中。回程流量采用类似的路径，企业网只知道应该将去往该用户的 IP 地址发送给 VPN 前端。VPN 前端收到内部流量之后，将其封装到外层数据包中（目的地址为最终用户的公有 IP 地址）。

本例中的底层网络是 Internet，叠加网络是使用适当 IP 地址池分配给用户的特定 VPN 组策略。SDA 的原理与此相同，只是应用于园区网络内部。SDA 将底层网络称为园区网络，它使用底层网络之上的虚拟网络来逻辑隔离端点。也就是说，SDA 架构中没有 VLAN。图 5-2 给出了 SDA 网络示意图。

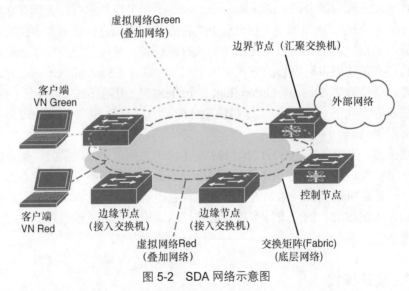

图 5-2   SDA 网络示意图

SDA 使用自己的术语描述在 SDA 架构中执行特定角色和功能的交换机（在某些情况下

也可以是路由器）。

- **虚拟网络**：虚拟网络负责在逻辑上隔离设备，与 VLAN 在交换网络上逻辑隔离设备的方式类似。虚拟网络可以是拥有一个或多个 IP 地址池的 IPv4 或 IPv6 网络，也可以用来创建逻辑二层网络。SDA 架构中的每个虚拟网络都有自己的路由和转发表（与交换机的 VRF-Lite 相当），可以实现虚拟网络的逻辑隔离。

- **交换矩阵（Fabric）**：交换矩阵是叠加网络的基础，负责实现网络中运行的不同的虚拟网络。交换矩阵是园区网络中在逻辑上定义的一组交换机（如单个站点位置）。交换矩阵包含了通过底层网络传输虚拟网络数据的相关协议和技术。由于底层网络是基于 IP 的网络，因而很容易将底层网络扩展到园区网络中的光纤连接（将多个建筑物连接到单个交换矩阵中），甚至跨越 WAN（如 MPLS 或 SD-WAN），并满足 SDA 的特定需求（有关需求详见附录 A）。

- **底层网络**：底层网络是一个连接交换矩阵所有节点的 IPv4 网络，通过内部路由协议（SDA 园区网络通常使用 IS-IS；当然也可以使用 OSPF）在交换矩阵中的节点之间交换路由信息。底层网络负责将数据从不同的虚拟网络传输到不同的节点。

- **边缘节点**：边缘节点负责将端点连接到交换矩阵，与传统园区网络拓扑结构中的接入交换机的功能相似。从 SDA 角度来看，边缘节点负责对虚拟网络中的端点的流量进行封装和解封装，同时还负责将流量从端点转发到网络中。

- **边界节点**：交换矩阵总是与外部网络相连，边界节点负责将不同的虚拟网络连接到外部网络上。实际上，边界节点是虚拟网络到外部网络的默认网关。由于每个虚拟网络在逻辑上都是隔离的，因而边界节点需要为每个单独的虚拟网络维持一条外部网络连接。外部网络的所有流量被封装并解封装到特定的虚拟网络之后，就可以通过底层网络将数据传输到正确的边缘节点。

- **控制节点**：现有的传统园区网络拓扑结构中没有与控制节点相对应的功能。控制节点负责维护连接到交换矩阵上的所有端点的数据库。数据库包含了所有端点与边缘节点的连接关系以及所属虚拟网络的信息，是连接不同角色的关键功能。边缘节点和边界节点通过控制节点在底层网络查找数据包的目的地址，从而将内层数据包转发给正确的边缘节点。

SDA 工作方式

了解了底层网络/叠加网络的角色、功能和概念之后，还要了解 SDA 的工作方式以及 SDA 网络的组网情况。首先看一下虚拟网络中不同端点之间的通信方式。图 5-3 给出了一个 SDA 网络拓扑结构示例。

该 SDA 交换矩阵包括 3 台交换机。其中，CSW1 交换机提供边界和控制功能，SW1 和 SW2 是边缘节点设备。SW1 和 SW2 都通过一条 IP 链路连接 CSW1 交换机（使用子网 192.168.0.0/30 和 192.168.0.4/30）。底层网络之上有一个名为 Green 的 VN（Virtual Network，虚拟网络）。该虚拟网络的客户端使用 IP 网络 10.0.0.0/24，PC1 的 IP 地址为 10.0.0.4，PC2 的 IP 地址为 10.0.0.5。VN Green 的默认网关是 10.0.0.1。

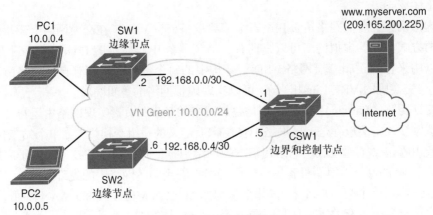

图 5-3 SDA 网络示例

CSW1 维护了一个表格，该表格存放了连接在交换矩阵上的所有端点以及如何到达这些端点的信息。为了便于解释相关概念和操作方式，表 5-3 列出了本例所需的相关信息。

表 5-3 CSW1 维护的与交换矩阵相连的设备信息

端点名称	IP	网络	SGT	VN ID	经…可达
PC1	10.0.0.4		Employee	Green	192.168.0.2
PC2	10.0.0.5		Guest	Green	192.168.0.6
Internet		0.0.0.0	Any	Green	192.168.0.1, 192.168.0.5

假设网络中的 PC1 希望与 www.myserver.com（IP 209.165.200.225）进行通信，那么操作过程如下。

1. 完成 DNS 解析之后，PC1 将 TCP SYN 包发送给目的端 209.165.200.225 的默认网关（10.0.0.1）。
2. 充当边缘交换机的 SW1 收到数据包之后，由于 SW1 是任播网关（详细信息请参阅附录 A），因而将分析该数据包。
3. SW1 在 CSW1（充当控制节点）上对目的地址 209.165.200.225 执行查找操作。
4. CSW1 以 IP 地址 192.168.0.1（边界节点的 IP 地址）作为该查找操作的响应。
5. 此后，SW1 将整个 TCP SYN 包都封装在 SDA 底层网络包中，源 IP 地址为 192.168.0.2，目的 IP 地址为 192.168.0.1，并通过全局路由表转发该新数据包。
6. CSW1 从 SW1 收到封装后的底层数据包之后，将解封装该数据包，然后作为边界路由器，使用 VN Green 的路由表将流量转发给 Internet。
7. 服务器 www.myserver.com 收到 TCP-SYN 数据包之后，将生成一条 SYN-ACK 响应消息，并回送给 10.0.0.4。
8. CSW1 在 VN Green 网络中收到入站 SYN-ACK 包（目的地址为 10.0.0.4）。

9. CSW1 对 VN Green 和 IP 地址 10.0.0.4 执行查找操作，得到底层目的地址 192.168.0.2。

10. CSW1 将去往 10.0.0.4 的 SYN-ACK 包封装到底层数据包（目的地址为 192.168.0.2）中。

11. 底层数据包被路由给 SW1。

12. SW1 解封装该数据包，发现该数据包去往 VN Green 的 PC1（IP 地址为 10.0.0.4），因而根据本地表将数据包转发给正确的接入端口。

13. PC1 收到 SYN-ACK 包之后，以 ACK 作为响应消息以进一步建立 TCP 流。此后，SW1 将对从 PC1 收到或发送给 PC1 的所有数据包都执行相同的查找操作。

上述步骤从概念上解释了通信建立过程以及将数据包封装/解封装到底层网络的方式。VN Green 的内部通信过程也遵循相同的机制。控制节点负责查询操作，以确定指定 IP 地址所处的位置，然后再将原始数据包封装到底层数据包中，发送给交换矩阵中的特定节点。如果微分段策略不允许 SGT Employee 与 SGT Guest 进行通信，那么边缘节点上的访问列表将阻止该通信。

基于 SDA 的拓扑结构非常强大，能够启用 IBN。底层网络只要在创建 SDA 网络的时候建立一次即可。此外，也能够灵活地根据需要增加或删除边缘节点（因为它在本质上是底层网络中的路由器），所有端点都连接在一个或多个虚拟网络上。可以轻松地将这些虚拟网络增加到 SDA 网络或者从 SDA 网络中删除，而不影响底层网络。可以将增删过程编程到自动化工具能够使用的小型构建块中。可以利用思科 DNA Center 解决方案来部署和管理 SDA 网络。

5.3.2　传统 VLAN 设计模式

虽然 SDA 是专门为思科 DNA 设计和构建的，旨在解决传统园区网络中存在的各种问题，但并非所有企业都能在园区网络中轻松部署 SDA。主要原因就是 SDA 对网络硬件和拓扑结构有一定的要求。不但要部署思科 DNA Center，而且还要部署全功能的 ISE 以及特定的硬件设备（如思科 Catalyst 9000 系列接入交换机）。虽然 Catalyst 3650/3850 也支持 SDA，但存在一定的限制，如 IP 服务许可以及有限数量的虚拟网络等。

如果从概念上分析 SDA，那么就可以利用传统 VLAN 和 VRF-Lite 来类比 SDA 的相关概念（当然，有一定的限制）。企业组织可以通过 SDA 迁移到 IBN，并按照 SDA 的要求部署基础设施以充分利用 SDA 的各种能力。表 5-4 对比了基于 SDA 和传统 VLAN 模式部署的园区网络可以使用的 IBN 技术。

表 5-4　SDA 与传统园区网络设计选项对比

SDA 网络	传统园区网络
根据身份将端点分配给虚拟网络和 SGT	将端点分配给 VLAN 和 SGT
每个虚拟网络都有自己的路由表和 IP 空间	利用 VRF-Lite 逻辑隔离 IP 网络，且每个 VRF 实例都有自己的路由表

72 第 5 章 意图网络

续表

SDA 网络	传统园区网络
虚拟网络的调配很简单,只要创建一次底层网络,能够在不中断底层网络的情况下灵活添加和删除虚拟网络	使用自动化工具,可以轻松地以编程方式添加和删除上行链路上的 VLAN 以及汇聚交换机上的 SVI
利用底层网络中的路由链路消除生成树和二层复杂性	紧凑核心层园区网络不需要生成树,也可以运行单个生成树实例以防止环路
利用底层网络将交换矩阵扩展到多个物理站点位置	传统网络需要使用封装协议来实现
利用控制节点查找端点	非必需,因为可以使用 ARP 等现有协议

在特定限制(特定条件)下,可以通过传统 VLAN 技术启用 IBN。这些局限性主要表现在紧凑核心层设计、使用策略服务器分配 SGT 和 VLAN 的能力以及尽量不使用生成树或者仅使用单个生成树实例等场景。基于上述限制因素,图 5-4 给出了基于传统紧凑核心层园区网络拓扑结构和 VRF-Lite 实现的意图网络设计方案。

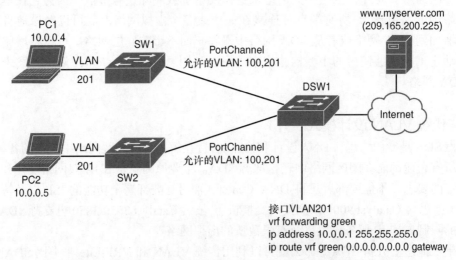

图 5-4 基于传统紧凑核心层园区拓扑结构的意图网络设计方案

虽然方案中的 PC1 和 PC2 的 IP 地址未变,但目前已经分配给了 VLAN 201,而不再是 VN Green。VLAN 201 配置在 DSW1 上,使用的 IP 网络空间为 10.0.0.0/24,端点的默认网关为 10.0.0.1。SGT 保持不变:PC1 为 Employee,PC2 为 Guest。

与前述案例相同,如果 PC1 希望与 209.165.200.225 的 www.myserver.com 进行通信,那么就会将 TCP SYN 包发送给 DSW1 的默认网关,然后再由默认网关转发给 Internet。回程流量则通过以太网发送给 PC1,利用 ARP 将 IP 地址映射为 MAC 地址。

SGT ACL 采用相同的方式来限制 VRF 内部流量。SDA 和传统 VLAN 设计模式都通过策略服务器将 SGT ACL 推送给连接端点的接入交换机。

虽然最终目标都是在逻辑上隔离端点之间的流量（使用 SGT 进行微分段），但是与 SDA 拓扑结构相比，传统 VLAN 设计模式存在以下限制因素。

- **生成树**：不建议在网络中运行生成树，因为 VLAN 中的任何变更都可能会触发生成树重新计算，从而导致在一段时间内出现流量阻塞。如果需要运行生成树，那么就可以以 MST 模式运行单个生成树实例。这样一来，增加 VLAN 就不会像逐 VLAN 生成树那样触发新的 STP 拓扑结构。

- **管理 VLAN 和 VRF**：要求必须具有专用 VLAN 和管理 VRF 才能创建或删除新的 VLAN。请注意，永远不要从中继链路和网络中删除管理 VLAN，因为该 VLAN 实际上就是底层网络。生成并提供配置的自动化工具与该管理 VLAN 中的所有设备进行通信。

- **仅通过自动化工具进行配置**：只能通过自动化工具配置园区网络，这一点适用于只有唯一正确调配方式的网络。对于基于传统 VLAN 的 IBN 来说更是如此，因为自动化工具将根据所要部署的虚拟网络自动生成 VLAN 标识符。虽然企业经常会静态定义和分配 VLAN，但是本设计方案不允许这么做，必须通过自动化工具进行配置。

- **仅允许标准构建块**：仅允许在园区网络中使用标准构建块（通过自动化工具进行定义），园区网络通过 IEEE 802.1x 和 RADIUS 实现集中式的策略分配。可以通过下列方式对构建块进行标准化：在运行过程中生成小块配置代码，以创建或删除网络上所需的 VLAN。实现方式是为将要执行的命令行配置创建可重复使用的小块代码，例如，在接入交换机上创建一个新 VLAN：

```
vlan $vlanid
name $vrfname
interface $PortChannelUplink
switchport trunk allowed vlan add $vlanid
```

如果园区网络的配置无法实现标准化，那么就无法通过传统 VLAN 方式启用意图网络。

- **构建自己的自动化工具**：SDA 设计模式中的大量自动化功能和配置操作都由思科 DNA Center 在后台执行。传统 VLAN 设计模式则要求网络运维团队安装和配置自己的自动化工具，以提供相似的功能特性。在运行具体的解决方案之前，需要进行一些必要的定制开发和测试。可以采用支持模板的思科 DNA Center，也可以采用其他提供自动化功能的工具。

总之，这两种 IBN 设计模式（SDA 和传统 VLAN 模式）的工作原理都非常相似，在采取必要的预防措施并考虑限制因素的条件下，完全可以基于传统紧凑核心层拓扑结构来启用 IBN。本书第二部分将详细描述每种设计技术的局限性、缺点以及应该采用何种技术将园区网络迁移到 IBN。

5.4 本章小结

思科 DNA 从功能或抽象层面描述了企业网络基础设施的需求和运行管理。思科 DNA 将企业网的架构需求划分为多个功能和设计原则，从而实现这种抽象化描述，但是并没有描述如何使用或实现该网络架构。

IBN 以一种强大的方法论描述了如何使用思科 DNA 作为企业网络架构来构建和运行园区网络。IBN 的前提是，连接在网络上的每个端点都要使用一组预定义服务（包括接入、连接、安全策略及其他网络功能）。从本质上来说，每个端点在连接网络的时候都有各自特定的意图（或目的），而且每个意图都被定义为一组需要分发给该端点的服务。

需要根据连接在网络上的端点动态定义意图（部署到网络上），如果不再需要这些意图，那么就会自动从网络基础设施中删除这些配置。

虽然 IBN 本身并不基于思科 DNA，但是其描述方式和方法论与思科 DNA 非常相似，因而可以将 IBN 视为思科 DNA 的一种网络基础设施。IBN 描述了网络运维团队如何配置和运行基于思科 DNA 的网络。图 5-5 描述了 IBN 向网络提供意图的系统化方法（将意图定义为可重复使用的配置代码块）。

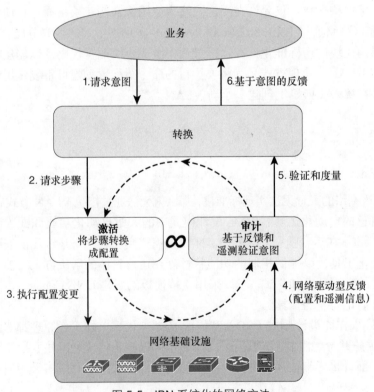

图 5-5 IBN 系统化的网络方法

图 5-5 与思科 DNA 相似，IBN 基于下列 6 个步骤（是一个连续的循环操作）。

1. **请求意图**：由业务或网络操作请求一组特定意图。
2. **请求步骤**：将意图转换为一组需要执行的配置变更。
3. **执行配置变更**：以自动化方式执行网络配置变更。
4. **网络驱动型反馈**：网络基础设施提供网络状况反馈信息。
5. **验证和度量**：分析组件通过所请求的意图来验证收到的网络驱动型反馈信息，以验证所请求意图是否按照请求和设计预期运行。
6. **基于意图的反馈**：通过基于价值的业务成果来报告所请求意图的状态及其运行状况。

5.4.1 两种设计模式

可以通过以下两种网络设计模式来部署 IBN。

- **SDA 模式**：SDA 基于思科 DNA，是一种最完备的可以在园区网络中启用 IBN 的技术，但 SDA 对网络基础设施设备（以及思科 DNA Center）有一些特定要求。
- **传统 VLAN 模式**：如果组织机构（尚）不满足 SDA 要求，那么就可以在特定限制条件下，使用具备 VRF-Lite 功能的传统 VLAN 方式部署 IBN。

IBN 本身以及这两种设计模式的成功实现都依赖于园区网络的三大关键需求。

- **以策略为中心的网络**：不是按端口配置网络，而是使用以策略为中心的策略服务器，根据端点的身份信息，将特定网络策略（及意图）推送给正确的基础设施设备。
- **微分段**：与仅基于 IP 地址的策略相比，IBN 可以通过微分段机制实现更加精细化的安全策略。
- **网络反馈**：IBN 在很大程度上依赖于网络基础设施设备向分析组件提供的反馈信息，用于验证所请求的意图是否按照请求和设计预期运行。

总之，IBN 是思科全数字化网络架构的一种网络基础设施，描述了如何运行和管理基于思科 DNA 的网络基础设施。IBN 可以为网络运维团队提供强大的工具和方法，以满足园区网络面临的联网设备呈现指数级增长的巨大需求。

第 6 章

意图工具

企业架构、思科 DNA、意图网络从不同的角度描述了网络基础设施的设计和运行方式，解释了与应用程序、用户及其他"外部"资源之间的协同和互操作方式，但这些描述都是抽象化和概念化的描述。

如果没有适当的工具和技术，那么就无法实现这些概念并付诸实施。网络架构师或网络工程师的主要职责之一就是要了解有哪些工具或技术可以满足业务发展的特定需求。

目前业界提供了大量可用的工具和技术，受篇幅限制，本书无法涵盖所有工具和技术，也无法逐一进行深入介绍。本章将重点介绍可以在园区网络中启用意图的常见工具。如果有机会在日常工作中使用这些工具，那么就会发现这些工具对于在网络基础设施当中启用意图服务来说极为有用。

本章将讨论以下内容：

- 网络需要什么样的自动化能力；
- 面向意图的自动化工具；
- 面向意图的网络可见性；
- 面向意图的网络可见性工具。

6.1 什么是网络自动化

网络自动化是启用意图网络的关键概念。如果没有网络自动化流程，那么就无法实现意图网络。牛津字典将自动化（automation）一词定义为"在制造或其他过程或设施中使用或引入自动化设备"。很明显，该定义与工厂等工业环境的自动化过程相关。不过，也可以将该定义应用于网络基础设施。一般来说，园区网络的运行通常包括创建网络并通过执行软件更新和配置变更来维护网络。

因此，网络自动化就是由软件自动调配、配置、测试和管理网络设备的过程（或方法）。

目前业界提供了多种网络自动化应用，如基于思科 ACI（Application Centric Infrastructure，面向应用的基础设施）的数据中心解决方案，其中由 APIC（Application Policy Infrastructure Controller，应用策略基础设施控制器）自动配置网络设备（和防火墙）。园区网络也同样存在网络自动化的概念，园区网络中的接入点由 WLC（Wireless LAN Controller，无线局域网控制器）进行自动配置和管理。

网络运维通常需要管理网络基础设施的全生命周期。这种全生命周期的管理需要执行大量的任务（包括单台设备或一组设备）。虽然可以通过多种方法对这些任务进行逻辑分组，但是对于网络自动化来说，最常用的分组方法就是基于任务执行时间。图 6-1 给出了这种分组方式示意图。

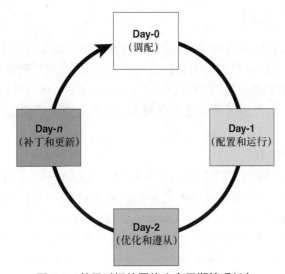

图 6-1 基于时间的网络生命周期管理任务

从本质上来说，网络设备（或作为一个整体系统）的生命周期就是依次执行的多个阶段。可以围绕对网络设备（或系统）执行的任务对这些阶段进行分组。

与新网络设备（或网络）的安装和调配有关的任务属于 Day-0 操作。也就是说，将网络设备安装并堆叠到机房中，同时提供正确的操作系统版本和正确的配置。

与配置和维护管理（监控）有关的任务属于 Day-1 操作。也就是说，如果需要变更设备配置，那么就要将变更流程归入 Day-1 操作。

故障排查任务（如响应网络事件或解决故障问题）属于 Day-2 操作。可以将 Day-2 操作任务视为使网络（设备）回归正常运行状态所需的任务。

其他常见的操作任务（如打补丁和更新网络设备的软件）可以归入 Day-n 操作。由于这类操作不需要在 Day-2 操作按序执行，可以在网络设备（或整个网络）的生命周期过程中的任何一天执行，因而将这些操作命名为 Day-*n*。

但不幸的是，这里并没有为网络设备或网络的拆除定义对应的分组。如果删除的是虚拟网络，那么就应该从逻辑上归入 Day-1 操作，因为该操作属于配置变更操作。

拆除网络设备包括两种情形：一种是更换网络设备（属于 Day-0 操作）；另一种是删除整个网络（是从整体上结束生命周期）。

当然，我们可以逐台设备执行与生命周期相关的各种任务。但是，网络自动化工具可以在所有相关和必需的网络设备上自动执行这些任务，从而大大降低人为错误的发生风险。网络自动化工具通常都能为 Day-0、Day-1 和 Day-*n* 操作提供服务和解决方案。IBN 的自动化操作重点是 Day-0 操作（调配基本的网络基础设施）和 Day-1 操作（根据所请求的意图创建或删除网络或策略）。由此可以看出，网络自动化对于启用意图的网络来说极为重要。

6.2　网络自动化工具

目前业界提供了大量网络自动化工具，包括将现有网络转换为意图网络基础设施的自动化工具。本书不可能列出所有可用的网络自动化工具，如果要完整列出这些网络自动化工具，包括工具的配置方式和工作原理，那么完全可以再写一本书。本节的目的不是提供所有可用工具的完整描述，而是重点描述可以将现有网络转换为意图网络的常用工具。

6.2.1　思科 DNA Center

思科于 2017 年 6 月发布了 DNAC（DNA Center，DNA 中心）和意图网络。思科 DNA Center 旨在为基于思科 DNA 的网络基础设施提供全面服务，将自动化、分析和云服务管理功能集成到单一解决方案中。思科 DNA Center 是思科 APIC-EM 软件架构的进一步扩展，从内部和外部都做了大量改进。思科 DNA Center 解决方案将多种应用（如 LAN Automation、Assurance 和策略生成等）整合到单一平台中，是思科意图网络的目标平台。

思科 DNA Center 的第一个公开版本是 1.1 版，主要面向 SDA 解决方案，同时还提供了分析功能的公测版。思科 DNA Center 1.2 版引入了新功能，重点面向基于非 SDA 网络、即插即用应用程序（Day-0 操作），同时对审计和分析组件做了大量改进。

思科 DNAC 的园区网络配置和操作采用了三步法，虽然有些步骤偏重于 SDA 网络，但这 3 个通用步骤完全适用于各类园区网络的配置和部署。

- 步骤 1. 设计：本步骤负责设计园区网络。设计方案基于园区网络的分层视图，包括区域、建筑物和楼层。这里的区域可以是地理区域或单个城市。分层设计方案取决于管理员，可以为分层视图的每个层级设置特定的网络参数，如 IP 地址池、DHCP 和 DNS 参数、软件映像版本以及网络配置文件等。网络配置文件是基于模板的配置信息，可以分配给特定网络层级中的所有网络设备。网络配置文件机制主要用于非 SDA 网络。图 6-2 显示了 DESIGN（设计）步骤中的 Network Hierarchy（分层网络）视图以及可用的设置参数。

图 6-2　思科 DNA Center 的分层设计步骤截图

- **步骤 2．策略**：本步骤负责定义特定的网络策略。虽然本步骤主要面向 SDA 网络，但是也可以创建虚拟网络、访问组（access-group）策略以及一个或多个交换矩阵（Fabric），同时还可以在网络上定义特定的 QoS 设置。
- **步骤 3．调配**：最后一步是将设计和策略步骤中指定的信息调配到网络设备上。非 SDA 网络（将网络设备调配到分层网络中的特定位置）或 SDA 网络（可以定义和部署多个交换矩阵）都要执行本步骤。图 6-3 显示了 DNAC 面向 non-Fabric 网络的 PROVISION（调配）步骤截图。

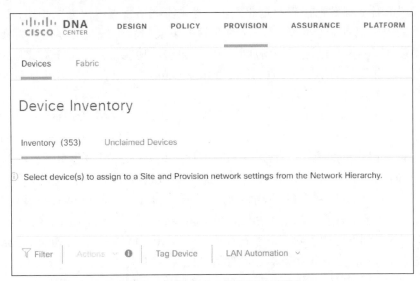

图 6-3　思科 DNAC 的调配步骤截图

这 3 个步骤是 DNAC 管理和运行网络的操作基础。

从网络自动化的角度来看，DNAC 将多种任务集成为不同的工具和步骤。DNAC 可以在单窗口视图下执行以下任务。

- **Day-0**—调配：利用面向 SDA 网络的 LAN Automation（ LAN 自动化 ）或 Network PnP

（Plug-and-Play，即插即用）工具，可以轻松配置新的网络设备。

- **Day-1—变更和维护**：通过策略和设计步骤来准备并记录网络变更操作。通过调配步骤在需要变更的设备上执行变更操作。
- **Day-*n*—打补丁和更新**：DNAC 提供了一个名为 SWIM 的软件映像管理应用。该应用基于 Prime Infrastructure 的映像管理，允许管理员为网络设备簇及分层网络架构中的特定位置定义黄金映像。如果设备没有安装这类软件映像，那么就可以通过工作流将这些设备更新为新的黄金映像。

由于 DNAC 是专门为思科 DNA 设计和构建的，因而 DNAC 不但为网络设备（包括第三方网络设备）提供了 API，而且还为第三方软件开发人员提供了与 DNAC 进行通信的API，使得 DNAC 能够与其他各种应用进行深度集成，如 ITSM（IT Service Management，IT服务管理）工具。

DNAC 将园区网络的设计、调配和运行解决方案与各种应用进行深度集成之后，能够提供园区企业网的总体视图。随着时间的推移，DNAC 将集成越来越多的功能特性和应用程序。

6.2.2　Prime Infrastructure 和 APIC-EM

虽然思科 DNA Center（DNAC）是专门为基于 SDA 的意图网络开发的，但是与思科Prime Infrastructure 及思科 APIC-EM（Application Policy Infrastructure Controller Enterprise Module，应用策略基础设施控制器企业模块）等主流网络管理解决方案相比，DNAC 的功能特性和发展潜力仍处于早期阶段。这两款紧密集成的软件解决方案已经发布了一段时间，而且随着时间的推移已逐步趋向成熟。虽然无法从功能特性角度来对比这两种解决方案（因为两者的开发目的不同），但 Prime Infrastructure 与 APIC-EM 结合，完全可以将现有网络转换为意图网络。

多年来，思科 Prime Infrastructure 都是思科最主要的园区网络管理系统。经过多年的发展，思科 Prime Infrastructure 已发展成为一款非常稳定的产品。从 Prime Infrastructure 拥有的强大无线功能（如无线网络配置、无线客户端统计信息、强大的报表功能以及热力图生成等）可以看出，Prime Infrastructure 确实源自早期的思科无线控制系统。在过去的几年当中，Prime Infrastructure 集成了越来越多的功能特性，用于管理 LAN 和 WAN 解决方案。Prime Infrastructure 的设计原则是，首先在 Prime Infrastructure 中设计并准备网络，然后将配置或映像调配（部署）到设备中。对于需要迁移为 IBN 的园区网络来说，Prime Infrastructure 最强大的功能特性就是命令行模板部署、映像管理以及 API 能力。

思科 APIC-EM 解决方案发布于 2015 年，最初用作企业网的 SDN 控制器。APIC-EM 的架构与 Prime Infrastructure 完全不同。Prime Infrastructure 采用的是包含所有数据的单一整体数据库，APIC-EM 采用的则是面向应用的体系架构，可以在通用基础设施（位于设备和操作系统内）之上安装和部署不同的应用程序，以执行与网络相关的功能。最常见的应用就是Network PnP（用于 Day-0 操作）、Path Trace（跟踪特定数据包的网络路径信息）和 Easy QoS（根据最佳实践和应用定义来启用 QoS，该应用可以基于网络设备的角色生成正确的配置信息）。当然，还有很多其他应用。APIC-EM 架构是 DNAC 的开发基础。

APIC-EM 的核心优势之一就是 Network PnP 应用。该应用允许网络运营商预定义配置（静态或模板方式）并将模板管理到交换机上。交换机启动之后（以出厂默认配置启动），就会连接 APIC-EM。只要操作人员将模板分配给了交换机，APIC-EM 就能自动执行预定义配置，包括得到企业批准的特定版本操作系统（IOS 或 IOS-XE）。APIC-EM 和 DNA Center 都要用到 Network PnP 应用，有关 Network PnP 应用的详细信息请参阅附录 A。

这两种工具相结合，完全可以将现有园区网络迁移为 IBN，由 APIC-EM 负责 Day-0 操作（调配新设备），由 Prime Infrastructure 负责配置模板。如果将 APIC-EM 用于 Day-0 操作，那么就可以通过 Prime Infrastructure 的 CLI 模板在网络上部署和删除服务。Prime Infrastructure 和 APIC-EM 提供的 API，可以实现灵活的可编程能力。

6.2.3　网络服务编排器

NSO（Network Services Orchestrator，网络服务编排器）是一款鲜为人知的思科自动化产品。顾名思义，NSO 是一款主要面向服务提供商网络的服务编排工具，但是随着企业网和服务提供商网络的融合度越来越高（网络功能虚拟化、设备运行的软件协同化），NSO 逐步具备了 IBN 所要求的自动化能力。

NSO 采用模型和事务驱动的方法来处理网络。NSO 从网络设备收集配置数据并存储到被称为 CDB 的配置数据库中。虽然 CDB 中存储的数据并不是实际的配置（文本）版本，就像 Prime Infrastructure 中的资产清单一样，但是可以转换为配置的抽象模型。该网络模型基于常见的 YANG 模型。随着 YANG 逐渐成为事实上的标准，NSO 支持的网络设备类型也越来越多。可以通过 NED（Network Elements Driver，网元驱动程序）将 YANG 模型中存储的配置数据转换为特定网络设备所需的实际配置命令。目前存在大量可用的 NED。此外，出于开发目的，思科目前已经免费提供 NSO，可以通过 GitHub 存储库获得相应的模型和配置代码示例。

注：YANG 是一种建模语言，目前已成为网络设备配置建模的行业标准。

除了通过 CDB 来存储配置数据，NSO 还通过 YANG 模型来定义网络上运行的服务。如前所述，NSO 最初是为服务提供商开发的。服务描述类似于意图描述，因而拥有相似的行为。但是与服务描述不同，NSO 可以用来描述可用意图，且允许 NSO 将这些意图提供给园区网络。由于网络已被抽象成了模型，因而 NSO 还能提供网络功能（特别是虚拟化网络功能）的管理能力。软件包管理器与 VNF 管理模块相结合，就能实现虚拟网络功能的全生命周期部署与管理。除了有 CLI 和 Web 界面之外，NSO 还提供了 API 能力，允许自服务系统对网络执行自动变更操作。图 6-4 给出了 NSO 模块示意图。

NSO 的好处之一就是支持事务处理。如果需要对网络进行调整，那么在 CDB 中准备好变更信息并提交之后，就可以通过 NED 的转换功能在网络设备上执行变更操作。只要有一台被请求设备出现提交失败，那么就会回滚所有变更操作，这样就能确保网络设备的配置与

CDB 定义的模型以及所应用的服务保持一致。

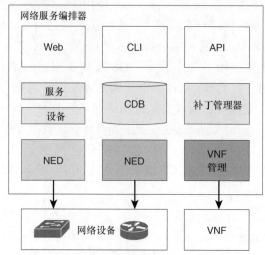

图 6-4　NSO 模块示意图

　　NSO 的另一个好处是，网络本身也表述在 CDB 中（如果不允许其他方式访问设备）。这样就允许网络工程师或操作人员通过 CDB 来检查所有网络设备应用的配置情况，而不用逐个登录每台设备验证配置。

　　只要通过单次事务处理，就能轻松修改 SNMP 或 Syslog 等常见事项。例如，例 6-1 通过单次事务处理将通用模板应用于所有网络设备。

例 6-1　通过 NSO 进行 NTP 配置

```
admin@ncs(config)# devices template "Common parameters" config
admin@ncs(config-config)# ios:ip domain name company.org
admin@ncs(config-config)# ios:ntp server server-list 172.16.1.3
admin@ncs(config-server-list-172.16.1.3)# exit
admin@ncs(config-config)# ios:logging host 172.16.1.3
admin@ncs(config-host-172.16.1.3)# exit
admin@ncs(config-config)# exit
admin@ncs(config-template-Common parameters)# commit
Commit complete.
admin@ncs(config-template-Common parameters)# exit
admin@ncs(config)# devices device-group all apply-template template-name ?
admin@ncs(config)# devices device-group all apply-template template-name
  Common\ parameters
admin@ncs(config)#
```

　　从 IBN 的角度来看，NSO 是一款自动化工具，提供了自动化任务所需的全部功能特性。Day-0 操作采用了 ZTP（Zero Touch Provisioning，零接触配置）机制，通过 TFTP 和 DHCP

为设备提供初始配置。通过初始配置完成设备引导之后，就可以将其关联到设备组并应用相应的服务。

6.2.4 Puppet Enterprise

Puppet Enterprise（源自 Puppet 实验室）是一款软件自动化工具，最初用于数据中心和云端服务器（和应用程序）的自动化。Puppet Enterprise 采用了独特的自动化机制，完全遵循 DevOps 开发模式。

Puppet Enterprise 架构基于以下原则：自动化是一种将节点调配到特定状态且保持在该特定状态的方法。Puppet Enterprise 采用了一种与平台无关的语言来完成该任务，由该语言来描述文件、目录或服务器所处的状态。可以通过该语言创建特定的 Puppet Enterprise 模块（可以将其视为一种对特定状态进行逻辑分组的方法），然后再将这些模块导入（上载）到 Puppet 主服务器（Puppet 代理与主服务器进行通信）。在默认情况下，Puppet 代理以 30 分钟为周期检查哪些模块适用于其主机以及主机是否遵从该状态。如果不遵从，那么 Puppet 代理就会利用模块（加上语言及属性）提供的机制将节点置入所请求的状态。

接下来以新服务器或容器的调配来解释这种状态匹配方法的作用。假设需要通过 Puppet 主服务器来部署携带特定数量标签的新服务器。Puppet 与虚拟化平台（或云端）进行通信，请求基于特定模板来创建新服务器。服务器引导完成之后，代理会向 Puppet 主服务器进行注册，并请求其处于特定状态。根据所提供的模块，代理将安装适当的服务器软件（如邮件服务器、应用程序服务器）。此外，代理还会安装正确的配置文件，并确保正确配置了 NTP 和 Syslog 等常见功能，然后再向 Puppet 主服务器确认预期状态。接下来就可以告诉负载均衡器，新服务器已就绪且处于正确状态，并将服务器添加到服务器池中以执行相应的工作任务。

这个简短的案例很好地解释了 Puppet 的作用。好处之一就是能够大大减少服务器故障的排查频率。应用服务器上的代码都经过了测试环境的测试和批准，一旦出现问题，只要将故障服务器断开并自动配置新服务器即可。除了安装新服务器之外，Puppet 系统还可以完成其他工作。

Puppet 的一个优势是 Puppet 语言与其他编程语言不可比。实质上 Puppet 语言是一种描述性状态语言，没有迭代问题，只是描述服务器应该处于何种状态。虽然开发人员必须重新学习一门语言，但好处也是不言而喻的。例 6-2 给出了 Linux 服务器配置 NTP 时的 Puppet 模块信息。

例 6-2　用于 NTP 配置的 Puppet 类定义

```
# @summary
#   This class handles the configuration file for NTP
# @api private
#
class ntp::config {
    file {    $ntp::config:
```

```
        ensure => file,
        owner => 0,
        group => 0,
        mode => $::ntp::config_filemode,
        content => $step_ticker_content,
    }
    # remove dhclient ntpscript which modifies ntp.conf on RHEL and Amazon Linux
    file {
        '/etc/dhcp/dhcpclient.d/ntp.sh',
        ensure => absent
    }
}
```

从代码示例可以看出，这是一个配置文件，Owner 为 root（userid 0），content 由指定变量（该变量定义在前面的代码中）提供。为了解决与特定 Linux 版本之间的冲突，要求不能存在 ntp.sh 文件，这也是 Puppet 真正发挥作用的地方。Puppet 代理会每 30 分钟检查一次是否存在该文件，如果存在，那么就会自动删除该文件。

Puppet 的另一个优势是平台无关性。Puppet 代理支持多种操作系统，如 Windows、Linux 和 MacOSX。例如，Google 曾经利用 Puppet 来自动管理工作站（包括 Apple MacBook Pro）。在思科风投的资助下，Puppet 增加了对 Nexus 和 IOS-XE 交换机的支持，但是必须在指定交换机上安装 Puppet 代理。不过，Puppet 在 2018 年 6 月推出了一个支持 IOS 交换机的新模块，可以不需要在交换机安装代理。该 Puppet 模块允许通过指定的配置集对运行 IOS 的思科 Catalyst 交换机进行配置。例 6-3 给出了在 Catalyst 交换机上配置 NTP 的 Puppet 文件。

例 6-3　在交换机上配置 NTP 的 Puppet 代码

```
ntp_server { '10.141.1.1':
    ensure => 'present',
    key => 94,
    prefer => true,
    minpoll => 4,
    maxpoll => 14,
    source_interface => 'vlan 42',
}
```

该代码描述了交换机必须具备的状态，包括配置了 IP 地址 **10.141.1.1** 且源接口为 **vlan42** 的 NTP 服务器。由 Puppet 代理负责其余工作，如果需要修改 NTP 服务器，那么只要修改文件中的对应值即可，其余工作由自动化工具进行自动处理。

Puppet Enterprise 是一款开源软件（功能有一定的限制），免费版本最多支持 10 个节点，超过 10 个节点之后，就要付费订阅模型。Puppet Enterprise 提供了大量可用资源，包括现成的虚拟机设备以及 PuppetForge 网站（提供了大量共享模块）。

6.2.5　Ansible

Ansible 是与 Puppet Enterprise 类似的自动化解决方案。Puppet 和 Ansible 都采用了 DevOps 开发模式，都源自服务器和应用程序自动化环境。Ansible 是一款完全开源的工具软件。作为一种自动化引擎，Ansible 可以实现调配和配置管理。与 Puppet 相比，Ansible 是一种无代理解决方案。也就是说，Ansible 不通过代理轮询主服务器以获取被管节点应该处于的状态，而是由 Ansible 服务器连接被管节点并执行自动化任务。

Ansible 解决方案由很多相互配合的组件组成。图 6-5 给出了典型的 Ansible 部署组件示意图。

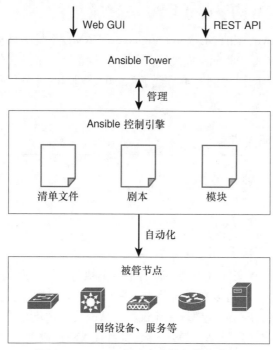

图 6-5　Ansible 解决方案的组件示意图

1.　控制引擎

Ansible 解决方案的核心是控制引擎。由于 Ansible 基于 Linux，因而需要一个 UNIX 平台来运行控制引擎。可以通过清单文件（Inventory file）、模块（Module）和剧本（Playbook）来配置控制引擎。

清单文件定义了控制引擎需要管理的节点以及如何连接和认证这些设备。Ansible 部署方案通常使用非对称 SSH 密钥对被管节点上的控制引擎进行认证。思科的 Ansible 模块同时支持用户名/密码和非对称密钥认证方式。

非对称 SSH 密钥认证

网络操作人员通常都通过 SSH 连接网络。SSH 允许远程用户通过安全通信通道连接 Shell（或 CLI）。思科设备通常使用用户名和密码进行认证（本地方式或基于 TACACS 或 RADIUS 进行集中式认证），但是也可以使用非对称密钥进行身份认证。其中，私钥存储在远程终端（通常是用户的主目录）上，公钥存储在远程终端服务器上。此时，数据通过用户的私钥进行加密，不再使用用户名/密码。远程服务器则使用用户的公钥对数据进行解密。由于这两个密钥在数学上具有唯一关联性，因而可以进行用户的身份认证。由于该认证机制不需要进行交互式地密码输入，因而脚本可以利用该机制在其他服务器上执行操作任务。

Ansible 广泛使用该认证机制在被管节点上执行各种任务。

剧本是 YAML（YAML Ain't Markup Language，YAML 不是一种标记语言）格式的文本文件。剧本通过特定配置（这些配置需要应用到被管设备上）来定义任务。YAML 是一种常见的配置文件格式，易于阅读。例 6-4 节选了 Ansible 剧本的部分代码，其作用是在被管设备上执行两条命令。

例 6-4　Ansible 剧本代码（节选）

```
tasks:
- name: run commands on remote devices
 ios_command:
  commands:
     - show version
     - show ip int brief
```

可以将一个或多个剧本文件视为要在被管节点上执行的配置及脚本化步骤。

Ansible 使用模块来定义可以在被管节点上执行的任务或配置。从本质上来说，剧本文件的内容是通过哪些设备使用哪些模块来定义的。从网络的角度来看，网络模块可以用于几乎所有思科操作系统，包括思科 AireOS（传统无线 LAN 控制器）、思科 IOS-XE（Catalyst 3650/3850 和 Catalyst 9000 系列）以及思科 Meraki。由于 Ansible 采用了模块化方法，因而极其灵活，支持多种设备和应用环境。目前可用模块数量已经超过了 750 个。此外，由于 Ansible 是开源软件，因而用户可以根据需要编写自己的特定模块。

2. Ansible Tower

虽然 Ansible 是一款自动化工具，但是该工具本身并不自动执行剧本（因而也不会更改配置）。用户需要执行特定的命令，通过多个变量来定义需要在多个被管节点上执行哪个剧本，此后才会自动启动并执行该剧本。Ansible 的成功还取决于剧本的质量和内容。从本质上来说，剧本包含了需要自动执行的所有步骤。当然，学习 YAML 以及定义剧本的方式确实需要花费一定的时间，而且在命令提示符下编辑文本文件也缺乏用户友好性。

为此，RedHat 在 2016 年为该解决方案引入了 Ansible Tower 工具。Ansible Tower 提供

了图形用户界面，可以定义工作流和任务，而且还能调度控制引擎上执行的任务。此外，Ansible Tower 还提供了 RESTful API，允许开发人员利用这些 API 请求在应用程序（可能是面向客户的基于 Web 的前端服务器）内部执行变更操作（剧本）。虽然 Ansible Tower 是一款商业化产品，但却是在 AWX（是 Ansible Tower 的开源版本）开源项目中开发的。

　　总之，网络操作人员可以通过 Ansible Tower 来配置工作流和剧本，并调度各种不同的自动化任务。Ansible Tower 反过来将这些配置文件和剧本推给控制引擎，由控制引擎在不同的被管节点上执行这些剧本。由于可以利用剧本执行测试操作，因而可以在 Ansible 中实现完整的 CI/CD 工具链。图 6-6 给出了 Ansible 实现网络自动化的流程。当然，完整的 Ansible 解决方案拥有非常好的扩展性和冗余性，支持多个 Tower 和控制引擎以实现冗余性和扩展性。

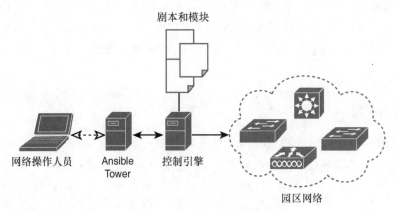

图 6-6 Ansible 组件示意图

　　从网络自动化的角度来看，Ansible 也有一些缺点。最大的缺点就是在使用 Ansible 之前，网络设备必须做好最小化的管理性接入配置（如可达的管理 IP 地址和用户认证凭据）。因此，如果要实现完整的 Day-0 自动化，还必须使用其他工具（如 APIC-EM）。另一个缺点就是 Ansible 的自动化是基于触发器的自动化。也就是说，需要通过触发器来设置 Ansible 控制引擎执行特定的剧本，因而无法周期性地控制或验证被管设备的配置是否符合预期。如果要实现这种持续性的验证机制，那么就要开发自定义剧本并通过 Ansible Tower 或其他机制来调度这些剧本。

6.2.6 构建专用工具

　　由于组织机构的需求并不完全相同，因而园区网络的部署方式也不会完全相同。有时，某些组织机构可能因各种原因而无法使用商业化软件。一种可能的原因就是可用工具与园区网络的规模不匹配（园区网络的规模对于工具成本来说太大或太小）。也有可能与特定行业或特定组织机构的规章制度有关。例如，出于安全原因，不允许管理网络连接 Internet，不允许使用任何基于云的应用程序，或者支撑业务流程的网络对于现有工具来说过于复杂。

　　在这种情况下，商业化工具无法满足这些组织机构的需求，必须为这些组织机构构建专用的自动化工具。

在过去的几年当中，构建专用的自动化工具已成为一种潮流。一个原因是思科 DNA 的设计原则在网络架构中采用了开放标准和 API，另一个原因就要归功于思科 DevNet 社区在过去几年的快速发展。开发者可以很方便地通过该社区使用思科提供的 API。目前，DevNet 已经从一个主要面向第三方集成商的半受限社区发展成为一个开放且活跃的开发者社区。

DevNet 社区取得成功的主要因素在于思科提供了大量免费视频培训、实例代码以及 SDK（Software Development Kit，软件开发套件），帮助开发者进行网络编程。

网络编程需要用到 Python。Python 被选为多个代码实例和代码库的编程语言。Python 是一种开源编程语言，可以称为解释型语言，也可以称为编译型语言。与 Java 编程语言一样，Python 代码的编译输出结果也是经过优化的字节码二进制文件，需要在执行时使用特殊的虚拟机来运行这些字节码。思科的 DevNet 网站提供了多个免费的 Python 培训视频。

编程语言类型

软件应用程序的代码是用编程语言编写的，每种编程语言都有自己的结构和语法，就像英语和西班牙语都有自己的拼写和语法一样。通常可以将编程语言分为两类：编译型语言和解释型语言。C、Objective-C 和 C# 等编译型编程语言需要通过编译器来运行源代码。编译器将源代码转换并优化为二进制机器码（通常针对特定的硬件平台进行优化），通常将这种字节码称为应用程序或可执行文件。虽然二进制码对于人类来说不可读，但是却可以高效运行在目标计算机上。解释型编程语言不需要编译器进行翻译，运行时由解释器逐行读取源代码、解释代码并执行代码语句。JavaScript 就属于解释型代码。解释型代码的优点是代码始终具有可读性，缺点是代码未经过优化，运行速度通常比编译后的代码慢。

DevNet 经过多年来的发展，以 Python 语言提供的可用网络编程代码量也一直都在持续增长。除了 DevNet 提供的庞大代码库（DevNet Code Exchange）之外，还有很多开源库，可以用来创建自定义的自动化工具。例如，Nornir 和 eNMS 等开源库已经可以为创建基于 IBN 的自动化工具提供非常好的初始代码。此外，也可以利用 Netconf 等开放式配置标准，开发通用的可以将配置部署到网络设备上的方法，无须再发送和解释特定的 CLI 命令。除此以外，还可以利用 ZTP（Zero Touch Provisioning，零接触配置）和 PnP（Plug and Play，即插即用）等开放标准实现 Day-0 操作的自动化。

总之，如果商业化工具无法满足企业的特殊需求或限制，那么就可以定制专用的自动化工具，这是一种被实践证明行之有效的解决办法。

案例：SharedServices 集团的数据中心自动化

SSG（SharedServices Group，SharedServices 集团）需要向大量办公场所和最终用户提供共享服务，同时还要利用自己的数据中心提供服务。SSG 通过并购实现规模化发展之后，迫切需要加快数据中心内部服务的整合工作。由于每个被收购的企业都有自己的数据中心，因而整合后的数据中心极其庞大，而且包含了种类繁多的网络、应用和服务。从服务提供的角度来看，虽然 SSG 已经成为事实上的服务提供商（多租户），但是其数据中心只是大量企业级数据中心的简单组合。

因此，包括路由（租户之间的连接链路）在内的数据中心网络已经变得极其复杂、庞大。有时，对数据中心网络中的某个租户进行调整时，都会导致其他租户出现故障，因为调整工作需要逐台设备进行手动操作。数据中心网络变得过于庞大以至于难以管理。为了减少故障频次，必须对数据中心网络进行标准化以降低人为错误带来的风险。

但是，由于数据中心规模过于庞大，复杂性极高，而且还存在大量的特异性（非标准服务的特殊配置），因而无法使用标准的自动化工具。因为这些自动化工具要么无法满足如此庞大的网络规模，要么就无法满足如此复杂的多样性。除了这些工具限制之外，SSG 还很难找到具备实施如此大规模网络整合能力的专业网络顾问和架构师。外部工具要求对企业数据中心团队实施重大变革，而且还要获得足够的信任度。

因此，SSG 决定构建自己的专用自动化工具，以满足数据中心和企业服务的特定设计和需求，而不是使用和依靠现成的商业自动化软件。

SSG 利用开源工具和定制化软件开发了一个自动化流程，只要 4 小时（而非 4 个月）即可自动生成和部署新租户的配置，并以相同的方式创建所有的网络服务。

6.2.7　自动化工具小结

当然，市面上还有很多可用的自动化工具，前面仅对当前可用的部分自动化工具进行了简要描述。自动化工具对于 IBN 来说至关重要。随着时间的推移，这些自动化工具将会越来越成熟，种类也会越来越丰富。如果还没有部署自动化工具，那么选择正确的自动化工具就显得尤为重要。此时，不但要考虑思科 DNA 和 IBN 的需求，而且还要考虑组织机构的预算、平台及所需的功能特性。如果坚定地采取 SDA 策略，那么 DNA Center 就是最佳选择。不过，如果已经在使用 Prime Infrastructure，那么基于 Prime 和 APIC-EM 向 IBN 迁移就是最佳选择。

6.3　网络分析

意图网络的另一个关键就是通过思科 DNA 的分析功能来验证推送到网络上的意图。对于意图网络来说，分析功能将从网络基础设施接收（或获取）数据并验证是否正确配置了意图。不过，收到的数据也包含了其他信息，如网络的通用运行数据、连接的客户端、网络功能运行状况以及其他上下文数据（如网络上运行的应用程序）。一般来说，分析组件可以大大提高网络的可见性，因而分析组件通常包含以下多种功能。

6.3.1   意图验证

对于 IBN 来说，分析组件最重要的功能就是意图验证功能。将部分配置部署到网络上之后，分析组件就可以使用检索到的数据（如运行配置）以及 ARP 表项和路由表来验证特定意图的工作是否符合预期。如果意图行为不符合预期，那么意图验证功能就会报告该行为。

6.3.2   网络功能分析

园区网络包含多种网络技术和网络功能，可能用到的技术非常多，也包括各种常见技术，如生成树协议、VLAN、有线接口、无线通信、接口统计、IP 接口以及路由协议等。

习惯上，这些技术都是单独进行监控。也就是说，不存在上下文。如果某项技术的特定要素出现了故障，那么就会生成告警，运维团队也将随之进行响应。但是，如果该技术与其他技术结合在一起，而且网络仍然处于运行状态，那么会怎么样呢？虽然运维团队仍然需要做出响应，但紧迫性可能会降低，因为网络功能仍然处于运行状态。

IBN 通过分析组件采集这种智能组合数据，进而对网络功能进行分析与监控。

这种智能组合数据的一个案例就是某个 IP 地址的汇聚交换机连接在某个 VLAN 接口上，但是没有任何接入交换机配置了该 VLAN。虽然这可能不是直接的网络功能故障，但这种可能的故障却无法通过单独的监控技术检测出来。将两种技术结合在一起就能创建必要的上下文，从而得出这种组合与常规不符的结论。

6.3.3   网络服务可用性

为了确保园区网络的正常运行，除了网络功能之外，还必须启用一些必要的网络服务。从网络可用性角度来看，最重要的服务就是 DHCP 和 DNS。虽然这些服务器通常都由网络运维团队之外的部门进行管理，但是，园区运维团队经常会收到求助工单，指出网络中的某些地方出现了故障。分析组件中的网络服务可用性功能可以通过采集到的数据，分析所需的网络服务是否可用以及是否按预期工作。如果 DHCP 服务器的响应出现了错误（如地址空间已耗尽或其他错误），那么就会采集这些数据并加以响应。

网络服务的另一个案例就是对集中式策略服务器进行 RADIUS 检查，以验证 RADIUS（以及 IEEE 802.1x）的工作是否正常。

6.3.4   趋势分析

采集了与意图、网络功能及网络服务相关的运行数据之后，就有了足够的数据进行趋势分析。趋势分析的作用很多，例如，可以确定是否需要升级上行链路。虽然大多数被管网络都已经拥有该功能，但是 IBN 也必须拥有该功能。

6.3.5 应用行为分析

近些年来，交换机、路由器和无线控制器等网络设备正变得日益智能化。利用 NBAR（Network-Based Application Recognition，基于网络的应用识别）、AVC（Application Visibility and Control，应用可见性与控制）以及最近的 ETA（Encrypted Threat Analytics，加密威胁分析）等技术，可以识别网络中运行的各种应用程序。将这些信息与网络提供的其他数据结合起来，可以分析应用程序在网络上的操作行为。IBN 可以通过该功能提供与应用程序执行情况相关的业务反馈信息。例如，可以从 Microsoft Exchange 服务器的响应时间过长以及 Outlook 重发请求等信息，判断出 Microsoft Outlook 速度很慢。这类分析可以对网络上运行的日益增多的应用程序实现越来越深入的了解。

这些功能都要用到思科 DNA 中的园区网络基础设施组件（实际上就是网络基础设施设备）提供的数据。传统的数据采集方法（如命令行、SNMP 和 Syslog）几乎无法获得此类信息。虽然网络仍在使用这些协议，但这些协议在扩展性、标准化和获取正确数据方面存在局限性。此时需要采用一种被称为 MDT（Model-Driven Telemetry，模型驱动遥测）的新概念，MDT 可以从网络基础设施获取所需的数据。有关 MDT 的详细信息请参阅附录 A。简单来说，就是由采集器订阅网络设备的各种信息要素，再由网络设备定期发送更新信息。由于 MDT 是思科 DNA 和 IBN 的一部分，因而该模型（包括传输）都是开放且可用的。

当前，大多数企业在向 IBN 迁移的时候，主要精力都放在了自动化功能上，没有充分认识和利用分析组件功能的重要作用。网络运行数据与机器智能相结合，确实可以为网络运维团队的网络管理工作带来广阔的应用前景。

6.4 网络分析工具

虽然支持网络分析和网络可见性的工具非常多，但并非所有工具都能在思科 DNA 中启用 IBN。接下来将介绍支持 IBN 的常用网络工具。与自动化工具一样，全面介绍所有可见性工具可能需要单独写一本书，本节的目的是解释相关概念以及如何在分析组件中使用这些工具来启用 IBN。

6.4.1 DNAC Assurance

这款网络可见性工具是思科 DNAC（DNA Center，DNA 中心）解决方案的一部分。DNAC 提供了一款被称为 Assurance（审计）的应用程序，这款大数据分析平台利用 Tesseract 和多种数据湖技术来分析从被管设备采集到的数据。

DNAC Assurance 使用了 DNAC 解决方案中的可用数据（如网络拓扑结构和设备类型）以及从网络基础设施采集到的相关数据。DNAC Assurance 处理和分析这些数据，并尝试确定网络的整体运行状况。DNAC 通过仪表盘显示各种数据信息，包括总体运行状况、网络运行状况和客户端运行状况等。此外，还可以在仪表盘中显示分析发现的各种问题（如粘性无线客户端和有线基础设施上出现的突发性丢包等）以及这些问题对网络运行状况的影响。

例如，如果去往特定园区站点的连接出现了中断或不可达问题，那么网络的总体运行状况就会显示中断，站点的运行状况也将下降为 0%。DNAC 利用各种信息（如网络拓扑结构）来提供尽可能多的上下文信息。在前面的站点案例中，如果无线控制器或多个 AP 中断，那么站点的运行状况得分也会下降。但操作人员查看详细信息之后就会发现，无线运行状况不佳，而有线网络仍在工作。图 6-7 给出的 DNAC Assurance 屏幕截图显示了联网客户端的运行状况。

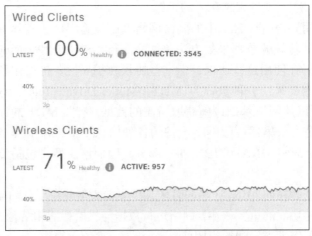

图 6-7　DNAC 中的客户端运行状况概览

思科 DNAC Assurance 最初面向的是网络运营商用例。DNAC Assurance 会对网络中发现的事件或故障进行优先级排序，首先显示最重要的故障问题。此外，还可以向下挖掘所有信息，并支持 client 360 和 device 360 等功能特性。DNAC Assurance 提供的一项关键功能特性就是能够回溯过去。由于 DNAC Assurance 采集的数据都存储在数据湖中，因而可以在发生故障的时间点附近重建网络状态，这一点对于故障排查（如上周五无线网络无法正常工作）来说非常有用。图 6-8 显示了某个 AP 的运行状态在短时间内出现了中断问题。将鼠标悬停在当前位置，就能看到运行状况出现异常的原因。

从应用程序或客户端的角度来看，DNAC 能够自动分析大量行为。例如，DNA Center 1.2 定义了超过 77 个与无线客户端行为有关的故障问题，如粘性客户端行为、客户端未通过身份认证或客户端引导时间（连接网络所花费的时间）等。图 6-9 给出了与客户端引导时间相关的仪表盘示例。

总之，DNAC Assurance 主要面向意图网络，提供了所有必要的分析组件功能。而且随着时间的推移，DNAC Assurance 增加了越来越多的功能特性，提供了越来越完整的网络视图。

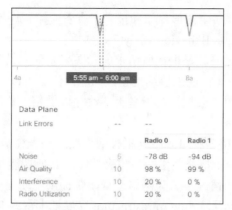

图 6-8 某个 AP 的 DNAC Assurance 运行状况历史记录

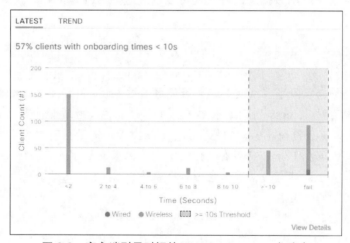

图 6-9 客户端引导时间的 DNAC Assurance 仪表盘

6.4.2 Prime Infrastructure

与思科 DNA Center 不同，思科 Prime Infrastructure 并不是专门为意图网络的网络分析功能设计和开发的，但是也可以提供 IBN 网络分析所需的部分功能特性。Prime Infrastructure 是一款网络管理和运维工具，基于 NetFlow、Syslog 和 SNMP 等协议，可以主动监控网络基础设施。因此，与 DNA Center 相比，虽然 Prime Infrastructure 有很多限制，但确实可以用来实现前面讨论的网络分析功能。

虽然 SNMP 和 Syslog 并不能提供与 MDT 相当的网络功能分析能力，但 Prime Infrastructure 可以主动监控网络的某些基本功能，如无线网络的可用性、VLAN 接口的运行和中断以及 ARP 是否存在错误等。

Prime Infrastructure 的报表功能非常强大，提供了大量可以进行可用性和趋势分析的报表信息，可以为 IBN 网络审计功能提供必要的功能特性，如网络服务可用性和趋势分析。

Prime Infrastructure 利用 NetFlow 来分析和采集有关应用程序性能以及应用程序对网络

使用情况的数据。可以通过多个图形界面和报表来查看应用程序性能，这也提供了有限的应用程序行为分析（Application Behavior Analytics）功能。

网络分析的关键功能之一就是根据所请求的意图来验证网络是否运行正常。虽然 Prime Infrastructure 没有现成的功能特性来持续检查该问题，但是可以创建合规性模板，并通过这些模板来验证已部署的意图与合规性模板是否一致并提供相应的报告。不过，该操作需要大量手动工作。

Prime Infrastructure 支持多种可以主动报告网络故障和告警信息的手段，包括电子邮件、Syslog、告警和 SNMP 告警。将这些手段与报表功能及其他功能相结合，就能在故障发生或设备与所部署模板不一致的情况下，为网络运维团队提供主动支持。

此外，从 API 的角度来看，Prime Infrastructure 提供了丰富的 REST API 集，可以从 Prime Infrastructure 获得大量有用数据。此外，还可以通过这些 API 从 Prime 获得图形界面或报表无法提供的数据。

使用 API

我的一位思科专家同事曾经问起，是否能够通过 Prime Infrastructure 提供的报表查看分配给每个无线 AP（Access Point，接入点）的信道信息。由于逐个检查每个 AP 极为繁琐，因而希望能够有一份简单易读的概览信息，这对于部署了数百台接入点的大型网络环境来说尤为重要。虽然 Prime 确实有类似的报表，但报表显示的是分配给每个信道的 AP 数量，而不是每个 AP 拥有的信道信息。将报表导出为 CSV 之后，显示的是信道的分配历史，而不是实际的状态。

虽然没法通过 Prime 的报表来获得 AP 的实际信息，但是却可以通过 API 调用来获取 AP 的实际信息（包括无线电信道分配信息）。利用该 API（和身份认证），可以快速编写一个程序，连接 Prime Infrastructure，获取相关信息并以 CSV 格式导出，从而能够使用其他工具来分析或处理这些数据。从这个案例可以看出，Prime Infrastructure 的 API 功能非常强大，可以通过这些 API 得到无法直接从 Prime Infrastructure 图形界面获取的信息。

目前，Prime Infrastructure 在网络分析功能特性上的更新速度上落后于思科 DNA Center。随着时间的推移，DNA Center 有可能会取代 Prime Infrastructure 作为网络管理工具。不过，只要理解并接受 Prime Infrastructure 在机器智能和网络功能分析方面的局限性，仍然可以使用它将现有网络转换为意图网络。

6.4.3 NetBrain

NetBrain 是一款可以提供网络可见性的工具软件，主要功能之一就是通过网络的运行配置和实时状态动态创建企业网的结构图。此外，NetBrain 还支持其他高级功能，如文档生成、Microsoft Visio 文档生成和配置比较。同时，还可以根据网络配置以及配置在硬件中的运行方式执行路径跟踪操作。

NetBrain 提供的 QApp 和 Runbook 功能可以实现自动化的故障排查操作。QApp 是一款小型应用程序，操作人员可以在 NetBrain 中编写自定义代码，然后点击一下即可完成大量故障排查步骤。也就是说，由 QApp 定义特定故障排查（或测试）所需的操作步骤，再由 NetBrain 执行这些步骤。QApp 的开发基于 NetBrain 的 GUI。图 6-10 给出了 NetBrain 中 QApp 的通用工作流程。

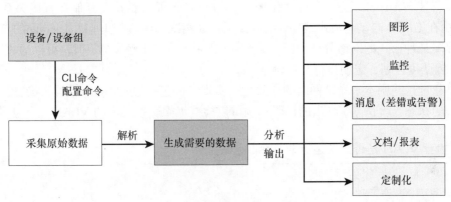

图 6-10　QApp 的通用工作流程

Runbook 与 Ansible 中的剧本相似。可以在 NetBrain 中使用 Runbook 来执行多种操作（包括检查和回滚）。不但可以进行变更管理，而且还可以验证网络上启用的意图。图 6-11 给出了创建 Runbook 的屏幕截图。

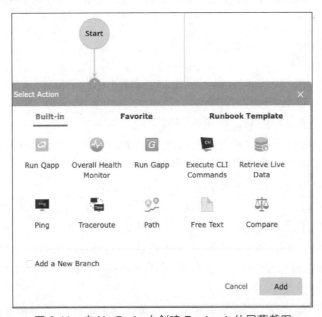

图 6-11　在 NetBrain 中创建 Runbook 的屏幕截图

NetBrain 能够在意图网络中执行与网络分析组件相关的部分功能,特别是验证已启用的意图以及网络功能和服务。由于 NetBrain 的主要功能是运行和维护网络,因而应用分析和趋势分析等功能不是其核心优势。

6.4.4 Ansible

如前所述,Ansible 是一个自动化引擎,与网络分析功能并没有什么直接关系。但是 Ansible 用在 CI/CD 自动化流水线中,也包含了自动测试功能。可以通过 Ansible 的自动测试功能来部署某种形式的网络分析功能。虽然 Ansible 本身基于触发器,但是可以通过 Ansible Tower 设置调度计划,定期执行一组剧本。

可以通过这些剧本来测试网络的有效性,实现方法包括检查 BGP 邻居的状态、特定路由或接口的状态等。例 6-5 给出的代码示例可以检查汇聚交换机上的 VLAN 是否正常运行。

例 6-5 检查 VLAN 是否正常运行的 Ansible 配置

```
tasks:
- name: test interface status
 net_interface:
   name: vlan100
   state: up
```

虽然这个案例很简单,但确实说明了可以通过 Ansible 剧本来检查园区网络中的某些要素。Ansible(与 Ansible Tower 结合使用)可以在意图网络中执行如下网络分析功能:

- 意图验证;
- 网络功能分析;
- 网络服务可用性。

通过 Python 编写额外的代码,就可以根据部署到网络上的意图生成所需的测试剧本。

其他两项功能(趋势分析和应用行为分析)无法通过 Ansible 实现。这些功能可以通过其他专注于数据采集和分析的软件解决方案来实现。

虽然 Ansible 无法执行所有网络分析功能,但是,如果将 Ansible 用作意图网络的自动化工具,那么就可以对所请求的意图进行持续检查。不过,需要针对 Ansible 做一些自定义编程,以便将剧本进行通用化,并根据动态意图进行验证。

总之,思科 DNA 的网络分析功能还处于发展当中。虽然思科 DNA Center 是专门为 IBN 开发的,也确实提供了所有功能,但是出于多种原因,DNA Center 本身还无法满足所有园区网络的需求。此外,竞争对手也提供了一些具备类似功能的工具,而且随着时间的推移,他们也在不断引入新的特性和功能,也在采用开放的 MDT 标准,并与 NetFlow、Syslog 和 SNMP 等结合使用。

由于向 IBN 迁移的时间可能会非常长,因而建议大家仔细了解企业的现有工具是否能够提供各种网络分析功能,而不要简单地为现有网络管理工具套件引入新的工具。

6.5 本章小结

企业架构、技术架构和 IBN 从不同的角度描述了网络基础设施的设计和运行方式，解释了与应用程序、用户及其他"外部"资源之间的协同和互操作方式。但这些描述都是抽象化和概念化的描述，无法直接实施，需要利用必要的工具和技术来实现这些抽象的体系架构和设计方案。体现意图网络独特优势的两大关键领域就是自动化能力和网络分析能力，所有工具都应该实现这两大关键能力。

6.5.1 网络自动化

意图网络中的网络自动化功能负责将网络意图请求转换成配置信息，并部署到基础设施中的网络设备上。网络自动化是思科 DNA 的关键组件，是成功部署意图网络的基础。本章描述的自动化工具都能在思科 DNA 中实现自动化功能（从而启用 IBN）。表 6-1 列出了这些自动化工具的主要信息以及与思科 DNA 自动化功能之间的关系。

表 6-1　自动化工具及其能力

工具	Day-0	Day-1	Day-2	Day-n
思科 DNA Center	√	√	√	√
思科 Prime Infrastructure 和 APIC-EM	√	√	√	√
思科 NSO		√	√	√
Puppet Enterprise		√	√	√
RedHat Ansible		√	√	√
自建专用工具	√	√	√	√

虽然几乎所有工具都能实现网络管理任务的自动化操作，但是，只有思科 DNA Center 以及 Prime Infrastructure 与 APIC-EM 组合才能提供现成的网络设备调配解决方案。当然，也可以通过定制化工具来执行 Day-0 操作。

从意图网络的角度来看，思科 DNA Center 是首选工具，Prime Infrastructure 和 APIC-EM 组合次之。不过，如果熟悉组织机构中的 RedHat Ansible 或 Puppet Enterprise，那么也可以使用这些工具。

6.5.2 网络分析

IBN 的另一个关键领域就是网络分析。对于意图网络来说，分析功能可以从网络基础设施接收（或获取）数据并验证意图的配置是否正确。不过，接收到的信息也包含了一些通用的网络运行信息、网络功能、连接的客户端以及其他上下文数据，因而网络分析组件通常都能增强网络的可见性。如果为思科 DNA 的分析组件增加一些额外的功能特性，那么就能有效地提高网络的可见性。这些额外的功能特性包括：

- 意图验证；
- 网络功能分析；
- 网络服务可用性；
- 趋势分析；
- 应用行为分析。

在网络中采用大数据和分析功能还处于非常初始的阶段，成熟可用的商用工具还很少，大多数工具都专注于特定网络场景，如面向数据中心的思科 Tetration。本章介绍了很多分析功能强大的工具软件，相信随着时间的推移，IBN 将会支持越来越多的分析工具。表 6-2 列出了本章介绍的网络分析工具及其支持的功能特性。

表 6-2　能够执行思科 DNA 分析功能的工具

工具	意图验证	网络功能分析	网络服务可用性	趋势分析	应用行为分析
思科 DNA Center	√	√	√	√	√
思科 Prime Infrastructure		√	√	√	
NetBrain		√	√	√	√
RedHat Ansible	√	√	√		

第二部分

IBN 迁移策略

如第一部分所述，传统的园区网络设计和管理模式迫切需要进行变革。思科 DNA 作为 IBN 的一种实现架构，有可能成为园区企业网的终极目标，能够管理和应对园区网络的所有变化和动态需求。对于新的网络基础设施来说，使用新设备和 DNA Center 解决方案构建网络"相对"较为容易，允许企业逐步实现 SDA 和 IBN。

但现实往往比理想更加复杂。现实情况是，企业通常已经拥有了一个现成的生产网络，不可能拆除现有网络并用全新的网络基础设施加以代替，因为这样做会导致企业停工数月（或数年）。希望在重建工厂的同时还能将产能保持在最佳状态，这完全是理想主义，根本不可能实现。

此外，网络运维团队很可能已经面临业务单元的强大压力，要求提供更快的速度、更高的效率，甚至不允许执行计划性的更新停机（因为这样做会导致业务中断）。在面对安全事件频发、人员不足及保持网络持续运行的压力的同时，还要完成高层管理人员提出的上云需求，因为这在当下似乎是解决所有 IT 问题的灵丹妙药。

人们认识到，IBN 是一种能够以更智能的方式管理园区网络的新方法，能够减轻网络设计、变更和运维压力，这是一种面向未来的网络模式。但是，就像思科在 Network Intuitive 战略计划中所描述的那样，该如何迈出第一步？也就是说，如何向 IBN 迁移？虽然 IBN 是一个理念，而 DNA 是面向未来的通用网络架构，但是仍然要与所管理网络的唯一性保持匹配。虽然每个网络（以及相应的企业和运维团队）都是唯一的，但是在保持自身需求、特点和规范特殊性的前提下，仍然要遵循通用的设计原理和网络功能，因而可以使用相同的 DNA 和 IBN 构建块。

因此，每个网络基础设施都能采用独特的路径和方式向 IBN 网络进行迁移和过渡。

第 5 章详细讨论了 IBN 的基本概念，解释了 IBN 的基本功能、设计步骤及操作方式。如果将这些功能和方法都转换为实际的园区网络基础设施，那么就可以看出，IBN 的核心在于拥有一个基本固定的（静态）园区网络，不会出现频繁变更。意图则被定义为部署在网络上的微小但可重复的步骤，通过集中式策略服务器为网络端口应用特定的策略（以及相应的配置）。

图 P-1 给出了一个启用了 IBN 的简单的园区网络示意图（包括一台汇聚交换机和两台接入交换机）。

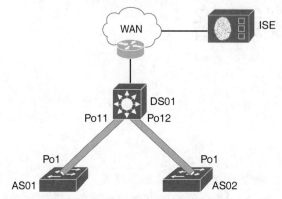

图 P-1　启用 IBN 的简单园区网络

最初没有可用意图，因而无法连接任何端点。例 P-1、例 P-2 和例 P-3 给出了图中交换机的基本固定（静态）配置示例。

例 P-1　DS01 的配置

```
vlan 900
  name management
vlan 100
  name uplink-management
hostname DS01
domain-name mycompany.com
interface vlan 900
  ip address 10.1.1.1 255.255.255.0
interface vlan 100
  ip address 10.255.255.2 255.255.255.252
interface port-channel11
  switchport mode trunk
  switchport trunk allowed vlan 900
access-list 23 permit 10.0.2.0 0.0.0.255
line vty 0 15
  access-class 23 in
ip route 0.0.0.0 0.0.0.0 10.255.255.1
```

例 P-2　AS01 的配置

```
vlan 900
  name management
hostname AS01
domain-name mycompany.com
interface vlan 900
  ip address 10.1.1.2 255.255.255.0
interface port-channel11
  switchport mode trunk
  switchport trunk allowed vlan 900
access-list 23 permit 10.0.2.0 0.0.0.255
line vty 0 15
  access-class 23 in
ip route 0.0.0.0 0.0.0.0 10.1.1.1
```

例 P-3　AS02 的配置

```
vlan 900
  name management
hostname AS02
domain-name mycompany.com
interface vlan 900
  ip address 10.1.1.3 255.255.255.0
interface port-channel11
  switchport mode trunk
  switchport trunk allowed vlan 900
access-list 23 permit 10.0.2.0 0.0.0.255
line vty 0 15
  access-class 23 in
ip route 0.0.0.0 0.0.0.0 10.1.1.1
```

　　AS01 和 AS02 的配置示例省略了接入端口的配置。所有接入端口的配置都相同，都配置了实现网络访问控制的 802.1X 协议和 MAC 认证旁路机制。

　　此时还没有任何端点可以连接网络。如果需要创建一个意图（如允许员工访问网络）并应用于该网络，那么就可以通过自动化功能生成配置代码，如例 P-4 的 DS01 配置以及例 P-5 的接入交换机配置所示。

例 P-4　DS01 的员工意图配置

```
vlan 10
  name employees
vlan 101
  name handoff-employees
vrf forwarding definition IBN-01
  description employees
```

```
  address-family ipv4
interface vlan 101
  vrf forwarding IBN-01
  ip address 10.255.255.6 255.255.255.252
interface vlan 10
  vrf forwarding IBN-01
  ip address 10.2.1.1 255.255.255.0
  ip helper-address 172.16.1.10
ip route vrf IBN-01 0.0.0.0 0.0.0.0 10.255.255.5
!
```

例 P-5　接入交换机的员工意图配置

```
vlan 10
  name employees
interface PortChannel1
  switchport trunk allowed vlan add 10
!
```

　　将这些代码部署到网络上之后，就可以使用员工意图了。如果此时将端点连接到网络上并以员工身份进行认证，那么就会利用 ISE 中的授权策略将接入端口分配给 VLAN 10，并将员工连接到 IP 网络和虚拟网络中。

　　如果需要删除该意图，那么自动化引擎所要做的唯一操作就是删除 VLAN10 以及相应的接口，然后再删除员工意图的配置代码。

　　事实上，这些都发生在意图网络的自动化组件内部。当然，SDA 部署环境的处理过程与此相似，只是用到的技术和命令不同而已。

　　从本质上来说，迁移现有园区网络的目的就是要为现有网络和现有策略实现上述功能。具体的迁移操作需要用到相应的工具、流程和方法。

　　本部分将从技术或设计的角度来描述实现上述迁移目标的四阶段方法，重点讨论如何更改网络基础设施（包括配置和使用的技术），同时尽量保持足够的通用性以满足大多数园区网络的需求。本部分的每一章描述一个阶段，包括进入下一个阶段之前必须执行的步骤、操作或变更。在 4 个阶段的描述中，详细解释了现有网络达成迁移目标所必需具备的要素或事项。当然，由于每个网络都是唯一的，因而并非所有信息都适用于所要变更或部署的网络。

　　与新建网络相比，将现有网络迁移到 IBN 需要花费的时间更多。造成这种情况的主要原因是，必须分步实施迁移操作，全面考虑各个利益相关方的需求并确保园区网络的正常运行。因此，可以将本部分讨论的各个阶段视为迈向 IBN 战略的具体步骤。本部分的内容如下。

　　第 7 章　第一阶段：确定挑战

　　第 8 章　第二阶段：准备意图

　　第 9 章　第三阶段：设计、部署和扩展

　　第 10 章　第四阶段：启用意图

第一阶段：确定挑战

向 IBN 迁移的第一个阶段就是要确定园区网络和组织机构的状态。由于启用意图的网络（也就是基于思科 DNA 的网络）必须满足多种需求，因而必须确定是否有可能将现有网络完全迁移为 IBN。由于迁移操作会给组织机构带来较大的影响，因而还必须对组织机构进行一定的变革。

第一阶段首先要做的就是盘点园区网络的状态并确定可能阻止或阻碍向 IBN 迁移的挑战。这里特意使用"挑战"一词，原因是挑战可以解决，而问题则很可能在长期范围内仍然是问题。

本章将详细讨论获取信息并确定待解决挑战所要执行的操作步骤，并按照下一阶段行动计划对这些挑战进行优先级排序和汇总。本章将讨论以下步骤：

- 日常网络运维挑战；
- 园区网络设备清单；
- 标准化水平；
- 组织机构成熟度；
- 干系人。

7.1 日常网络运维挑战

IBN 描述了如何运维园区网络以满足日益增加的联网设备数量和网络复杂性，因而也可以将 IBN 视为一种在（园区）网络中执行网络运维的新方法。但是，与日常运维相关的大量挑战都会给园区网络向 IBN 的成功迁移带来影响。

当然，所有网络工程师都非常熟悉 OSI 抽象层级的封装和解封装过程，这些过程实质上是所有网络基础设施的基础。但是，用户和管理者都只是将网络视为与自来水或电力一样常见的要素。由于用户和管理者看到的只是一个网络（如用户并不清楚 4G 与 WiFi 连接之间的区别），因而接下来可以用一个类比来解释"网络事实上是应用程序的基础"这一概念。

可以将每个组织机构都视为一栋建筑物或房屋，每栋建筑物都有自己独特的建造和设计方式。从建筑物顶部可以看到企业正常运行所需的各种应用程序，如 Office 365、Google Mail 以及 SAP 等 ERP 系统。还可能有办公应用以及存储所有文档的文件服务器。这些程序运行在本地、云端没有任何关系，这些只是组织机构日常运行用到的部分应用程序。图 7-1 给出了企业的建筑模型示意图。

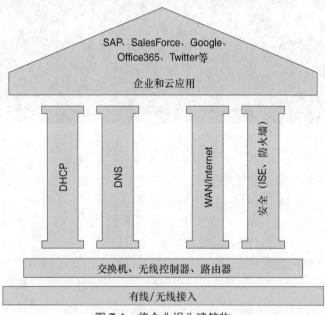

图 7-1　将企业视为建筑物

建筑物的第一层是员工或供应商访问企业应用的所在地，描述了与企业网的物理连接。实际上，就是将端点连接到企业网的物理电缆（或无线网络）。第二层是物理电缆（或无线连接）所连接的设备，包括构成园区网络的网络交换机、无线控制器、AP 和路由器等。虽然端点能够连接到网络上，但仍然无法访问应用程序，这是因为还需要 4 根支柱才能实现应用程序的访问。

第一根支柱是 DHCP（Dynamic Host Configuration Protocol，动态主机配置协议）。DHCP 负责为联网端点动态分配 IP 地址。如果 DHCP 工作异常，那么就无法为端点分配 IP 地址，也就无法连接应用程序。DHCP 通常由服务器团队（而非网络运维团队）进行管理。

注：虽然也可以为端点静态分配 IP 地址，但这种解决方案的扩展性很差。大多数企业都采用 DHCP 方式为端点分配 IP 地址（也建议为无线端点使用 DHCP）。

第二根支柱是 DNS（Domain Name System，域名系统）。与电话簿相似，DNS 负责将域名转换为正确的 IP 地址。DNS 是一种运行在 IP 网之上的服务，但是如果 DNS 工作异常，人们也常常归咎于网络。事实上，如果 IP 网运行正常且流量可以流动，那么出现问题的仅仅只是电话簿而已。

第三根支柱是云应用中的 WAN 连接或 Internet 连接。如果 WAN 或 Internet 连接出现中断，那么也将无法访问应用程序。

最后一根支柱是安全，安全无处不在。出于多种原因，提供网络访问控制能力的思科 ISE（Identity Services Engine，身份服务引擎）或防火墙可能会阻止用户访问应用程序。如果这些服务不可用，那么用户也将无法连接网络。

上面以一种非常简单的方式解释了这样一个事实，即用户如果希望轻松连接企业应用程序，就必须确保很多要素都处于可用状态。应该说，当前的企业网虽然很复杂，但可靠性也非常高（且不可见），人们通常都将故障事件归咎于网络，尤其是园区网络。常见的故障报告有下面这些。

- "我无法访问应用程序 X，但昨天还能用，肯定是网络出了问题。"
- "应用程序 Y 很慢，肯定是网速不行，3 年前就提到应该扩容上行链路了。"
- "我无法连接无线网络，我的电脑肯定没问题，因为在家中一切正常。"
- "我无法登录计算机，肯定是网络出现了故障。"
- "无线服务太糟糕了，我办公室里的 4G 手机信号只有两格，需要解决这个问题。"

上述情况对于很多网络运维团队来说都非常常见。他们经常会遇到此类问题，而且还经常需要花费大量时间来证明并非所有故障都与网络相关，应该由其他团队处理与应用程序性能相关的事件，而不是网络运维团队。

运维团队除了要花费大量时间来反证网络没有问题之外，还要执行大量的日常运维操作。长期以来，企业网都缺乏合格的运维人员（这种情况在欧洲已经存在了数十年的时间）。除了人员短缺之外，园区网络的规模和联网设备的数量也在快速增长。由于网络对于很多用户和管理者来说都不可见，因而网络运维团队很难随着网络规模的增长而增加。这导致了运维团队人员严重不足，只能寄希望于通过极为有限的资源来维护网络的正常运转。

可以看出，网络运维团队承受着巨大的压力，根本没有时间去寻找替代方案。他们更多地是充当消防员的角色，需要不停地在网络基础设施上来回灭火（请参阅图 7-1）。时间基本都花在了解决故障并执行网络变更上（花费的时间太多），而且还要经常加班升级交换机，因为白天根本不允许这么做。

在确定 IBN 是否适合特定园区网络的时候，一个很重要的判断依据就是看网络运维团队是否存在上述情况。如果存在，那么就表明网络运维团队完全没有时间去执行更多的变更操作，甚至没有时间去考虑改变他们的网络运维方式。必须尽早识别这一挑战（过于忙碌），从而能够采取适当的措施来解放运维团队；否则，随着园区网络的不断增长，网络运维团队也将一直处于忙碌状态。

需要注意的是，网络运维团队应尽可能多地参与网络向 IBN 的迁移过程，因为 IBN 的大部分内容都与他们的日常工作息息相关。

7.2 园区网络设备清单

大多数组织机构都很少频繁调整园区网络。网络中安装的设备通常都运行了 5 年以上的时间，某些网络设备的运行时间可能更长。事实上，某些企业的无线网络自部署以来就根本没有做过任何调整，而无线 AP 的版本早已迭代更新了很多次。同样，有些园区网络的交换机一直都处于默认配置下。如果要确定园区网络的当前状态，就必须列出园区网络基础设施组件的设备清单。

设备清单必须尽可能详尽，特别是要包括与 IBN 能力相关的信息。可以参照表 7-1 和表 7-2 列出网络中的设备清单信息。

表 7-1 已安装的硬件和软件清单

设备簇	设备类型	设备名称	SW 版本	是否需要更新 SW	安装日期	是否需要更换	更换时间
路由器	C2951	C1-RT01	15.2	否	2016 年 1 月	是	2021 年 1 月
交换机	WS-C3650-24PS-S	C1-AS01	3.7	是	2017 年 3 月	否	/
交换机	WS-C6509-E	C1-DS01	12.2	/	2014 年 10 月	是	尽快
无线	AIR-CT5508	C1-WS01	8.5	/	2017 年 1 月	是	尽快
…….							

可以参照表 7-1 创建园区网络设备的完整清单，并验证软件版本和硬件平台是否支持思科 DNA 和 IBN。对于每台设备来说，都要确定设备硬件的替换计划（对于非就绪硬件来说）。如果组织机构没有有效的 LCM（LifeCycle Management，生命周期管理），那么就会面临较大的迁移风险，这就需要与适当的干系人共同制定必要的防范措施。如果园区网络存在多个物理站点位置，那么只要在表中增加一列地理位置信息即可，这样就能为每个站点位置的网络创建详细的设备清单。

如果园区的网络规模比较大，那么就可以考虑将表 7-1 中的数据汇总为表 7-2 的形式。

表 7-2 园区网络硬件汇总表

设备簇	设备类型	交换机数量	是否支持 IBN	备注
交换机	WS-C3650-24PS-S	40	有条件	最多支持 3 个虚拟网络[①]
路由器	C2951	2	否	
交换机	WS-C6509-E	3	否	寿命终止
无线	AIR-CAP2602I	200	否	寿命终止
无线	AIR-CT5508	2	否	寿命终止

---

① Catalyst 3650/380 的 IP Base 软件许可最多支持 3 个虚拟网络（或 VRF），运行 IP Services 软件许可的交换机（SKU 的末尾是 E）最多支持 64 个虚拟网络。

可以通过表 7-2 的汇总信息确定网络基础设施向 IBN 迁移的影响。如果需要更换部分交换机设备，那么向 IBN 迁移的某些步骤很可能会出现延迟。主要原因在于，财务管理部门规定了设备投资需要进行多年折旧，这意味着去年的投资至少需要持续使用 2 年或 4 年。虽然确实需要尽快更换这些设备，但这样做就要求组织机构必须能够接受先前投资带来的财务损失。

设备清单应该是一个"动态更新的"文档。只要网络设备出现了替换操作，就应该立即更新该清单。此外，还可以根据设备清单从干系人那里得到战略决策，即是否同意更换硬件（无论是出于故障原因还是正常的生命周期管理原因），而且所有新硬件都必须支持 IBN。

7.3 标准化水平

需要明确的另一个要素就是标准化水平。IBN 的一个原则是，如果要使用预定义配置块（基于 CLI 或模型），那么就需要将应用程序或策略规范推送到网络上。现有园区网络的标准化水平直接影响到园区网络向 IBN 的迁移是否成功。也就是说，如果园区网络没有实现标准化，那么就无法自行执行网络变更并进而启用 IBN；如果园区网络采用标准化组件实现了高度标准化，那么就可以通过自动化机制轻松完成组件的配置操作。

因此，必须从多个维度来确定园区网络的标准化水平。只有标准化网元才能实现自动化，才能在需要意图时部署到网络上。由于园区网络的设计和部署包含了多个组件，因而必须分别确定这些组件的自动化水平。接下来将分别讨论园区网络的各种常见组件。

7.3.1 现有和最新的有线园区网络设计

如果存在适用于所有园区站点位置的通用园区网络设计方案，那么就表明该设计方案的标准化程度非常高，这也意味着每个园区位置的设计方案（及配置）都非常相似。当然，与站点位置或设备密切相关的要素除外，如 IP 地址、主机名以及可能的本地网络功能服务（如 DHCP 和 DNS）。不但要验证园区网络设计方案的可用性，而且还要验证设计方案是否处于最新状态，以及实际部署情况与设计方案是否保持一致。这一点非常重要。

7.3.2 无线网络设计

对于无线设计方案来说也同样如此。无线网络设计方案是否可用？园区网络使用的 SSID 是否一致（最好相同）？设计方案是否包含了访客网络服务和企业无线访问？是否考虑了 IoT 和 BYOD 等其他无线网络？设计方案是否最新？无线网络的部署是否与设计方案一致？是否有其他部署规范（如使用 FlexConnect 或特殊的 VLAN 用例）？这些问题都需要明确。

7.3.3 共享交换机配置

对于常见的园区网络拓扑结构来说，园区交换机通常承担不同的角色和功能，如接入交换机、汇聚交换机、核心交换机。无论是何种园区网络交换机，都可以将配置划分为以下 3 类。

- **特定端口配置**：对于每台交换机来说都是唯一的，但是接入交换机、汇聚交换机和核心交换机之间通常有所差异。
- **三层配置**：包括与 VLAN 相关的所有 IP 配置以及连接核心交换机或 WAN 路由器的必要路由配置。通常在汇聚交换机和核心交换机上进行三层配置。
- **通用（或全局）配置**：包含主机名、生成树配置（如果适用）以及其他二层技术（如 CDP 或 VTP、管理访问控制、Syslog、NTP、启用的服务，控制平面策略等）。所有这些配置对于不同的交换机来说都应该实现高度标准化。实现了交换机通用配置的标准化之后，就能在园区网络中采用自动化的配置模板。

因此，必须确定园区网络中的所有交换机在配置方面的标准化程度。高度标准化的配置能够极大地推动园区网络向 IBN 的迁移，因为 IBN 严重依赖于标准化配置。

7.3.4 接入端口配置

传统园区网络需要逐个配置接入端口。有些企业始终坚持完全关闭未用端口，仅在需要时配置端口，而有些企业则采用默认策略，在默认 VLAN 中配置端口。对于后一种情形来说，可以启用或禁用端口。如果向 IBN 迁移，那么所有接入端口都将拥有相同的端口配置，只有在连接设备已知且可以应用正确的策略（或意图）时才配置特定端口。因此，作为高度标准化的目标来说，建议采用标准化的端口配置（适用于所有端口）。

7.3.5 上行链路标准化

虽然上行链路可以是通用交换机配置的一部分，但是从接入交换机到汇聚交换机的上行链路是否被标准化为单个端口通道？是否使用默认端口通道与本地无线控制器进行通信（如果适用）？上行链路的标准化是衡量园区网络标准化程度的重要度量。如果能将上行链路的配置标准化为 PortChannel1（无论是否由 1、2 或 4 条链路组成），那么就能大大简化故障排查和配置技术（如 IP-Device Tracking）。

7.3.6 不同站点位置的 VLAN 配置一致且相同

VLAN 负责在逻辑上隔离物理网络上的不同设备。如果每个站点位置的 VLAN 编号都是唯一的，那么就意味着 VLAN 分配的自动化水平有限，几乎无法对启用意图的网络进行标准化。但是，如果 VLAN 编号在所有位置上都一致且相同（无论是对连接到网络上的端点、缺省 VLAN 还是管理流量来说），那么在向 IBN 迁移的过程中就会带来巨大的好处。

案例：不同分支机构站点的 VLAN 标准化

SharedService 集团为所有员工都部署了单一 SSID。根据端点的身份信息，VLAN 覆盖功能会将特定端点放到正确的 VLAN 中。

选择单一 SSID 不但能够简化配置，而且还能将广播 SSID 的数量保持在最低水平。

由于单一 SSID 与证书认证组合使用，因而 SharedService 集团能够通过活动目录组策略集中推送无线设置。这就意味着工作站绑定到活动目录上之后，一旦检测到无线 SSID，就可以自动连接无线网络。

这种集中式认证策略具有高度标准化的特点，所有员工都能正常工作。但是，如果员工在不同的办公室之间频繁移动且访问国外办公室，那么设备就无法连接网络。此时，员工可以手动选择无线连接，切换到访客服务，但是短时间之后，无线连接又会丢失。

出现该问题的原因与 VLAN 分配策略及组策略有关。员工工作站认为，由于 SSID 可用，因而认为其位于企业中的某个站点位置，从而拥有所需的连接。但是，当员工移动到某个分支机构之后，由于该站点并未配置该员工的业务部门（VPN），因而在端点成功通过认证之后会被放入一个不存在且无网络连接的 VLAN 中，导致工作站无法连接网络。虽然该员工可以手动选择访客网络，但是一旦工作站再次发现企业 SSID，那么又会自动尝试连接该企业 SSID，导致工作站再次无法收到 IP 地址，进而认为故障与 DHCP 有关。

最终，为了解决这个问题，SharedService 集团决定将所有 VPN 都部署到所有站点上，保证所有员工都能实现移动办公，可以在任何办公室工作。

该案例解释了 VLAN 配置标准化的作用及使用方式。该案例采用了标准的无线网络配置，使得变更操作非常简单。如果使用无线网络的工作站的行为与预期不符，那么就可以采取以下两种解决方案：一种方案是覆盖所有站点位置的 VLAN 编号，该方案的标准化程度较低，产生的网络环境较为复杂；另一种方案是将 VPN 扩展到所有站点位置，以保持无线网络的标准化。该组织机构明智地选择了后者。虽然第一种解决方案也有效，但是存在严重的复杂后果，未来向 IBN 迁移时会存在更大更复杂的挑战。

7.3.7 不同站点位置的配置标准化

最后一项任务就是确定有线和无线网络组件的配置在园区网络范围内的所有站点位置上是否一致。也就是说，不同园区站点位置之间的配置是只有主机名和 IP 地址不同，还是存在更多的差异？

可以将这些组件的自动化等级进行评分，没有标准化（或者不知道）的得 1 分，完全标准化（或确认）的得 5 分。表 7-3 给出了不同组件的标准化评分方法。

表 7-3 标准化水平清单

组件	自动化等级（1~5）
现有园区网络设计方案	
园区网络设计方案的最新性	
园区网络部署与设计方案的一致性	
现有且一致的无线设计	

组件	自动化等级（1~5）
无线设计方案的最新性	
无线部署与设计方案的一致性	
接入端口配置标准化	
上行链路标准化	
不同站点位置的 VLAN 配置一致且相同	
不同站点位置的配置标准化	

虽然上述评分并没有科学或统计上的依据，但确实提供了有效的快速洞察能力，能够快速了解哪些因素可能会给园区网络向 IBN 迁移带来挑战。得分为 4 或更高表示该组件实现了标准化，向 IBN 迁移的时候相对较为容易。

7.4 组织机构成熟度

虽然听起来似乎有些奇怪，但组织机构的成熟度可以反映组织机构实施变革的成功概率。成熟度与组织机构的成立时间无关，主要从人员、流程、技术和文档等方面进行衡量。组织机构的成熟度等级可以为是否以及如何将网络转换为 IBN 提供有效的洞察信息。成熟度等级在抽象层面提供了组织机构的文档记录方式、组织机构的流程使用情况、组织机构实现愿景的方式以及其他洞察信息。

目前存在很多描述组织机构成熟度的框架模型。ISACA 的 COBIT（Control Objectives for Information and related Technologies，信息及相关技术的控制目标）框架为 IT 治理和 IT 管理提供了控制目标。该框架的 COBIT 4.1 版本提供了适用于本阶段的成熟度模型。该模型定义了 5 个成熟度等级，整个控制框架都在使用和参考这些等级。通过这些等级，人们可以很好地了解组织机构的 IT 成熟度。接下来将简要描述这些成熟度等级。

7.4.1 1 级：初始级

该等级下的所有 IT 操作都是基于一事一办的原则采用临时解决方案。如果需要新计算机或交换机，那么只要买到最适合当前任务的计算机就够了——通常就在街角的本地电脑商店中购买。一般来说，1 级组织机构的设备种类繁多，整个 IT 基础设施都没有实现标准化。

7.4.2 2 级：可重复级

到了第 2 级，情况有所改善。此时的 IT 部门不能随意选购交换机或计算机。在供应商和特定的交换机类型上进行了标准化，并开始执行很多重复性的 IT 操作。例如，每台交换机都配置了正确的主机名、IP 地址和一致的 VLAN。因此，如果要更换交换机，那么 IT 部门会采购同一系列的交换机，并根据现网交换机的配置情况对其进行配置。一般来说，2 级组织机构的 IT 部门虽然能够以正确的方式执行重复性任务，但尚缺乏明确的文档约束，对于个人的知识和能力存在很强的依赖性，IT 部门的内部职责也不够清晰。

7.4.3　3 级：已定义级

第 3 级已经用文档方式记录了第 2 级的直观控制方式，IT 基础设施的设计和操作有了一定程度的书面文档。虽然没有完全采用可管理的方法论以及可衡量的办法，但组织机构已经开始识别风险并记录风险，已经定义并记录组织机构的流程和职责。

7.4.4　4 级：可管理级

第 4 级不但定义了 IT 流程，而且还实现了版本控制，并在流程中设置了特定的检查点，以便外部审核员检查程序和流程是否得到正确执行。从 IT 的角度来看，该等级识别、记录并较好地减轻了业务运行风险。

例如，网络基础设施的变更流程包含了质量检查。执行变更操作之前必须得到变更咨询委员会的批准，通过 ISO9001/9002 标准认证的组织机构通常都会采用该程序。与此同时，该等级下的组织机构拥有与 IT 部门相关的愿景和策略，包括供应商策略和生命周期管理。

7.4.5　5 级：优化级

虽然第 4 级提供了风险识别和控制措施以减轻风险，但仍然存在绕开这些程序或控制措施的可能。对于第 5 级来说，如果绕开了规定的控制措施，那么就会发出告警，而且还会建立明确的管理流程，以持续完善风险、缓解措施和程序。该等级的 IT 组织机构能够有效实施内部控制和风险管理机制。

7.4.6　COBIT 框架要点

总之，COBIT 框架提供了与 IT 相关的大量控制措施和要求（如采购、备份、运维等），可以帮助专业人员确定组织机构的成熟度以及实现特定等级的方式。当然，对于向 IBN 迁移来说，并不需要执行完整的 COBIT 审计操作。

不过，IBN（内在地）假定企业已经达到了一定程度的成熟度。例如，已经使用设计文档并制定了技术架构（甚至处于拥有或建立企业架构的过程中），可以将组织机构快速提升到 3 级或 4 级成熟度。

如果企业与网络相关的成熟度还处在 1 级或 2 级，那么迁移到 IBN 的成功概率就会很小。由于缺乏一致的愿景或策略，迁移操作出现反复的风险将会极大。

因此，本阶段的一个重要工作就是客观地判定组织机构的成熟度，并明确在进行技术变革之前是否需要提升成熟度。表 7-4 列出了常见的评价问题以及与之对应的成熟度等级。

表 7-4　评价问题以及对应的成熟度

评价问题	成熟度等级
企业是否采用单一供应商策略实施 IT 采购？	3
如果是，是否有针对园区网络的硬件和软件单一供应商策略（如思科）？	4
是否有某种形式的网络设备和软件生命周期管理机制（除了损坏必须替换之外）？	2-3
是否记录了该生命周期管理机制？	3-4
是否有园区网络文档？	3
文档是否最新且始终保持最新状态？	4
是否记录了变更流程？	3
是否记录了变更操作？	4
是否讨论过可用性问题？	2-3
讨论是否产生了需求和流程？	3-4
组织机构是否拥有 ISO 9001/ISO 9002 认证？	4
是否有可用的 IT 架构？	4
是否遵循该 IT 架构？	4-5
企业是否使用 IT 管理流程，如 ITL、PRINCE2 或其他？	3-4
每个网络管理员都有自己的账户还是使用共享账户？	2-3
是否实施了基于角色的访问控制，还是说每个 IT 员工都是管理员？	3-4
企业是否制定了 IT 如何为企业提供服务并从中受益的策略和愿景？	4

从表 7-4 的答案可以较为准确地判断出组织机构所处的成熟度级别。如果大多数（如果不是全部）问题的答案都是"是"，那么就表明该组织机构处于 3 级和 4 级之间。如果组织机构处于 1 级或 2 级，那么在将园区网络迁移到 IBN 之前，必须首先将组织机构的成熟度提升到 3 级及以上，否则成功迁移到 IBN 的概率将非常低。

7.5　干系人

将园区网络迁移到 IBN 是一项战略决策。一般来说，迁移为支持 IBN 的园区网络不但需要花费大量的时间，而且随着变更操作的不断深入，很可能还会带来额外的成本和中断时间。虽然向 IBN 迁移的愿望可能首先是由网络运维或网络设计团队或 IT 经理发起的，但非常重要的一点就是必须确定能够始终支持这种长期战略的干系人。

干系人指的是组织机构内部对该战略感兴趣或者可能会受到迁移操作影响的所有负责人（或部门）。由于园区网络涉及组织机构的方方面面，因而确定与业务运营、技术、架构（如果适用）和财务相关的干系人极为重要。

需要注意的是，不但要确定干系人，而且还要让他们参与到转型决策当中。应该告诉他们（也最好这么做），核心干系人需要在园区网络的迁移过程中提供强有力的支持。

RACI（Responsible, Accountable，Consultative, Informed，谁负责、谁批准、咨询谁、通知谁）矩阵是登记和记录已确定的组织机构干系人的一种方法。RACI 矩阵通常用于可视化特定任务（或业务流程），明确谁负责执行任务，谁批准（只有一个付全责），谁为任务提供支持（咨询谁），以及需要向谁通知任务的输出结果（通知谁）。该过程可以采用相同的原则来正式和非正式地记录已确定的干系人，在"咨询谁"和"通知谁"列中填写已确定的影响者。表 7-5 提供了 RACI 矩阵示例。

表 7-5　RACI 模型的矩阵示例

任务/流程	谁负责	谁批准	咨询谁	通知谁	备注
IT 部门	IT 团队	CTO	CSO、CFO		
安全	SOC 团队	CSO	CTO		
预算					
硬件采购					需要知道特定干系人是否影响硬件的选择和采购
……					
主要业务流程	……	……			

除了确定干系人之外，还必须向干系人解释为什么要向 IBN 迁移以及如何实现迁移操作。解释为什么大跃进式的迁移操作会失败，以及做出平衡选择的原因。

此外，不能只向干系人解释一次，而应该定期向干系人汇报迁移进展及决策信息。让干系人始终了解决策过程，让他们明白迁移团队确实了解他们的担忧，从而赞同大家所做的努力，进而更有可能参与到迁移过程当中。干系人的参与对于迁移过程的支持来说极其重要，因为迁移过程中很可能会出现难以预料的中断事件，也可能需要在重大迁移操作中提供更多的额外资金。

总之，确定并推动干系人参与迁移过程，有助于迁移过程的顺利推进，确保干系人在迁移过程中始终保持坚定的承诺和积极的参与。

7.6　优先级排序

罗马不是一天建成的，对于本阶段来说也同样如此。目前已经确定了各种信息和挑战，包括组织机构挑战、缺乏支持 IBN 的硬件挑战以及资源挑战等。需要注意的是，不可能同时解决所有挑战，必须对已确定的挑战进行优先级排序。

在确定挑战解决方案的优先级排序时，可能会非常困难，因为优先级很可能会随着时间的推移而发生变化。不过，如果从多个层面（成功概率、承诺、时间和预算）对各种挑战进行度量，那么就能采取有效策略对已确定的挑战进行优先级排序。

确定挑战优先级的第一个度量因素是成功概率。成功概率可以衡量将现有网络迁移为 IBN 的成功可能性。如果已确定的挑战可能会大大降低成功迁移的概率，那么就应该首先解决这些挑战。

确定挑战优先级的第二个度量因素是承诺。如果组织机构缺乏向 IBN 迁移的承诺，那么就无法提供必要的资源、时间或预算。此外，在迁移过程中执行可能影响业务的强制性变更操作时，如果没有必要的承诺，那么就很难获得足够的支持。

确定挑战优先级的第三个方面是时间。这里所说的时间不是解决某项挑战所需的时间，而是解决所有挑战所需的时间。如果没有足够的时间或资源，那么就很难解决其他已经确定的挑战。

最后也很重要的度量因素是预算。可以通过预算来确定是否能够快速解决某些挑战。例如，提前更换硬件或雇用额外的人员可以大幅减轻网络运维团队的工作量。

可以通过上述度量因素对已经确定的挑战进行优先级排序，如表 7-6 所示。

表 7-6 已确定挑战的优先级排序

优先级	已确定的挑战	依据
1	组织机构成熟度低	组织机构的成熟度过低，大部分迁移操作都是一事一办、企业需要首先提升组织机构成熟度，以文档化流程执行迁移操作。该挑战是向 IBN 迁移的巨大风险
2	干系人	并非所有干系人都能认识到 IBN 的好处，对于获得变更操作和其他决策的承诺来说是一个风险
3	网络运维团队的工作量过大	网络运维团队忙于解决故障事件，交换机软件处于非最新状态，所有变更操作都等到最后一分钟执行
4	需要更新网络中的硬件	网络中存在应该报废的硬件，缺乏足够的承诺和预算，无法替换这些硬件设备
5	标准化水平	很多操作都是临时执行的，缺乏统一的设计和指导原则，每个园区站点的配置都是唯一的

7.7　行动计划

第一阶段的最后一步就是将采集到的所有信息都融入到行动计划当中。前期获得的信息除了已确定的挑战之外，还包含了园区网络基础设施和企业的就绪性信息。作为指导手册，行动计划的作用让管理层支持与批准对迁移流程第二阶段所要执行的行动。行动计划是第一阶段的交付成果，应该采取固定的格式编制行动计划，通常应包含以下内容。

7.7.1　管理摘要

行动计划应包含一份管理摘要，简要说明为何要向 IBN 迁移，以及组织机构在 IBN 方面的就绪情况。此外，还要在管理摘要中列出已确定挑战的优先级排序，并提出需要首先采取的行动建议。

如果需要管理层根据已确定的挑战做出决策，那么就要在管理摘要中列出决策事项，以便管理层能够依据足够的信息做出正确决策。管理摘要的篇幅通常为一页（最多两页）左右，包含管理层所要采取的行动建议（决策）。这是一种非常好的可以最大限度节省管理人员时间并做出有效决策的方法。

7.7.2 分析

这部分内容需要提供收集到的各种有用信息，包括组织机构的成熟度、确定的干系人和标准化程度等。在每部分内容的最后，都要在表格中描述已确定的挑战，并提供这些挑战的解决建议。

7.7.3 行动列表

已确定挑战的优先级排序是这部分的主要内容，此时需要根据建议的解决方案以及计划实施解决方案的日期对优先级排序表进行修正。例如，如果某些硬件不支持 IBN，那么解决方案可能是等待生命周期管理流程替换掉老旧设备并自动使网络支持 IBN。如果还有其他已确定的挑战需要推动且能够并行执行，那么这就是一种有效选择。

表 7-7 给出了一个行动列表示例。需要注意的是，行动列表应该尽可能详细，包括所有需要解决的挑战问题。

表 7-7　行动列表格式示例

已确定的挑战	是否就绪	解决建议	计划时间
组织机构成熟度	否	制定文档化流程并确定供应商策略	批准后的 2 个月
可用的网络设计	否	编制设计文档；调整网络以遵循设计方案	3 个月
支持 IBN 的设备	否	替换无线基础设施	1 年

7.7.4 决策列表

如果管理层根据收集到的信息做出了特定决策，那么就要汇总这些决策并归拢到决策列表中。决策列表应提供足够的信息，以允许管理层做出决策，从而能够基于正确的商业案例将网络迁移为 IBN。例如，如果需要在替换园区网络硬件时做出决策，那么组织机构就应该选择支持 IBN 的设备。

7.7.5 预估时间表

这部分行动计划包含了预估的时间表，列出何时可以解决已确定的挑战。

行动计划是第一阶段的最后一步，一旦得到管理层的签署和批准，本阶段即可告一段落。行动计划是向 IBN 迁移的第二阶段将要执行的所有行动的总体规划或指南。

7.8 本章小结

向 IBN 迁移的第一阶段就是收集园区网络和组织机构的状态信息。由于 IBN 基于思科全数字化网络架构，因而 IBN 对园区网络和组织机构提出了很多明确的要求。为了能够将园区网络成功迁移为 IBN，必须理解当前网络与 IBN 的关系以及成功转向 IBN 所要解决的各类挑战。

为此，需要执行多个实施步骤并确定与这些步骤相关联的挑战。

- **日常网络运维挑战**：IBN 是一种园区网络运维方法。向 IBN 迁移主要是网络运维团队的责任。虽然传统做法是由项目团队执行基础设施的变更操作，然后在项目交付时将变更后的网络移交给运维团队。但确实存在运维团队不接受项目移交的风险，原因可能是运维团队太忙或者无法接受新工具或新解决方案。IBN 必须成为网络运维的一部分，为此，运维团队必须有足够的时间和资源执行相应的操作。因此，必须确定日常运维过程中可能阻碍这种迁移操作的挑战问题。
- **园区网络设备清单**：必须列出园区网络中使用的所有网络设备，确定这些设备的硬件和软件是否支持 IBN。
- **标准化水平**：IBN 基于高度自动化水平。只有将园区网络的设计和配置（有线和无线）标准化之后，才能实现自动化。本步骤必须确定标准化水平。
- **组织机构成熟度**：虽然这一点对于技术转型来说似乎有些奇怪，但组织机构的成熟度可以从组织机构的角度来确定是否可以向 IBN 转型。此外，还可以洞悉组织机构在流程、文档和质量方面的成熟程度。IBN 是思科全数字化网络架构的一种网络基础设施，对组织机构的成熟度有明确的期望和要求。
- **干系人**：最后也很重要的一点就是确定干系人。由于向 IBN 迁移会导致配置变更，而且很有可能需要替换硬件，从而产生影响业务运行的变更操作。因此，事先确定干系人并获得他们的支持对于成功迁移来说至关重要。

执行完上述步骤之后，就可以确定各种挑战。由于无法立刻解决所有挑战，因而必须通过优先级排序来确定挑战的解决顺序。优先级的确定可以基于成功概率、承诺、时间和预算等多个层面。

最后，要将所有采集到的数据都融入到行动计划当中。行动计划应该包含收集到的数据、已确定的挑战以及建议解决方案、详细的行动列表、行动列表以及可能需要在管理层面做出的决策列表和管理摘要。从本质上来说，行动计划是第一阶段的交付成果，提供了园区网络当前状态的洞察以及需要解决哪些挑战才能将园区网络迁移为 IBN。行动计划得到管理层的签署和批准之后，就可以在下一个阶段执行该行动计划。

第 8 章

第二阶段：准备意图

第 7 章详细讨论了如何在第一阶段确定向 IBN 成功迁移所面临的挑战并进行优先级排序。本章将详细讨论迁移过程的第二个阶段。

假设第一阶段已成功完成，管理层已经在第一阶段批准了行动计划。管理层的批准对于第二阶段来说非常重要，因为这是引入新技术或新工具的依据，而且还意味着能够对必要的工作流程进行调整。此外，假定运维团队将深度参与第二阶段的所有任务。这一点对于运维团队接受新工作流程或新工具并实现迁移操作来说至关重要。

第二阶段的核心就是要满足所有需求，解决第一阶段确定的所有挑战，并为网络（包括网络运维团队）向 IBN 迁移做好准备。

第二阶段主要实施下列操作步骤：

- 匹配需求；
- 配置标准化；
- 审计实施；
- 自动化。

需要注意的是，不需要按顺序执行上述任务，即便某些任务的优先级可能高于其他任务。本章在讨论特定任务时将详细解释为何某些任务的优先级可能会高于其他任务。

8.1 匹配需求

本阶段最重要的工作之一就是要确保网络基础设施和组织机构都符合园区网络启用意图的需求。如本书第一部分所述，IBN 是思科 DNA 的一种网络基础设施，描述了如何设计和运维网络以应对即将发生（或已经发生）的变化。为此，IBN 提出了很多特定需求。本步骤的核心任务就是要确保满足 IBN 以及向 IBN 迁移的所有需求。可以按照组织机构（流程）和网络（硬件和软件）进行分组。

本步骤可能是第二阶段最复杂的步骤，因为可能需要花费很长的时间才能解决这些变化。虽然也可以并行执行下一个任务，但强烈建议将主要精力放在本任务上，以确保后续任务的执行更加流畅。

8.1.1　组织机构需求

虽然听起来似乎有些奇怪，但满足组织机构的需求却是本阶段最重要的任务之一。IBN 不仅仅是一项技术，更是运维和管理园区网络的方式。根据第一阶段的输出结果，有可能需要替换硬件和软件才能运行意图网络，而这些对于大型企业来说可能需要花费数年的时间才能最终完成。将园区网络向 IBN 迁移与过去向云计算迁移类似，企业必须为此做好必要的准备工作。组织结构必须在本阶段满足以下要求，才能确保成功迁移到 IBN。

1. 组织机构成熟度

第 7 章介绍了组织机构成熟度的基本概念。为了确保迁移操作的成功性，要求组织机构必须具有一定等级的成熟度。否则，即便企业能够以极大的热忱和精力向 IBN 迁移，但只要出现了足够大的迁移压力，企业和/或员工就很可能会退回原点，导致迁移失败（具体内容可参见本书第三部分）。如果企业的成熟度等级至少达到了 3 级（最好在某些方面达到 4 级），那么就意味着企业向 IBN 迁移的失败风险大幅降低，因为企业拥有明确的愿景，包括实现该愿景的策略和承诺。

此外，IBN 的运行方式还要求配置和流程必须实现高度标准化（从本质上来说，每个意图都是一小块可以重复部署到网络上的配置代码）。IBN 要求企业必须拥有相当的成熟度等级才能进行成功迁移。

因此，本阶段最关键也是最重要的任务之一就是确保企业在某些方面的成熟度至少达到 3 级（最好为 4 级）。第一阶段确定了组织机构的当前成熟度，表 8-1 则从本阶段任务的角度，列出了企业必须达到的成熟度等级。

表 8-1　企业必须达到的成熟度等级

方面	成熟度等级	备注
事件管理	3	以书面形式确定的事件管理流程可以在整个事件过程中提供一致的工作流
变更流程	3	必须记录网络内部的变更流程，以增加成功部署 IBN 的概率
灾难恢复和风险管理	3	由于网络通常非常可靠，因而人们常常会忽视灾难恢复和风险管理。不过，如果这方面的成熟度达到了 3 级，那么将有助于企业了解网络重大故障可能带来的风险和影响（同样也有助于企业理解网络不是简单的成本中心，而是业务促进因素）

续表

方面	成熟度等级	备注
生命周期管理	3	生命周期管理描述了组织机构需要在某个时间点替换硬件和/或软件。如果这方面的成熟度为3级，那么在设备出现故障或停止技术支持之前，企业就已经准备好启动硬件和软件替换流程 以书面文档方式记录生命周期管理流程能够更加主动地支持网络部署采用新技术的现代网络设备
设计和配置	3	无论设计、配置和软件映像是否实现了标准化，都必须存在相应的文档，必须拥有相应的IT环境文档，以便实施标准化
供应商和产品选择	4	向IBN迁移可能需要花费很长的时间，需要以书面形式制定一个供应商战略，明确一致性的产品选择，特别是未来的使用以及硬件替换
通用IT愿景和战略	4	IBN可能需要采购新硬件。为未来5年制定一个通用的IT愿景和战略，对于新硬件的采购来说非常有必要，而且还能在迁移期间始终得到管理层的承诺

一般来说，在组织机构内部部署（和支持）变更操作所花费的时间，可能远比实际完成变更操作的技术实施时间更长。例如，从个人经验角度来看，从技术上将企业连接到受信供应商以自动发送采购订单并以电子化方式接收发票，可能只需要两个月时间（实际的链路部署时间可能更少），但组织机构内部各部门的员工可能需要花费一年以上的时间，才可能习惯这种自动化操作，而不再选择传真/邮寄订单或者打电话。

这个案例对于所有变更行为来说都非常常见，可以在组织机构内部可以实施并行操作，以实现更高的成熟度等级。以书面形式记录愿景、战略和程序的变更行为需要时间，让企业员工接受并适应这些变更也需要时间。并行操作能够有效提升整个组织机构的运行效率。

当然，对于严格记录的程序来说，如果程序已成为流程的主导因素，那么就无须过度规定所有细节。应保持书面程序的务实性和可管理性，程序必须始终支持流程，反之亦然。对这些程序采取务实的方法不但能够让组织机构保持足够的精简性和灵活性，而且还能让员工更容易遵循这些程序，从而更快地接受变革。

2. 资源可用性

传统意义上的项目是为组织机构部署变更操作，如升级成新邮件系统或者替换特定分支机构的网络设备。在大多数情况下，项目经理得到的都是有限的项目预算（往往过低）、不得不完成的最后期限以及少量外部资源。当然，项目经理有时也有动力按时交付项目（如奖金或更大的项目）。

项目完成后，经常会存在一些未清项，而运维团队却不得不独自面对这些未清项。此外，运维团队还必须使用交付的新工具来管理这部分网络，还得每天处理这些遗漏问题，而项目团队早已解散，项目经理也转到了下一个项目。

思科DNA旨在推动数字业务的成功，为网络基础设施定义了一种易于理解、适应变化且专业化的设计方案，同时还尽可能地保持标准化。IBN是该架构的一种实现形式，描述了如何维护和管理思科 DNA。从本质上来说，IBN 面向网络运维团队，目的是支持网络运维团队更好地应对当前或未来可能出现的挑战和变革。

此外，IBN 也给运维本身带来了重大变革。可以借助强大的工具能力以一致且可预测的方式执行大量重复性工作，而且扩展性很好。运维团队需要做好这些工具的日常管理与维护，并适应必要的变革。虽然他们不会失业，但日常工作和职责却随着时间的推移而不断变化。

总之，与 IBN 相关的迁移准备和部署工作都与网络运维团队密切相关，最好由网络运维团队亲自执行这些操作。

但不幸的是，运维团队经常处于超负荷工作状态，经常存在工作延迟和事件响应滞后的问题。如果一个人的工作量太大，那么他只会专注于当前必须完成的工作，根本没有时间去考虑如何改变当前工作。

在理想情况下，迁移阶段的所有任务都应该由运维团队亲自执行，这样才能确保运维团队掌握迁移过程的主动权。当然，必须要让运维团队看到，他们所做的变更操作对于团队本身来说确实有益。

因此，必须得到管理层的承诺，允许网络运维团队将有限的资源投向 IBN 迁移操作。对于网络运维团队来说，实现该目标的一种可能性就是为运维团队增加更多的（外部）员工，从而有更多的人分担工作，提高网络运维团队的可用性，进而允许网络运维团队亲自执行迁移过程中的各项任务。

作为可选方式，运维团队也可以选择外部项目团队执行迁移操作，但运维团队必须在项目团队的遴选中拥有（部分）最终决策权，这样才能有利于实现最终的 IBN 迁移目标。

总之，本任务需要解决以下两个组织机构方面的需求。

- 组织机构必须达到一定的成熟度等级，包括书面形式记录的愿景、战略和程序。很显然，组织机构必须在日常运维工作中遵守这些愿景和程序。实现所要求的成熟度等级可能需要花费相当长的时间，必须得到管理层的承诺并逐步改变员工的日常行为。虽然成熟度的提高会以文档方式记录设计方案和各种程序，但绝对不能被这些文档所主导，而应该采取务实有效的方法，以小步走的方式逐步达到期望的成熟度等级。

- 与其让外部项目团队执行迁移任务，导致网络运维团队与迁移过程完全分离，还不如让网络运维团队深度参与（最好是完全参与）向 IBN 迁移的各个项目和任务。

8.1.2 网络基础设施需求

由于 IBN 基于思科 DNA，因而匹配需求的另一项重要任务就是必须满足 IBN 的硬件和软件需求。思科 DNA 对网络基础设施设备的硬件和软件提出了很多要求。例如，并非所有网络设备都能运行虚拟网络功能或者支持 VRF（Virtual Routing and Forwarding，虚拟路由和转发），从而在 IP 层上隔离逻辑网络。本任务基于第一阶段输出的硬件和软件清单，要求所有用于 IBN 的网络设备都必须满足 IBN 的需求。

第一阶段生成了两个与本任务相关的表格，如表 8-2 和表 8-3 所示。

表 8-2 已安装的硬件和软件清单

设备簇	设备类型	设备名称	SW 版本	是否需要更新 SW	安装日期	是否需要更换	更换时间
路由器	C2951	C1-RT01	15.2	否	2016 年 1 月	是	2021 年 1 月
交换机	WS-C3650-24PS-S	C1-AS01	3.7	是	2017 年 3 月	否	/
交换机	WS-C6509-E	C1-DS01	12.2	/	2014 年 10 月	是	尽快
无线	AIR-CT5508	C1-WS01	8.5	/	2017 年 1 月	是	尽快
......							

表 8-3 园区网络硬件汇总表

设备簇	设备类型	交换机数量	是否支持 IBN	备注
交换机	WS-C3650-24PS-S	40	有条件	最多支持 3 个虚拟网络[①]
路由器	C2951	2	否	
交换机	WS-C6509-E	3	否	寿命终止
无线	AIR-CAP2602I	200	否	寿命终止
无线	AIR-CT5508	2	否	寿命终止

这两张表格的内容决定了本任务需要执行的具体操作。如果所有硬件均已就绪，只是尚未运行正确的软件，那么就需要制定软件升级计划，将设备升级到支持 IBN 的软件版本。如 MDT（Model-Driven Telemetry，模型驱动遥测）功能需要 IOS-XE 版本 16.6 或更高版本。需要注意的是，需要与物理运维团队密切合作，共同制定升级计划。

但现实情况是，除了软件升级之外，还可能需要替换硬件，包括交换机或无线控制器（甚至包括 AP）。此时，就要将升级计划与投资计划结合在一起。

投资计划应该简明扼要，必须根据可用预算、可用资源、设备状态（安装日期、寿命终止日期）和影响情况来安排事项的优先级。例如，替换思科 WLC（Wireless LAN Controller，无线 LAN 控制器）5508 的优先级应该高于用思科 Catalyst 9300 交换机替换思科 Catalyst 3650 交换机。因为 WLC 5508 的寿命已经终止，无法得到任何技术支持保证，而 Catalyst 3650 交换机已在一定程度上支持 IBN，在初始向 IBN 迁移的时候仍然可以使用 3650 交换机。替换必要的硬件和升级软件的任务可能需要花费数年的时间，因为投资成本很可能会超出年度允许的最大 IT 预算。同样，组织机构的财务管理制度可能规定，硬件必须在财务上注销之后，才能执行替换操作。因此，必须定义一个详细的投资计划，包括所有需要替换的硬件设备。投资计划是否跨年度，取决于设备的折旧价值、可用的 IT 预算、需要替换的设备数量、不同分支机构站点的情况以及可用的资源等因素。如果投资计划跨越多个年度，那么最重要

[①] Catalyst 3650/380 的 IP Base 软件许可最多支持 3 个虚拟网络（或 VRF），运行 IP Services 软件许可的交换机（SKU 的末尾是 E）最多支持 64 个虚拟网络。

的事情就是获得管理层对这些年度预算的承诺与批准，从而确保迁移过程顺利实施。

如果本任务跨越多个年度且组织机构的成熟度水平已接近最低要求，那么就可以将本任务与后续任务及下一阶段操作结合起来。

案例：生命周期管理的重要性

SharedService 集团的网络设备遍布全球多个站点，但是由于现有网络源于企业并购，因而有些站点的设备已经支持 IBN，而大多数站点的设备还不支持 IBN。虽然 SharedService 集团没有正式的生命周期管理流程，但是一直都在使用 ITIL 流程进行事件管理，并对事件管理进行了标准化。在盘点了现有设备并与 IBN 的需求进行比对之后，发现有些独立的分支机构已经能够向 IBN 迁移，其他分支机构则还需要进一步替换硬件设备，因为这些分支机构仍在使用一些已经达到报废期的网络设备。

因此，SharedService 集团制定了一项升级计划，在所有拥有老旧硬件的分支机构执行生命周期管理。升级计划既考虑设备的使用寿命终止/技术支持终止状态，也考虑设备的管理状态。

有了适当的预算之后，该升级计划得以确立。管理层与运维部门建立了密切协作机制，决定不但要执行物理硬件替换操作，而且还要全面记录生命周期管理流程，以确保运维团队能够在执行完本计划之后继续采用相同的方法执行后续操作。

此外，管理层还决定，对于已经做好 IBN 迁移准备的分支机构来说，可以与本升级计划并行实施本阶段的后续任务及后续阶段的其他任务。只要站点做好了物理层面的 IBN 准备，就能立即收到最新的设备配置并向 IBN 迁移。

需要注意的是，如果希望在执行本升级计划的同时，能够同时在部分分支机构并行执行 IBN 迁移操作，则需要满足一个前提条件，那就是 SharedService 集团的成熟度必须达到一定的等级，而且得到管理层的坚定承诺。

从本例可以看出，可以并行执行多项任务甚至多个阶段，但企业必须达到最起码的成熟度等级，且拥有足够的承诺和可用资源。否则，建议尽可能按照阶段顺序执行各项任务。

如果企业没有生命周期管理流程，那么就可以将升级计划与投资计划及多种流程结合起来，创建和开发企业的生命周期管理流程。这一点非常必要，因为该项工作能够有效提升企业在生命周期管理方面的成熟度等级。

生命周期管理流程描述了产品和服务的全生命周期管理，从生命周期的开始到生命周期的结束。生命周期管理对于制造企业来说非常常见，也适用于 IT 领域。图 8-1 给出了一个常见的生命周期管理流程状态图。

该状态图基于 IT 领域的一些常见规则，显示了设备在生命周期管理过程中的"生命周期"状态。

一般来说，每款 IT 产品都包含了硬件和软件，如电话、笔记本电脑、交换机或路由器，供应商会同时提供硬件和软件支持。在某个时间点，软件可能会达到使用寿命，供应商不再提供该软件版本的技术支持。此时，软件状态就从"支持中"切换为"需要升级软件"。升级软件之后，状态将再次回到"支持中"。

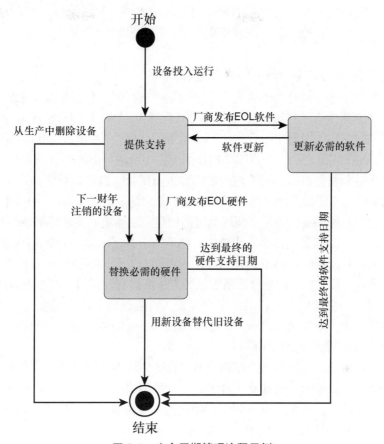

图 8-1　生命周期管理流程示例

同样，如果供应商宣布特定设备硬件的寿命终止，那么该设备的状态将切换为"需要替换硬件"。如果超出了支持日期，那么设备的生命周期就将终止，因为供应商不再支持该设备。

与此同时，企业的财务管理制度通常会规定，超出一定货币价值的投资必须经过数年时间才允许报废。也就是说，与投资相关的成本要在 5 年内均摊，而不能全部摊到一年之内。如果达到报废期的设备仍在运行当中，那么该设备的支持状态将会变成"需要替换硬件"。

虽然本任务的目的只是为运行 IBN 的设备匹配必要的需求，但是，将本例的状态图与任务结果结合在一起，有助于组织机构定义和实施生命周期管理流程。

8.2　园区配置标准化

从配置角度分析了意图网络的所有层级和功能之后，就可以将所请求的意图转换为一个个配置块，然后再通过自动化工具推送给所需的网络设备。也就是说，对于 IBN 来说，园区网络是由标准化配置为基础构成的，后续可以根据需要向该基础动态增删指定意图或目的。为了确保成功迁移到 IBN，园区中的网络基础设施设备必须实现配置的标准化。

本步骤旨在将传统以端口为中心的交换机配置模式转换为以策略为中心的配置模式，使得园区网络中的交换机和控制器的配置实现高度标准化和模板化。

8.2.1 以端口为中心向以策略为中心迁移

当前的园区网络通常都是为连接在端口上的端点进行静态和指定端口配置，将端口配置为特定角色（如 IP 摄像头或打印机），以静态方式配置 VLAN，同时还会配置一些安全功能特性。如果打印机的安装位置出现了变化，那么运维团队就会按照原有端口的配置信息重新配置新接入端口。测试完成之后，会将旧端口从旧配置中清除（但并非总是如此）。当然，这种变更操作通常还需要调整打印机安装位置的工作人员配合。这种运维方法通常需要耗费大量的精力和协调工作，速度很慢。这种园区网络配置方式就是完全以端口为中心的配置模式。

园区网络的另一种发展趋势是在园区范围内创建完全隔离的功能性网络。如果 IP 摄像头需要网络，那么就为 IP 摄像头部署一个单独的物理网络，所有端口都围绕 IP 摄像头进行静态配置，不允许出现其他类型的端点。虽然打印机可能与办公网共享，但其他类型的端点（如传感器或物流设施）都有自己的物理网络。这种方法虽然有效，但也存在很多约束和限制。

一方面，每个网络都要有自己的汇聚交换机（可能还要有接入交换机），这不但增加了安装成本，而且还增加了网络管理成本。也就是说，此时需要单独管理每一个网络，而不再是管理满足分支机构所有功能需求的单一园区网络。

其次，如果要在指定位置引入新网络，那么就得为该需求创建一个完整的新网络并添加到 WAN 路由器上，从而形成极其复杂且难以管理的网络。

第三，以前面的案例为例，重新调整打印机的安装位置之后，虽然不需要变更配置，但是必须将跳线从一台交换机调整到另一台交换机。

总之，这两种园区网络设计模式的扩展性都较差，本质上都是以端口为中心的配置模式。没有任何形式的标准化，注定不会成功，也将无法作为意图网络运行。

不过，在过去的十多年里，越来越多的园区网络采用了 IEEE 802.1x 网络访问控制标准，引入了网络访问控制机制。

IEEE 802.1x 标准可以为有线或无线网络提供网络访问控制能力，它由多个组件和协议组成。图 8-2 给出了 IEEE 802.1x 的组件示意图。

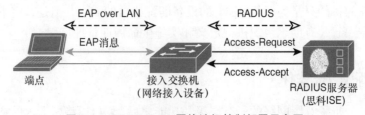

图 8-2　IEEE 802.1x 网络访问控制部署示意图

有关 IEEE 802.1x 协议的详细内容请参阅附录 A。交换机会尝试与端点建立认证会话，并充当集中式策略服务器（使用 RADIUS 协议）的代理。由 RADIUS 服务器提供认证（哪台设备或用户正在连接网络）、授权（允许在网络上执行什么操作）和审记（设备做了什么）功能。

可以在 RADIUS 服务器上定义多种授权规则，这些授权规则的结果在发送给交换机的 Radius-Accept 响应消息中作为 RADIUS 属性添加。这种授权机制的强大之处在于能够在会话持续时间内为指定端点动态分配 VLAN。思科通过 Identity Based Network Services 2.0（基于身份的网络服务 2.0）模型为这些授权规则提供部署指南。

也就是说，如果思科交换机收到了 VLAN 分配信息（通过 Vendor-Specific-Radius 属性），那么就会用从 RADIUS 服务器收到的 VLAN 信息覆盖接入端口上配置的 VLAN，从而将端点放到指定逻辑网络中。该功能特性能够删除交换机以端口为中心的 VLAN 分配结果，转由集中式策略服务器分配。如果对每个 VLAN 都执行了该转换操作，那么就可以将以端口为中心的园区网络配置模式迁移为策略服务器配置模式。

思科通过 ISE（Identity Services Engine，身份服务引擎）解决方案提供该功能。有关如何将 RADIUS 服务器引入园区网络以及如何利用 VLAN 分配功能实现接入端口配置标准化的详细内容，请参阅 *Cisco ISE for BYOD and Secure Unified Access* 一书。

如果组织机构没有使用网络访问控制服务器，那么本步骤的首要任务就是将该功能引入园区网络。引入该功能并不是简单的 "Next-Next-Finish"（下一步→下一步→完成）操作即可完成，而要分阶段逐步推进，需要组织机构内部所有团队进行密切协作，因为网络访问控制机制涉及所有部门（工作站、打印机、服务器、计算、网络）。

注：Next-Next-Finish 方法与用户安装应用程序的过程相似，即首先启动安装程序，然后多次单击"下一步"，最后单击"完成"即可完成安装过程。前提是这个应用程序确实可以安装，而且几乎不需要任何配置即可正常工作。

虽然 IBN 也非常关注安全性，但是如果企业没有配置网络访问控制服务器，那么也可以先使用策略分配功能向以策略为中心的部署模式迁移，后续再部署 IEEE 802.1x 访问控制机制。

案例：从以端口为中心向以策略为中心的设计模式迁移

LogiServ 公司为园区网络中 30 个站点的大约 250 名员工提供网络和 IT 服务。除了两个较大的园区站点以外，其余站点均由一台接入交换机和一台接入路由器提供服务。接入路由器通常使用子接口为每个分支机构站点提供三层访问，仅在使用多台接入交换机的情况下（如仓储网络当中），才将三层终结在汇聚交换机上。传统方式上，如果需要将新站点添加到网络中，那么就会从 IP 地址规划中选择一个 IP 网络，为路由器配置适当的 IP 地址空间，并为该站点/企业配置新的接入 VLAN。实际上，接入交换机的配置方式是从最近配置的站点当中复制过来加以手工启动。虽然站点位置可能会经常变化，但不可能每天或每周都变，因而使用自动化工具自动更改网络配置的需求并不强烈，网络仍然按照以端口为中心进行配置。

后来，随着分支机构站点数量的快速增加，员工在不同位置之间的移动性也不断增多，导致企业对标准化配置的需求也不断增加。目的是让漫游员工更加方便，而且不需要运维团队执行任何网络基础设施变更操作。

但不幸的是，企业并没有部署思科 ISE 的预算。首先，本案例关注的主要是自动化能力，而不是安全性。其次，并非所有端点都支持 IEEE 802.1x 标准，因而网络中使用了不同的网络访问控制机制。

由于本案例的目的是迁移到以策略为中心的网络配置模式，而不是安全性，因而可以使用设备的 MAC 地址来标识设备，并分配适当的 VLAN 作为对网络交换机的授权。只有特殊端点（如 AP、IP 摄像头和打印机）才需要分配 VLAN。幸运的是，这些设备的 VLAN 编号在所有分支机构站点都相同。

LogiServ 公司在网络中部署了一种开源 RADIUS 服务器设备 PacketFence，定义了多个组（角色），而且每个组都有自己的 VLAN 值。

将 MAC 地址导入 PacketFence 数据库并在交换机上启用支持 MAC 认证旁路功能的 802.1x 之后，就可以自动为每台设备分配 VLAN。

LogiServ 公司决定开始对网络配置进行标准化，如果设备需要特殊 VLAN，那么就根据该设备的 MAC 地址分配 VLAN。可以看出，这里需要付出的额外工作就是注册所有设备的 MAC 地址，当然，需要与目前的手动工作相权衡。

PacketFence 能够提供必要的功能，在所有交换机上创建默认的接入端口配置，并根据需要由 PacketFence 覆盖这些默认 VLAN 信息。

接入端口的配置标准化能够极大地提高交换机配置的标准化水平，对于自动化以及向 IBN 迁移来说作用显著。

思科 ISE 也具备相似的功能，可以将园区网络配置方式从以端口为中心转换为以策略为中心。对于意图网络来说，首选部署思科 ISE，因为思科 DNA Center 能够与 ISE 相集成。集成的要求是 ISE 2.3 或更高版本（截至本书写作之时，ISE 2.4 是长期支持的稳定版本）。

如果园区网络已经部署了网络访问控制服务器，那么就可以通过该服务器动态分配 VLAN，从而实现园区网络接入端口的配置标准化。

8.2.2 VLAN 编号标准化

完成上个任务之后，园区网络设备的配置方式就可以从静态端口配置方式迁移为以策略为中心的配置方式。这种变化的内在特性在于，对于同一个角色来说，VLAN 编号在园区网络中必须保持一致。

为网络中的每项功能使用相同的 VLAN ID 极其重要（而且具备很好的扩展性和便利

性）。这样一来，RADIUS 服务器的授权策略就与位置无关，从而具备更好的扩展性。例如，AP 始终连接 VLAN 2001，管理层始终连接 VLAN 981，工作站始终连接 VLAN 100 等。

该任务的目的是识别 VLAN 用法的不匹配性，进而在园区网络范围内实现 VLAN 编号的标准化。

本任务的复杂性取决于组织机构园区网络的多样性和演进方向。通常可以通过下列步骤完成本任务。

■ **步骤 1. 确定园区网络使用的所有 VLAN。**

创建一个表格，列出园区网络中所有站点使用的 VLAN 编号，记录每个 VLAN 都用于哪些类型的设备或哪组设备。如果知道因某种原因而导致某些端点位于固定的 VLAN 中，那么也必须记录下来。此外，还要记录将园区站点连接到外部 WAN 提供商的 VLAN，因为这些 VLAN 也可以标准化。

■ **步骤 2. 设置统一的 VLAN 编号规划。**

与 IP 地址规划一样，可以根据步骤 1 得到的结果，创建统一的 VLAN 编号规划。核心需求是每组设备（无论位于何处）的 VLAN 编号都必须相同。

■ **步骤 3. 定义差距/迁移项目。**

本步骤需要为每个站点创建一份旧 VLAN 编号和新 VLAN 编号列表，可以提供给每个分支机构站点的迁移项目（包括相应的变更流程）。

需要特别注意的是，引入了标准化的 VLAN 编号之后，VLAN 在整个园区网络范围内的所有站点都可用。这意味着所有 VLAN 都需要拥有跨 WAN 的 IP 连接，因而也可以利用本步骤引入必要的 IP 网络。

如果将设备放到某个站点的 VLAN 中，而该站点没有任何 IP 连接，那么该设备也将无法访问任何资源，从而引发故障事件。

从外，还要考虑在什么时间执行变更操作。如果正在通过将要删除的旧 VLAN 部署配置变更操作，那么就要避免变更期间该 VLAN 被锁定。最后，还要分析改变 VLAN 编号所带来的可能影响，必须尽可能地将影响降至最低。

■ **步骤 4. 实施项目。**

最后一步就是执行步骤 3 定义的变更流程。但不幸的是，由于二层网络已经出现了变化，因而变更操作不可避免地会给最终用户的服务带来较大影响。项目实施的内容之一就是要验证新 VLAN 规划是否得到成功部署，从而在整个园区网络内实现一致的 VLAN 规划。

完成上述步骤之后，园区网络使用的 VLAN 编号就实现了标准化，而且指定端点将始终位于同一个 VLAN 中。

8.2.3 配置标准化

本任务的前述工作主要集中在从以端口为中心的配置模式迁移到以策略为中心的配置模式。VLAN 由集中式 RADIUS 服务器提供的策略进行分配，而且 VLAN 编号在整个园区范围内都实现了标准化。思科交换机的配置主要包括全局配置和特定接口配置，如接入端口或上行链路。本步骤的目的是对园区网络中的常见网络基础设施设备的全局配置进行标准化。

1. 接入交换机

大多数园区网络的接入交换机都被配置为二层交换机，拥有单个管理 IP 地址。端点连接在接入交换机上，利用 VLAN 在逻辑上隔离广播域并将流量转发给汇聚交换机。因此，接入交换机非常适合在所有园区站点实现配置标准化，包括生成树、SISF（Switch Integrated Security Feature，交换机集成式安全功能）、IEEE 802.1x 的 RADIUS 配置以及 VLAN 编号等在内的配置对于接入交换机来说都是相同的，不同的只是接入交换机的管理 IP 地址、交换机名称和域名。因此，接入交换机非常适合用来定义第一个标准化的配置模板。模板创建之后，就可以在所有园区接入交换机上部署该模板，以实现接入交换机的配置标准化。

> 注：这里所说的模板指的是一段思科 CLI 命令，所有细节均被定义为变量，可以在部署模板时由操作人员输入。例 8-1 所示的代码就是一个可以用于 Prime Infrastructure、思科 DNA Center 和思科 APIC-EM 的模板，其作用是配置 NTP 和 Syslog。

例 8-1　配置 NTP 和 Syslog 的模板

```
ntp source $mgmtVLAN
ntp server $ntp6Server
ntp server $ntp4Server
ntp update-calendar
clock timezone CET 1 0
clock summer-time CEST recurring last Sun Mar 2:00 last Sun Oct 3:00
logging trap warnings
logging origin-id hostname
logging source-interface $mgmtVLAN
logging host $syslogHost
```

> 请注意，名称前面的符号$表示特殊变量。部署模板时，系统会要求操作人员为模板中的所有变量输入适当的值。变量$mgmtVLAN描述的是管理 VLAN ID。部署到特定设备上之后，思科 DNA Center 就会记住这些变量。

2. 汇聚交换机

园区网络中的汇聚交换机通常提供到不同 VLAN 的 IP 连接，所有端点都连接在这些 VLAN 中。汇聚交换机的配置取决于分支机构站点的规模（连接了多少台接入交换机）。不过，也可以通过模板完成汇聚交换机的大部分全局配置，包括 IP 编址、生成树配置以及安全特性（如管理访问）等。理想情况下，每台汇聚交换机都有一组相同的基本模板和一个特殊模板，由特殊模板定义汇聚交换机针对特定分支机构站点的特殊配置。

3. 无线网络

无线网络比有线网络复杂得多，主要原因在于 RF（Radio Frequency，射频）频谱是动态的，而且每个客户端的行为也不尽相同。由于 VLAN 已经在整个园区网络中实现了标准化，因而接下来可以对本地控制器的部分无线设置进行标准化，如向外广播的 SSID、使用的 VLAN 以及安全配置等。与位置相关的唯一动态配置就是 RF 配置。思科 Prime Infrastructure 和 DNA Center 等工具在为无线控制器创建和部署模板以实现无线网络配置标准化方面表现出色。

本步骤结束之后，就可以用一组最少的模板集来配置园区网络中的所有交换机和无线控制器，从而实现全局配置的标准化和协同化。建议为所有接入交换机都使用相同的配置模板，仅保持 IP 地址和交换机名称不同。

汇聚交换机显得稍微复杂一些，但是也可以在端口通道号以及其他全局配置方面进行标准化。

到目前为止，所有 VLAN 对于园区网络的所有站点来说均已可用，且由集中式策略服务器根据端点的身份分配适当的 VLAN。此时的园区网络配置已经为意图网络做好了准备。

8.3 引入审计/可见性工具

对于大多数企业来说，IT 环境的重大变更（无论是部署新应用、替换硬件，还是升级软件）通常都以项目方式开展的。由于运维团队基本上都处于超负荷工作状态，无法提供足够的资源来支持项目并与项目保持积极联系，因而这些项目通常都会借助外部资源。

因此，如果项目出现了问题（如新硬件需要使用特殊的管理工具，或者应用程序无法按预期方式工作），那么项目团队就会根据项目需求及完工日期做出决策。这使得常常难以监督项目完成后这些决策对后续运维团队的影响。

因此，项目交接后，运维团队将不得不面对这些决策（包括遗留问题），需要在不受控的情况下执行运维操作。此外，由于运维团队开始忙于运维工作，很可能不会使用新工具。随着时间的推移，运维团队就会对这些新项目感到恼火。

为了改变这种思维和行为方式，项目团队和运维团队之间必须建立良好的协作关系，需要为项目完成后的日常维护管理负责。这种协作会占用运维团队的一定时间，因而需要运维团队在日常运维工作中留出这些时间。

IBN 的网络分析组件旨在为运维团队的日常工作提供主动支持，以减轻运维团队的时间压力，使得团队能够应对更多的联网设备和日益复杂的网络环境。除了需要将网络设备的相关信息发送给分析组件之外，分析组件本身对园区网络的管理方式并没有任何直接影响。

因此，分析组件是一种完美的解决方案，可以在故障排查期间提供智能化支持能力，大幅减轻运维团队的工作量。思科 DNA Center（DNAC）解决方案的 Assurance（审计）组件是将分析功能引入运维团队的绝佳机会。

案例：DNA Center Assurance 助力故障排查操作

SharedService 集团为最终用户提供无线连接服务，在大型办公场所采用基于本地控制器的本地分流模式。在某个时间点，收到用户报告，声称某个办公场所的无线网络出现了问题。SharedService 集团在向 IBN 迁移的过程中，为很多无线场所启用了思科 DNAC Assurance。思科 DNAC Assurance 通过客户端的运行状态评分，确认当前有大量无线客户端无法连接网络或失去了网络连接，如图 8-3 所示。

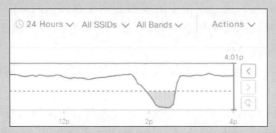

图 8-3   与无线故障相关的思科 DNAC 仪表盘屏幕截图

此时，操作人员可以立即对该时间点的相关网络状态进行故障排查。不过，除了人工分析之外，思科 DNAC Assurance 还可以通过机器智能将数据与大量已知故障相关联，从而主动支撑运维团队根据网络的配置和行为状态来定义未决问题。对于本例来说，可以创建一个未决问题列表。图 8-4 所示为思科 DNAC Assurance 提供的问题列表。

Top 10 Issues	Jan 03, 2019 12:01 pm to Jan 04, 2019 12:01 pm
P2	Onboarding Wireless clients failed to connect (WLC: HQ-WLC-01) - WLC configuration error Total occurrences: 5
P3	Onboarding Wireless clients failed to connect (Site: Global/ Total occurrences: 10

图 8-4   未决问题列表

如果操作人员需要深入研究未决问题，那么 DNAC Assurance 就会将与该问题相关的所有信息都显示给操作人员。操作人员可以快速查看受影响的用户数量以及可能的原因，如图 8-5 所示。由于 DNAC Assurance 对故障数据进行了智能关联，因而能够将故障发生期间的所有信息都显示给操作人员，如图 8-6 所示。此外，为了更有效地解决故障问题，DNAC Assurance 还提供了对应的建议操作，如图 8-7 所示。

图 8-4 显示了思科 DNAC Assurance 创建的未决问题列表，故障原因是无线客户端未通过身份认证。此时，操作人员可以快速深入分析该未决问题，检查是否发生了配置变更，以及认证服务器是否存在问题。如果都不是，那么操作人员就可以执行步骤 2，即验证控制器与 RADIUS 服务器之间的路径。很明显，去往广域网的上行链路（不在思科 DNAC Assurance 监控范围内）出现了故障，从而产生了上述用户无线故障报告。重置该上行链路即可解决故障问题。

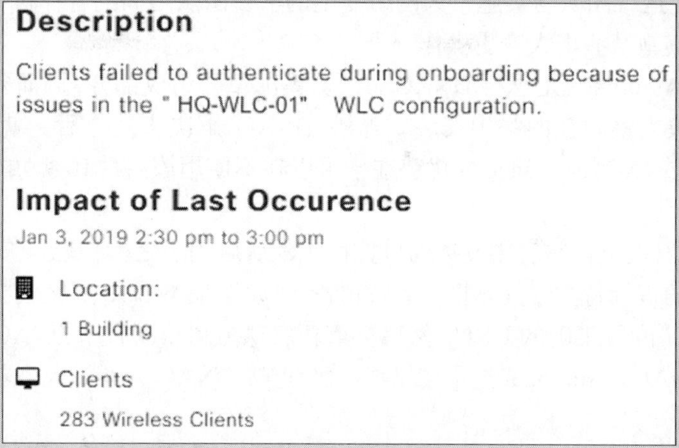

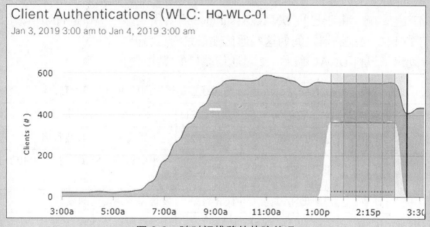

Description
Clients failed to authenticate during onboarding because of issues in the " HQ-WLC-01" WLC configuration.
Impact of Last Occurence
Jan 3, 2019 2:30 pm to 3:00 pm
Location:
1 Building
Clients
283 Wireless Clients

图 8-5 未决问题的概要说明及影响

Client Authentications (WLC: HQ-WLC-01)
Jan 3, 2019 3:00 am to Jan 4, 2019 3:00 am
600
400
200
0
Clients (#)
3:00a
5:00a
7:00a
9:00a
11:00a
1:00p
2:15p

图 8-6 随时间推移的故障状况

Suggested Actions (3)
1 Verify if an AAA server is configured on the WLC "HQ-WLC-01".
2 Verify if the AAA server associated to the WLAN exists, and is operational and reachable

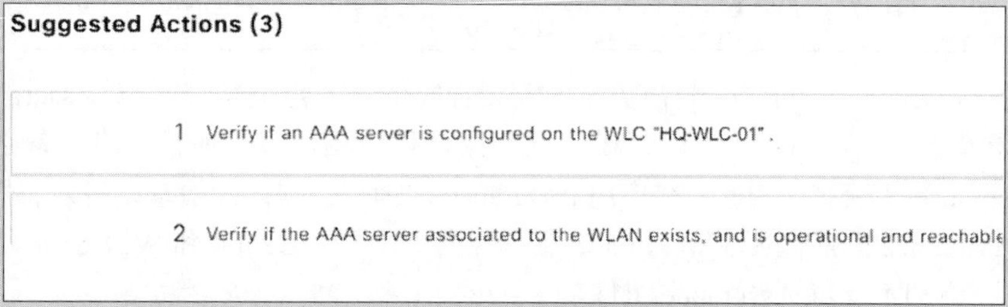

图 8-7 建议的故障解决措施

从本例可以看出，最初报告的无线网络中断问题并不是实际的故障根源，实际原因是控制器无法连接认证服务器。虽然思科 DNAC Assurance 认为 WLC 的配置有问题，但数据的关联关系帮助运维团队迅速定位了故障根源。提高故障定位速度能够大大降低运维团队的工作量，从而提高了运维团队与实施重大网络变更的项目团队之间的合作机会，甚至有可能推动运维团队亲自实施某些重大变更操作。

思科 DNAC Assurance 是思科 DNAC 解决方案的重要组成部分，因而要求在网络中安装思科 DNAC 解决方案。在网络中安装了思科 DNAC 解决方案之后，就可以启用 DNAC Assurance。思科 DNAC Assurance 的优势在于可以在不使用该组件其他功能特性的情况下启用该组件。

思科 DNAC 发现设备并启用设备的可控性（默认启用）之后，思科 DNAC 就会为该设备配置某种形式的审计特性（具体将在后续讨论）。如果是 WLC，那么就会在控制器上安装思科 DNAC 证书，配置正确的 URL，然后再重新启动控制器以启用 DNAC Assurance。在控制器上启用了 DNAC Assurance 之后，控制器就会连接 DNAC 并通过模型驱动遥测机制将数据发送给控制器。

需要注意的是，虽然思科 DNAC 不会轮询或订阅控制器，但控制器实际上是连接在思科 DNAC Assurance 上的客户端。这一点可能会对网络上部署的限制网络设备访问管理工具的网络策略产生影响。由于思科 DNAC Assurance 需要用到多个端口进行通信，因而需要事先检查思科 DNAC 与控制器之间的这些通信端口是否已打开。

表 8-4 列出了思科 DNAC 版本 1.2 对通信端口的需求。

表 8-4　DNAC Assurance 与无线控制器之间使用的端口信息

源端	源端口	目的端	目的端口	描述
WLC	任意	思科 DNAC	TCP 32222	用于思科 DNAC 发现设备
WLC	任意	思科 DNAC	UDP 162	用于向思科 DNAC 发送 SNMP Trap（自陷）消息
WLC	任意	思科 DNAC	TCP 443	发送模型驱动遥测数据
WLC/思科 DNAC	ICMP	WLC/思科 DNAC	ICMP	用于检查可达性
思科 DNAC	任意	WLC	TCP 22 UDP 161	用于发送思科 DNAC 提供的配置信息

使用思科 DNAC Assurance 解决方案时需要注意的另一点就是，DNAC Assurance 基于大数据和机器智能。思科 DNAC 的规模必须与网络环境相适应，而且网络设备必须与思科 DNAC Assurance 相兼容。因此，在启用 Assurance 之前，必须详细检查设备兼容性列表。例如，启用 Assurance 的最低要求是 AireOS 版本 8.5，思科 WLC2504 和 WLC5508 虽然可以运行版本 8.5，但却不支持 Assurance 组件。

本步骤引入了思科 DNA Center Assurance 以减少运维团队的工作量。本节的案例建议组织机构选择思科 DNA Center 解决方案作为向 IBN 迁移的工具。如果组织机构没有选择 DNA Center，那么也可以使用其他可见性工具，但这些工具必须能够为运维团队的故障排查操作提供主动支持。如此一来，就可以在园区网络内部引入分析组件，从而大幅降低网络运维团队的工作量。

8.4 引入自动化工具

如果运维团队尚未使用自动化工具，那么这将是另一个能够大大降低运维团队工作量的机会点，而且自动化工具还能让网络运维团队获得更大的自信心。由于 IBN 严重依赖于自动化工具，因而运维团队也必须开始依赖（从而信任）自动化工具。如果已经使用了自动化工具，那么就可以通过本步骤提高自动化工具的使用率。由于本步骤旨在引入自动化工具并赢得运维团队的信任，因而推动运维团队更多地参与决策过程就显得极为必要。他们需要安排足够的时间去学习如何使用自动化工具，并减少因使用自动化工具而导致对自身失业的恐惧和担忧（有关这方面的详细内容请参阅本书第三部分）。

通过搜索引擎了解当前最成功的自动化工具之前，最明智的做法是首先对需求进行快速分析，包括上一阶段的行动计划和优先级排序，以确定哪种工具最适合企业的当前迁移阶段。

根据组织机构的具体情况，在向 IBN 迁移的过程中可以考虑使用两种自动化工具。例如，如果需要替换大量网络设备，那么就可以首先选择当前已经可用的自动化工具（如思科 Prime Infrastructure、思科 APIC-EM 或 RedHat Ansible），然后再迁移到思科 DNA Center 解决方案。如果是其他场景，也可以按照类似的权衡原则做出类似的决策。

选择（或者重新使用）了自动化工具之后，就可以在很多操作中享受自动化工具带来的便利性。

8.4.1 Day-n 操作

通过自动化功能减轻网络维护工作量的一个重要方面就是 Day-n 操作。交换机升级是一项很容易被运维团队忽略的维护任务，因为这类升级操作通常极为繁琐。例如，可能需要将 200 多台交换机升级到最新的软件版本。

自动化工具可以为这类任务提供很好的解决方案，同时也为运维团队提供了一个很好的熟悉自动化工具的机会。思科 Prime Infrastructure 和思科 DNA Center 都能执行自动化的软件升级操作，称为 SWIM（SoftWare Image Management，软件映像管理）。虽然思科 DNA Center 的软件映像管理流程与 Prime Infrastructure 略有不同，但两者的概念基本相似。

图 8-8 给出了 Prime Infrastructure 解决方案的 SWIM 屏幕截图。

这两种解决方案都采用了存储库的概念和相似的工作流程。存储库是网络上存储所有网络设备黄金映像（思科 DNAC 专用术语）的位置。这里的黄金映像指的是网络上选定部署的软件版本。对于同一类型的交换机来说，如果安装的是其他版本，那么很可能会出现交换机不兼容问题。存储库既可以是思科 DNAC（或 Prime Infrastructure）解决方案本身，也可以是外部 FTP 服务器。接下来讨论的工作流程对于这两种解决方案来说完全相似。

1. 导入存储库

将园区网络中的交换机映像导入到存储库中。思科 DNAC 和 Prime Infrastructure 都能直接从 CCO（Cisco Connection Online，思科连接在线）下载映像。但是大型企业在生产网络中部署特定版本之前，都要在实验环境中进行测试，因而建议采用手动方式将映像导入到存储库中。

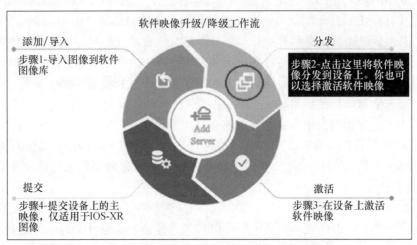

图 8-8　Prime Infrastructure 的 SWIM 功能

2. 分发映像

本步骤将存储库中的映像分发给交换机。可以手动选择指定交换机，也可以通过自动化工具将映像推送给所有交换机。映像分发步骤可以删除闪存中的文件，以便为复制新映像提供足够的存储空间。在将映像从存储库复制到交换机上之后，需要执行验证步骤以检查映像是否已复制成功。

3. 提交

成功分发了映像之后，就可以提交映像。也就是说，在交换机的运行配置中将映像配置为启动变量。此时软件还未被激活。本步骤可以与前一个步骤合在一起，但是（为了进行更好的控制）也可以单独执行本步骤。

4. 激活

最后一步就是激活新的软件映像。激活映像之后，Prime Infrastructure（和思科 DNAC）将保存配置、重新加载交换机并验证升级操作是否成功。除了可能的警告提示之外，由于旧版本的 IOS 映像仍在闪存中，因而交换机应返回运行状态。因此，如果激活过程出现了故障，仍然可以选择旧映像。

第四步完成之后，就已经为交换机部署了新映像。虽然思科 DNAC 的处理方法相似，但流程略有不同。由于思科 DNAC 基于站点和网络配置文件，因而能够为每个站点定义黄金映像，也可以在全局范围内定义黄金映像。为特定类型和角色的交换机定义了黄金映像之后，可能会出现某些交换机不兼容问题。此时操作人员可以通过 DNAC 的管理界面，让所有接入交换机都兼容并自动执行上述步骤。

案例: 使用自动化工具升级交换机软件

LogiServ 公司为多家企业提供 IT 服务,管理了大约 40 台交换机。虽然交换机的数量不是很多,但由于多次收购兼并以及特定的工业环境,导致网络中的交换机类型达到了 5 种。

过去,LogiServ 以手动方式更新这些交换机。这需要分别登录每台交换机,并在晚上或周末通过复制粘贴方式拷贝并激活映像。升级过程需要花费两个星期的夜晚时间。

由于 Prime Infrastructure 可以管理无线网络并监控路由器,因而最近利用 Prime Infrastructure 的 SWIM 流程对所有网络设备的映像进行了标准化管理。

如此一来,就可以在正常办公时间将新映像分发给交换机(每台交换机仅使用一个源映像),然后统一在某个计划停机的星期六,提交并激活新映像。这样就不用在多个夜晚分批执行升级操作,而是集中在某个星期六的早晨一次性更新网络中的所有交换机,并在升级后主动比对配置信息。

从本例可以看出,升级交换机是一项典型的可以受益于自动化工具的运维任务。由于这类任务对于运维团队来说优先级相对较低,而且通常不会修改配置,因而运维团队可以放心地交给自动化工具,从而大大减轻了日常维护工作量。

8.4.2 Day-0 操作

通过自动化功能减轻网络维护工作量的另一个重要方面就是 Day-0 操作。也就是说,运维团队可以在部署新交换机及其配置的时候,通过自动化工具减轻维护工作量。不过,仅当新部署的设备数量较大的情况下(例如,生命周期管理需要让所有网络设备都支持意图),好处才比较明显。

如果通过自动化工具执行新网络设备的调配工作,那么还能带来一些其他的额外好处,那就是新设备能够获得新的标准化配置。

本步骤通过思科 APIC-EM 和 Prime Infrastructure 或思科 DNA Center,利用 PnP 组件完成新设备的配置调配工作。接下来将以思科 APIC-EM 和 Prime Infrastructure 为例加以解释,同时说明与思科 DNA Center 工作流程的差异。下面的流程以引导配置模板为例。

该流程结合了 APIC-EM 的 PnP 应用与种子设备的 DHCP,通过包含足够信息的初始配置来设置设备,从而确保 Prime Infrastructure(或 Ansible)能够发现该设备。然后再通过 Prime Infrastructure 的模板引擎将标准化配置部署到设备上。

从需求角度来看,需要在网络上安装和部署 Prime Infrastructure 和 APIC-EM,包括 Prime Infrastructure 与 APIC-EM 之间的必要集成。此外,还需要在 APIC-EM 中安装 PnP 应用并保持激活状态。满足这些要求之后,就可以利用 Prime Infrastructure 和 APIC-EM 自动执行 Day-0 操作。Day-0 自动化操作的工作流程如下。

步骤 1: 定义并导入引导模板。

将包含引导配置的模板导入 APIC-EM 的 PnP 应用的项目当中。引导模板包含了配置新设备所需的足够信息，如主机名、SSH 密钥和证书，以确保 Prime Infrastructure 能够发现该设备。

步骤 2：在种子设备上配置 DHCP 以启用 PnP 服务。

PnP 需要种子设备，它可以是汇聚交换机或 WAN 路由器。需要在种子设备上配置 DHCP 服务的记忆选项以及 PnP 用于发现 PnP 服务器的特定 DHCP 选项。

步骤 3：启动交换机并为其提供引导配置。

启用了 DHCP 和 PnP 并将新交换机安装到机架上之后，就可以打开交换机电源了。交换机启动之后，将立即开始 PnP 进程。只要引导进程不中断，该进程就会持续运行！如果在控制台上输入了任何键，那么该进程就会被中止！

PnP 进程将尝试通过 DHCP 获得 IP 地址，并连接到 APIC-EM PnP 服务器。

此时可以在 PnP 的项目（由步骤 1 创建）中看到该设备。接下来将引导模板应用到该设备上，并由操作人员输入所需的变量。APIC-EM 依次将配置（如果需要，可能还有正确的映像）推送给设备并配置设备。

本步骤结束之后，新交换机就拥有了 IP 地址，且能够被 Prime Infrastructure 发现。

步骤 4：Prime Infrastructure 发现设备。

设置好交换机之后，将（自动）启动 Prime Infrastructure 的发现规则，从而发现设备并添加到 Prime Infrastructure 中。此外，本步骤还会自动将设备置于监控状态。

步骤 5：Prime Infrastructure 通过适当的模板调配设备。

最后一步就是将 Prime Infrastructure 中的配置模板部署到设备上。实际上，这些模板就是通过 VLAN、日志记录配置以及时间服务器等设置来完成设备的最终配置。

完成上述 5 个步骤之后，就完成了新设备的配置和调配。虽然看起来这些步骤似乎仍然很繁琐，但是如果要同时配置多台交换机（如一栋新建筑物中的所有交换机），那么就能看出自动化工具的巨大好处。现场工程师可以事先将交换机都安装到机架上，然后在计划好的时间点，打开交换机电源即可对所有交换机执行上述配置步骤。运维团队可以远程执行所需的变更操作。

此外，该过程还能为项目团队（安装新交换机）和维护团队（管理网络）提供更加直接的合作机会。

思科 DNA Center 是 APIC-EM 的 PnP 以及 Prime Infrastructure 模板的演进产品。思科 DNAC 需要需定义项目，所有新设备都作为未管理的新设备列在清单内。操作人员将交换机调配到某个站点之后，DNAC 就可以将与该站点相关联的网络配置文件应用到交换机上。由于网络配置文件包含了该站点的完整配置（包括黄金映像），因而交换机可以自动更新为正确的映像并自动获取正确的设置信息。

思科 DNA Center 大大提高了 Day-0 操作的自动化程度。

例 8-2 给出了可用于引导新设备的配置模板。

例 8-2　用于引导新设备的配置模板示例

```
hostname $hostname
enable secret $secretPassword
service password-encryption
!
vtp mode transparent
!
vlan $MgmtVlanId
name Management
!
ip domain-name $DomainName
aaa new-model
aaa authentication login default local
aaa authorization exec default local
username admin privilege 15 secret 0 $password
!
int vlan1
 shutdown
!
interface Vlan$MgmtVlan
 description Management
 ip address $ipvAddress $ipv4Netmask
!
ip default-gateway $ipv4Gateway
!
ip tftp source-interface Vlan$MgmtVlanId
!
snmp-server group SNMP-MGMT v3 auth read SNMP-VIEW write SNMP-VIEW
snmp-server group SNMP-MGMT v3 priv read SNMP-VIEW write SNMP-VIEW
snmp-server view SNMP-VIEW iso included
snmp-server user prime SNMP-MGMT v3 auth sha $snmpAuth priv aes 128 $snmpPriv
snmp-server trap-source Vlan$MgmtVlan
snmp-server source-interface informs Vlan$MgmtVlan
!
snmp-server host $primeHost version 3 priv prime
snmp-server host $apicHost version 3 priv prime
!
ip ssh time-out 60
ip ssh version 2
line con 0
exec-timeout 20 0
logging synchronous
line vty 0 15
exec-timeout 20 0
logging synchronous
transport input ssh telnet
!
```

```
interface $Uplink1
!
switchport mode trunk
switchport trunk native vlan $MgmtVlan
channel-group 1 mode on
!
interface $Uplink2
!
switchport mode trunk
channel-group 1 mode on
switchport trunk native vlan $MgmtVlan
!
interface po1
!
switchport mode dynamic desirable
!
crypto key generate rsa mod 4096
!
```

　　虽然 Day-0 操作的自动化过程看起来似乎有些繁琐，并没有减轻太多的运维工作量，但事实恰恰相反。Day-0 操作的很多工作都在准备阶段。部署新交换机的时候，由于应用的模板都相同，因而这些设备的配置将以半自动且一致的方式进行。如果需要安装多台交换机，那么这些自动化步骤将节约大量操作时间。

　　Day-0 操作的自动化还有一个好处，那就是随着时间的推移，园区网络普遍使用预定义模板进行配置之后，能够有效实现园区网络交换机的配置标准化。

8.4.3　Day-2 操作

　　某些 Day-2 操作也可以使用自动化功能。适合使用自动化工具的一个基本条件就是，可以将变更操作定义为可重复的操作步骤，而且需要在多台交换机上执行。因此，变更 Syslog 服务器、添加或删除用户以及更改 RADIUS 服务器配置等操作，都能从自动化工具中受益。

案例：利用自动化工具更改配置

　　我曾经为一家企业设计过园区网络，该园区网络由 3 名网络工程师进行管理。出于审记目的，该企业为每位员工都提供了唯一的登录名和密码。随着企业规模的不断扩大，企业雇佣了越来越多的网络工程师监控和管理网络。以前，雇员离开企业之后，需要网络工程师登录每台交换机并通过命令行删除该用户。

　　目前该网络部署了基于 Python 的自动化工具，可以自动连接所有交换机并自动下发 **no user** *<name-of-employee>* 命令。由于可以使用文件，而不用在 Python 脚本中进行硬编码，因而还能使用自动化工具完成其他变更操作。该企业通过脚本大大减轻了运维团队执行变更操作所需的时间。

虽然 Day-2 操作看起来似乎非常适合自动化，但需要注意的是，必须仔细考虑何时利用自动化工具执行这类变更操作。一般来说，人为错误只是离散化错误，自动化错误却是批量化错误。自动化工具使用不当，可能会破坏整个云环境。而且，如果这些变更操作出现了问题，那么很可能会让运维团队对自动化工具产生不信任感。因此，虽然可以通过 Day-2 操作提升运维团队对自动化工具的信任程度，但前提是该自动化工具必须简单易用，而且在过去的操作当中被证明毫无问题。

8.4.4　Day-1 操作

意图网络的主要原则之一就是通过自动化工具将意图调配给网络设备。意图基本上都属于网络中的 Day-1 操作，如添加 VLAN 或更改访问列表。实际上，实现这类任务的自动化就是向 IBN 迁移的最终结果，因而 Day-1 操作通常不会快速减少运维团队的工作量，不适合当前所处的迁移阶段。

8.4.5　自动化小结

总之，为运维团队引入自动化工具是做好 IBN 迁移准备必不可少的工作，旨在实现以下 3 个目标：

- 引入自动化工具；
- 获得运维团队的信任；
- 减少运维团队的工作量。

这里并不要求机械化地选择最新的自动化工具或者立即使用最适合 IBN 的自动化工具（DNA Center）。本阶段完全可以在快速检查网络需求及行动计划的基础上，使用 Prime Infrastructure 或 RedHat Ansible 等现有工具或技术。

成功执行本步骤的关键在于与运维团队进行密切合作，开展充分讨论，解决各种可能存在的问题。过去的经验证明，引入自动化工具的时候，执行这些任务的员工都会表现出一定的阻力和担忧。一种行之有效的引入策略就是为那些员工最不喜欢的"无聊"任务引入自动化工具，同时向大家展示这些任务实现自动化之后的好处。Day-0 和 Day-n 操作都是最佳的自动化选项。

运维团队的参与对于减少担忧、显示优越性来说非常重要。因此，建议不要在没有运维团队参与的情况下实施自动化，而应该分配足够的参与时间并指导运维团队通过自动化工具执行变更操作。如果抵制和担忧情绪较为明显，那么建议从小处着手，尽量减少不利影响。

本步骤完成之后，就说明已经在网络中成功部署了自动化工具，且证明了自动化工具的价值。通过自动化工具执行任务，不但能够大幅减轻运维团队的工作量，而且还能有效提升运维团队对自动化工具的信任程度。

8.5　第二阶段的风险

第二阶段包含了向 IBN 迁移时所要求的组织机构及网络层面的准备工作。这些准备工作需要对组织机构及园区网络中使用的网络设备进行或大或小的调整。本阶段描述的这些步骤和任务可能需要花费一定的时间，具体取决于组织机构的敏捷性与成熟度。因此，本阶段存在一定的关联风险。

最突出的风险之一就是本阶段可能需要花费较长的时间。如果需要提高组织机构的成熟度，那么就意味着必须调整组织机构，逐步推行文档化和流程化。变革组织机构比引进新技术所花费的时间要多得多。组织机构变革相当于走钢丝，如果变革的步伐太慢，那么管理层可能会失去重点（从而失去承诺）或失去耐心；如果变革的步伐太快，那么员工很可能不愿意合作，导致变革更加困难。

这两种情况都可能会导致管理层收回承诺，从而终止 IBN 迁移过程。还有一种与 IT 部门无关的外部影响，那就是资源不足、预算不够以及企业并购等因素，这可能会导致管理层的初始承诺被无休止地讨论来讨论去。总之，组织机构变革可能需要花费过长的时间，以至于有可能终止向 IBN 迁移的计划。

预算不足或业务收入下降也可能导致无法将园区网络中的所有设备都替换为支持思科 DNA 的设备。

为了规避这些风险，最重要的是必须了解这些风险并主动告知干系人，以便管理层能够坚持其承诺。管理层对 IBN 的愿景和策略是降低这种风险的决定性因素，取决于管理层的成熟度和毅力。

本阶段的另一个风险是过早地结束本阶段并宣称园区网络已经做好了 IBN 迁移准备。本阶段的所有步骤都是为 IBN 的成功迁移做好组织机构和网络层面的准备。例如，如果某个意图仅适用于某个分支机构而不适用于其他分支机构，那么引入集中式策略服务器的配置标准化工作就会失败。更为糟糕的是，如果自动化工具引入出错，导致运维团队不支持该自动化工具，那么运维团队就不会使用该工具，因而依然处于超负荷工作状态，没有信心去尝试减少工作量。如果本阶段的任务未能全部完成，那么就会在第三阶段和第四阶段引发不必要的复杂问题，这些问题会极大地降低园区网络向 IBN 迁移的潜力和成功概率。

另一个陷阱和风险就是，允许（外部）项目团队执行本阶段的所有步骤和所有任务。虽然这种模式在组织机构当中非常普遍，但是不让网络运维团队参与将是一个极大的风险因素。

本阶段的目的之一就是要建立运维团队对新方法的信任度。如果由外部项目团队引入新工具（无论是否完美），而运维团队没有时间去研究、学习并真正使用这些工具，那么他们仍将习惯于逐台设备或其他方式执行变更操作，而且将持续这么做，直至情况变得越来越糟糕，迫使他们不得不采取不同的思维方式。人类的偏见助长了这种行为的可能性，有关这种行为的更多信息请参阅本书第三部分。

因此，管理层必须将资源分配给网络运维团队，以便网络运维团队能够在项目团队的支持下亲自执行迁移任务。项目团队必须支持运维团队，反之亦然。

很明显，网络运维团队应该专注于园区网络的运维管理。引入专门的项目团队确实是一种有效的选择，但网络运维团队必须参与其中，并对与网络运维有关的所有决策拥有最终决定权。

不能将本阶段与"Next-Next-Finish"类型的项目相提并论。每个组织机构都有各自的特点、文化和方法，对于某些组织机构来说，指导性方法可能比事无巨细的方法更好。虽然总体来说，事无巨细的方法通常更适合所有人，但俗话说的好，"所有的战争策略都会在第一发子弹射出后被抛到脑后"，本阶段也是如此。最重要的就是要密切关注本阶段的预期成果，尽可能地降低风险并适应每个组织机构的具体特点。也就是说，必须管理好本阶段各个步骤的最终预期成果。

8.6　本章小结

向 IBN 迁移的第二个阶段就是为 IBN 做好组织机构和园区网络层面的准备工作。本阶段可能是 IBN 迁移过程中用时最长的阶段，因为做好组织机构和网络层面的准备工作是一项非常复杂耗时的任务。本阶段包括 4 个步骤，建议按照顺序执行这些步骤。

- 匹配需求：本步骤必须满足向 IBN 成功迁移的需求，包括组织机构需求（组织机构的成熟度和资源可用性）和网络基础设施需求（硬件支持 DNA，并从以端口为中心的配置方式迁移为以策略为中心）。
- 配置标准化：网络设备的配置必须标准化，需要制定一致且标准化的 VLAN 编号规划。
- 引入审计工具：目的是减轻网络运维团队的工作量。
- 引入自动化工具：目的是增强运维团队对自动化工具的信心并减轻运维团队的工作量。

本阶段可能是 IBN 迁移过程中用时最长的阶段。主要原因是，不但要求硬件支持 DNA（需要时间），而且要求组织机构必须达到一定的成熟度水平（也需要时间）。因此，本阶段的成功执行存在诸多风险：

- 预算不足；
- 过早结束本阶段；
- 完全由外部项目团队执行所需的步骤；
- 资源可用性不足。

总之，这 4 项任务（匹配需求、配置标准化、引入审计工具和引入自动化工具）合在一起构成了第二阶段，成功实施之后就能做好向 IBN 迁移的所有准备工作。出于多种原因，本阶段的实施可能需要花费很长的时间，主要原因是组织机构必须在 IT 和 IT 管理层面达到一定的成熟度等级，必须在多个方面达到 3 级（记录并遵守流程），最好达到 4 级。其中，管理人员和 IT 人员都必须定义并遵守向 IBN 迁移的愿景和策略。改善组织机构成熟度（从而提高质量）需要花费很长的时间，因为需要对组织机构的内部运作进行变革。

第 9 章

第三阶段：设计、部署和扩展

所有的付出和努力都将在本阶段取得成果。到了这个阶段，企业和网络已经为意图网络以及向意图网络迁移做好了各方面的准备工作。第三阶段的实质就是将园区网络设计、部署并扩展为意图网络。

由于 IBN 是一种哲学思想，因而存在多种设计选择，可以根据这些选择进行迁移。目前支持通过 SDA（Software-Defined Access，软件定义接入）或传统 VLAN 方式向 IBN 迁移。这两种方式都可行，且各有利弊。

本章将详细讨论这两种迁移方式的实施步骤，包括：

- 实验环境；
- 技术选择；
- 部署基线；
- 转换为意图；
- 扩展意图网络；
- 提高安全性；
- 风险。

9.1 实验环境

当前网络存在的一个普遍现象就是，人们在生产网络中部署新网络和新服务之前很少进行测试。人们经常直接将新网络或新功能部署到网络中，如果出现了问题，再对网络进行故障排查以解决故障问题，并对新功能特性的部署进行优化调整。

但是，网络已逐渐成为所有企业最关键的核心要素，而且使用意图网络部署新站点还需要采用全新的设计、操作和管理方法。这就使得直接在网络上运行新功能特性几乎变得不可能。

　　如果允许的话，强烈建议组织机构建立一个能够模拟实际生产环境的实验环境，而且至少具备生产网络所用的一种模型。虽然也可以使用其他模型来模拟部署过程，但可能会存在较大的硬件或软件差异。此外，实验环境还应该包含 WAN 模拟器，以及包括 ISE 和思科DNAC 在内的计算环境，以测试园区网络向 IBN 迁移过程中面临的变更和迁移操作。可以在虚拟环境中运行思科 DNA Center，只要服务器满足需求即可。图 9-1 给出了适用于大多数园区网络的实验室拓扑结构示例。

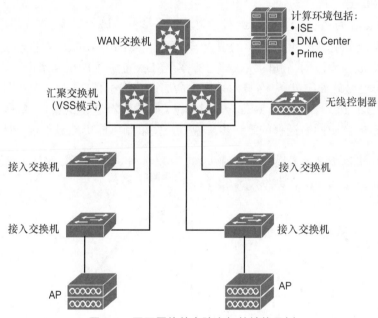

图 9-1　园区网络的实验室拓扑结构示例

　　该实验环境部署了两台处于 VSS 模式的交换机作为汇聚交换机，多台接入交换机通过有线方式连接到这两台汇聚交换机。此外，该实验环境还部署了无线控制器和多个 AP，以模拟无线网络环境。模拟数据中心的计算环境部署（虚拟）了思科 DNA Center、ISE 和 Prime Infrastructure。该拓扑结构同时适用于传统 VLAN 网络和 SDA。如果要部署 SDA，那么就要拆除图中的 VSS，以实现两台独立的汇聚交换机，而且接入层到汇聚层的每条上行链路都应该是单独的三层链路（而不是端口通道）。

注：拆除 VSS 通常都是手动操作，不过考虑到每次的 DNA Center 新版本升级都会提供一些新功能特性，因而新版本有可能会提供自动化工具完成该操作。

　　建立实验环境，不但有利于向意图网络迁移，而且还能使运维团队习惯 DNAC 并在"安全情况"下进行测试。同时，还能在生产网络中部署新功能特性之前进行测试。

9.2 技术选择

思科明确指出，部署意图网络是一个长期过程。也就是说，这个过程需要花费较长的时间，而且也不是单纯的技术问题。不过，网络技术的选择对于整个迁移过程的成功与否至关重要。一般来说，可以采用两种不同的技术理念来部署和启用意图网络。接下来将详细讨论这两组技术以及每种技术的适用场景。

9.2.1 SDA 模式

SDA（Software Defined Access，软件定义接入）是目前最常见的实现意图网络的技术之一。这一点非常合乎逻辑，因为 SDA 的引入与 2017 年意图网络的推出完全吻合，而且 SDA 在未来极有可能成为园区网络新的默认部署方案。SDA 能够为园区网络带来诸多好处。

此外，SDA 已做好商用准备。在技术采用生命周期曲线中，SDA 已经从早期采用者（Early Adopter）阶段过渡到了早期大众（Early Majority）阶段。不过，虽然 SDA 具备很多明显的优点，但是对于向意图网络迁移的第一步来说，某些限制可能仍然显得过于严格。

注：新技术的引入和采用通常遵循特定的曲线，可以将用户群体或组织机构采用新技术划分为不同的阶段。图 9-2 所示为技术采用生命周期曲线。

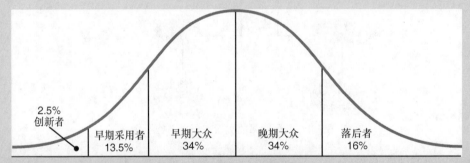

图 9-2 技术采用生命周期曲线

总体来说，创新者（Innovator）通常会首先采用新技术，他们知道这些新技术并不成熟，有可能失败。随着技术的发展逐渐成熟，早期采用者（Early Adopter）就会使用该技术。在技术采用的第一阶段，新技术还未做好投产准备，但是已经开始利用该新技术交付产品。随着产品达到一定的生产质量和成熟度，早期大众（Early Majority）群体将开始采用该技术，该技术已经证明其价值并逐渐成为主流。在技术采用率达到 50% 的情况下，晚期大众（Late Majority）群体也开始使用该技术。最后，等到绝大多数人都使用了该技术之后，落后者（Laggard）才开始使用该产品。

不同的企业拥有不同的企业文化和特点。从技术采用的角度来看，每个企业在上述曲线中的位置可能不尽相同。在确定是否将 SDA 作为组织机构首个意图网络的部署方案时，必须考虑企业的自身文化特点。

如前所述，在组织机构中部署第一个意图网络时，必须全面考虑 SDA 的诸多限制条件。

- **思科 DNA Center**：部署 SDA 需要安装思科 DNA Center（DNAC）解决方案。DNAC 为运维团队提供了大量有用的工具，如审计和自动化。如果没有 DNAC，那么就无法实现 SDA 网络。如果 SDA 的部署需要高可用性，那么至少需要 3 个 DNAC 工具。
- **DNA Center 的规模**：对于早期部署的 DNA Center 解决方案来说，单 DNA Center 部署模式仅支持 25000 个端点和 128 个虚拟网络。随着时间的推移，借助于新硬件和软件功能特性，可以提高系统的处理能力。不同的 DNA Center 解决方案拥有不同的规模限制。DNA Center 部署方案的规模可以从 37 个不同的方面进行衡量，如端点数量、WLC 数量、交换机数量等。由于这些数值随着时间的推移而不断变化（主要是系统优化和新硬件等因素），因而最佳实践是验证端点和设备的预期总数是否与整个 DNA Center 解决方案相匹配。
- **思科 ISE**（**Identity Services Engine，身份服务引擎**）：园区网络中的集中式策略服务器必须是运行 2.3 或更高版本的思科 ISE 解决方案。DNA Center 定义的策略需要通过 API 推送给 ISE。如果组织机构未配置 ISE，那么就无法部署支持 SGT（Scalable Group Tag，可扩展组标签）的 SDA。
- **支持 SDA 的设备**：另一个限制条件就是只有下一代网络基础设施设备才能以最大容量运行 SDA。虽然 Catalyst 3650 和 Catalyst 3850 交换机支持思科 DNA 且能够运行 SDA，但是如果要运行 3 个以上的虚拟网络，那么 IP Services（IP 服务）许可是 Catalyst 3650/3850 系列交换机必须满足的硬性条件。Catalyst 9000 系列交换机是下一代网络基础设施设备，能够很好地运行 SDA。
- **标准的现有园区网络**：SDA 已经为标准的 IPv4（和 IPv6）网络连接做好了商用准备。随着 SDA 的不断成熟，更多的功能特性将被引入，如多播和二层泛洪等。因此，需要检查当前 SDA 是否满足并支持组织机构当前园区网络的所有功能需求，特别是第一个向 IBN 迁移的站点需求。

如果这些限制条件对于组织机构来说不成问题，那么与传统 VLAN 方案相比，为第一个意图网络部署 SDA 具备更多的优势。优势之一就是，与传统 VLAN 相比，在 DNAC 图形用户界面中创建和部署新的虚拟网络或调整策略要容易得多。DNAC 为部署和运行 SDA 网络提供了专用的应用程序栈，使用多站点 SDA 连接多个 SDA Fabric（交换矩阵）也相对更为容易。

SDA 仍处于发展当中，思科一直都在定期推出新的功能特性。选择 SDA 的时候，必须做好企业园区网络与 SDA 当前状态的匹配性分析。最佳实践是利用不同的发行版本说明（用于 Catalyst 交换机和 DNA Center 的思科 IOS-XE）来了解具体的功能特性、限制条件以及扩展性指南，并与企业的园区网络进行匹配性分析。需要注意的是，即使本阶段的园区网络还存在一定的限制因素，那也不意味着无法采用 SDA。可以考虑仅在少量站点部署 SDA，或者先从传统的基于 VLAN 的意图网络着手，等到解决了大多数限制条件之后再采用 SDA 模式进行迁移。

> **案例：分析和应对现有部署方案中的 SDA 限制因素**
>
> 　　SharedService 集团将 Catalyst 3650 交换机用作新分支机构的接入层交换机。这些交换机安装了 IP Base（IP 基础）软件许可，最多支持 3 个逻辑 VRF。汇聚交换机通过 VRF-Lite 管理三层连接并实现三层隔离。新站点的交换机配置已经实现了标准化（包括 IP 地址方案），且 SharedService 集团部署了大规模的思科 ISE。总之，SharedService 集团已经为部署基于 SDA 的意图网络做好了准备工作，唯一的限制因素就是 Catalyst 3650 交换机目前运行的软件许可是 IP Base 而不是 IP Services（IP Services 最大支持 64 个 VRF，支持 64 个虚拟网络）。SharedService 集团在实验环境测试了 SDA，而且测试结果显示一切正常。
>
> 　　因此，SharedService 集团决定按照两条路径向 IBN 进行迁移。
>
> 　　路径之一就是为接入层测试 Catalyst 9300 交换机。如果可以接受，那么就在新分支机构站点部署 Catalyst 9300 交换机和 SDA。同时，推进现有园区网络的配置标准化，通过传统 VLAN 方式向 IBN 迁移。一旦生命周期管理显示必须替换分支机构站点的老旧交换机，那么就同步将该站点迁移到 SDA。

9.2.2　传统 VLAN 模式

　　作为 SDA 的替代方案，也可以通过 VLAN 和 VRF-Lite 配置意图网络。如前所述，可以将意图转换成小块的网络配置代码，并通过自动化工具推送到网络上。SDA 会创建一个或多个虚拟网络，并将设备配置到虚拟网络中。SGT 提供了在安全层面上定义微分段的能力。传统 VLAN 部署方案要求部署一个最低限度的底层园区网络，能够访问思科 DNA Center（最好位于单独的管理 VRF 中）。自动化工具（如思科 DNA Center）将小型模板推送给这个最低限度的底层网络以实现意图，由于 SGT 是思科 TrustSec 的一部分，因而也可以将 SGT 应用到 VLAN 中。VRF-Lite 负责在逻辑上隔离不同的网络，能够有效创建不同的虚拟网络。汇聚交换机仍终结在三层，而且可以通过支持 VRF 的路由协议将逻辑网络（单个园区站点）连接到外部网络。

　　如果园区网络满足以下需求，那么就可以通过传统 VLAN 和 VRF 配置意图网络。

- **支持 VRF-Lite 的汇聚交换机**：与 SDA 一样，需要通过 VRF-Lite 实现不同网络的 IP 隔离。因此，汇聚交换机需要支持并运行 VRF-Lite，且能够使用支持 VRF 的路由协议（如 OSPF、BGP 或 EIGRP），将不同的网络通过 WAN 网络路由到数据中心。
- **园区网络中无生成树**：SDA 的优点之一就是交换机之间的链路都是 IP 链路，不需要生成树。紧凑核心层园区网络没有环路，而且还能保持高可用性。除了紧凑核心层设计方案本身不需要 STP（Spanning Tree Protocol，生成树协议）之外，还有一个更重要的原因需要禁用生成树。除了 MST 实例之外，创建或删除 VLAN 的时候，

STP 都会暂时中断所有链路上的流量以建立新拓扑结构，而意图网络完全不希望在网络中添加或删除 VLAN 时中断网络。出于这两个原因，要求不能在网络上运行 STP，同时还要在网络边缘部署适当的安全防范技术，如 BPDU 保护（BPDU Guard）和广播风暴检测（Broadcast Storm Detection）。

■ **单一底层网络**：与 SDA 相似，需要一个底层网络（最好在单独的 VRF 中）来管理园区网络站点，从而能够安全地在网络中添加或删除网络意图。底层网络基于二层，好处是大多数现代交换机都能在基于传统 VLAN 的意图网络中使用。

■ **常规网络意图**：将常规的接入 VLAN 终结在汇聚交换机上就是普通的常规网络意图。可以通过 VRF-Lite 实例将网络与其他虚拟网络进行逻辑隔离，也可以在物理上隔离有线和无线 VLAN。

■ **二层意图**：可以在传统 VLAN 中实现二层隔离意图。事实上，一个没有 IP 连接的 VLAN 编号就是一个二层意图。尽管不可能（轻松地）将二层意图扩展到多个园区站点上，此时需要配置特定的技术（如 L2VPN 或手动 VXLAN 或 GRE 等），而且要求汇聚交换机支持这些技术。

■ **SGT**（**Scalable Group Tag，可扩展组标签**）：与 SDA 一样，将思科 ISE 部署为集中式策略服务器之后，就可以通过 SGT 定义微分段策略。虽然也可以在 ISE 中定义不同的 SGT 策略，但绝对可以在单个 VLAN 内启用微分段策略。

■ **必需的自动化工具**：意图网络严重依赖于自动化工具。基于 VLAN 的设计方案也要使用自动化工具。虽然并非思科 DNA Center 不可，但 DNA Center 确实提供了很多额外的附加功能，如简单易用的界面、实现意图的高级模板以及思科 DNA Center Assurance 模块提供的可见性等。从这个角度出发，建议也在传统 VLAN 方案中采用思科 DNA Center。虽然也可以使用其他自动化工具，但是在易用性方面明显不如思科 DNA Center。

满足上述需求之后，就可以充分利用现有技术（如传统 VLAN 和 VRF-Lite）设计意图网络。从功能角度来看（也就是从业务角度来看），该设计方案能够满足业务需求且允许组织机构开始向 IBN 迁移。需要注意的是，虽然该设计方案也能实现迁移目的，但是存在以下限制。

■ **无叠加网络**：SDA 的主要优势之一就是可以在园区多个站点上创建单一 Fabric 网络（只要满足时延和其他要求）。由于传统 VLAN 不使用叠加网络，因而无法将单一 IP 网络扩展到多个站点。这也意味着每个园区站点需要为每个虚拟网络提供单独的 IP 网段，从而给组织机构的可用 IP 地址空间带来额外压力。

■ **需要更多的测试和模板**：SDA 可以通过单一界面在园区网络中定义和部署新虚拟网络（包括相关策略），而基于传统 VLAN 的 IBN 设计方案需要执行更多的测试操作以及更多的模板知识，因为组织机构必须自己定义所要部署的全部模板，没有现成的模板机制来部署或删除模板（也就是意图）。

案例：为 IBN 选择正确的部署技术

FinTech 公司将思科 Catalyst 2960G 交换机用作接入层交换机，将 Catalyst 3850 交换机用作汇聚交换机。思科 Catalyst 2960G 交换机本身不支持 SDA，但这些交换机或多或少都实现了配置标准化，且部署了思科 ISE 解决方案。此外，网络运维团队利用 Scrum 敏捷方法来管理网络。因此，对于 FinTech 来说，使用传统 VLAN 方式向 IBN 迁移是当前最合理的选择。

FinTech 部署了支持模板的自动化工具之后，就可以开始部署第一个意图网络。

总之，完全可以通过传统 VLAN 和 VRF 技术设计和实现意图网络，但缺点则与 IBN 将要带来的优化效果密切相关。在 IBN 第一阶段，这种设计模式能够满足业务需求，而且能够充分利用运维团队的现有知识来运维意图网络。与 SDA 设计模式相比，这种设计模式对现有网络的影响要低得多。

这两种意图网络设计模式各有优势，每种模式（传统 VLAN 或 SDA）都有各自的功能特性和不同之处。随着时间的推移，可以预见 SDA 将成为园区网络中的通用网络技术。配置意图网络时，首先要做的就是必须确定选择哪种方法开启迁移之路。这个决策应该由运维团队和组织机构管理层一起做出，并充分考虑先前阶段列出的所有设备清单和变更需求。

由于 SDA 采用了更新的技术，因而出现故障和中断的风险更高。如果组织机构无法解决技术的首次应用问题，那么选择传统 VLAN 方法可能要比 SDA 更加明智，即使网络本身（包括思科 DNA Center）已经完全做好了 IBN 准备。

当然，这种决策也没有任何遗憾，因为随时可以将园区站点从 SDA 迁移到传统 VLAN，反之亦然。这一点也符合逻辑，因为随着时间的推移，园区站点最终都要迁移到 SDA 形式。

此外，该决策也非常重要，因为这将影响本阶段在园区网络上启用意图的后续步骤。

9.3 部署基线

本阶段的下一个步骤是为单个园区站点的 IBN 设计和部署基线。如果能够使用实验环境，那么首先应该在实验环境中部署和测试基线以及相应的实施流程。当然，即使在实验环境下测试了基线，也要慎重选择首个向 IBN 迁移的园区站点。这个站点最好位于网络运维团队附近，拥有友好且富有创新性的最终用户，他们愿意提供真实积极的反馈信息，而且愿意接受可能产生的中断后果。

选择了部署站点之后，还要与用户进行深入沟通，并对选定的方案进行全面讨论，以确保用户能够提前预知即将发生的变化，而不至于陷入意外之中，因为意外事件通常都会迅速升级为更大、更难以处理的故障问题。

案例：实验环境的优势

SharedService 集团最近推出了一个实验环境，用于测试园区网络中使用的软件和功能。不过，实验环境的缺点在于达不到生产网络的规模，而且与生产网络完全隔离。因此，虽然可以进行功能性测试，但即便使用了特殊的测试设备，也无法测试出真实性能或者将大量端点连接到网络上。

为了提高实施质量，管理层决定在测试成功之后，SharedService 集团所在的总部大楼将永远是第一个推出新软件版本和功能特性的办公大楼。

管理层知道，虽然该决策可能存在总部办公大楼出现网络中断的风险，但是有利于后续与他们所管理的其他分支机构站点沟通即将到来的迁移操作。

如果新功能特性或软件在总部大楼运行稳定且成功运行了较长的时间，那么就可以从根本上确认软件的可靠性，从而降低用户及运维团队对更新配置或软件的阻力。

SharedService 集团的案例并不是个例。"吃自己的狗粮"的方式好处很多，很多技术企业都采用该方法。例如，思科内部的某些业务部门经常在园区办公楼内测试软件或硬件。一个很好的案例就是 Catalyst 9800 无线控制器的开发，工程师在自己的办公楼里开发了这个新解决方案。这种开发方式的好处是可以快速发现并尽快修复严重告警。

总之，选择第一个部署意图网络的站点位置非常重要。该站点必须足够大，拥有友好的用户且应该事先告诉这些用户即将发生的变更操作。此外，还要求网络中断故障可控且影响不会太严重。

9.3.1　SDA 模式

部署意图网络的第一步就是为网络部署基线。对于 SDA 来说，基线就是在上面部署多个不同虚拟网络的底层网络。图 9-3 给出了 SDA 底层网络示例。

SDA Fabric 包括边缘节点（连接端点的节点）、边界节点（将 Fabric 连接到外部网络）和控制节点（处理 Fabric 中的查找操作）。本例的底层网络配置了单个控制节点、单个边界节点和两个边缘节点，该拓扑结构的两个边缘节点之间创建了一条额外链路。本例通过 IS-IS 路由协议解决网络中的环路问题（因为节点之间的每条链路都是 IP 链路）。

SDA 支持两种底层网络部署方式：LAN Automation（LAN 自动化）和手动配置。接下来将简要讨论这两种部署方式。有关底层网络配置步骤的详细内容，可参阅 *Software Defined Access Design Guide* 和 *Software Defined Access Deployment Guide*。

1. LAN Automation 方式

SDA 引入了 LAN Automation 功能，可以通过适当的配置信息为底层网络自动调配 Fabric 中的新交换机，利用 PnP 标准和流程发现并配置新设备。为此，需要通过适当的选项手动配置种子设备。

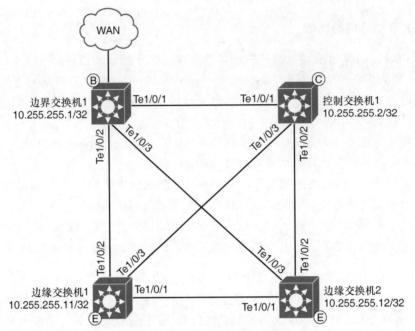

图 9-3　SDA 底层网络示例

　　如果要为特定站点启动 LAN Automation，那么就要为底层网络预留 IP 地址池，然后再将 IP 地址池分为 4 个大小相同的地址段：

- 一个地址段用于 Fabric 中每个节点的环回地址；
- 一个地址段用于配置节点之间的路由式链路（使用/30 子网掩码）；
- 一个地址段用于在边界节点（将 Fabric 连接到外部网络）上定义转接网络；
- 第 4 个地址段暂不使用。

虽然 LAN Automation 按照设计方式进行工作，但下面这些问题必须格外关注。

- **IP 地址池的大小**：必须仔细计算 LAN Automation 的 IP 地址池大小。由于 IP 地址池被分为 4 段，所以点对点链路的 IP 空间很快就会被耗尽。一旦地址段耗尽，LAN Automation 就无法继续配置其余的底层设备，需要手动进行配置。计算 IP 地址池大小的最佳方法就是确定 Fabric 中的链路数，将其乘以 16（乘以 4 是因为每条链路都是一个/30 子网，再乘以 4 是因为该地址段是地址池的 1/4），然后再将该数字扩展到第一个最大的 IP 子网。例如，如果 Fabric 包含 7 条链路，那么最小的 IP 地址空间将是 7 乘以 16 等于 112。第一个 IP 子网就是 128，因而可以再为一条额外的链路创建 IP 空间。

- **LAN Automation 只能运行一次**：LAN Automation 使用了 PnP 进程且假定仅运行一次。此后增加的所有额外链路（例如，添加第二个边界节点以实现冗余机制）都要进行手动配置。LAN Automation 进程无法运行该网络。这一点尤其适用于思科 DNA Center 1.2，后续版本提供了更多功能。如果存在这个问题，那么务必查看特定 DNAC

版本的发行说明和指南。

■ **边界节点的动态 VLAN 分配**：SDA 的早期经验之一就是，LAN Automation 会自动为边界节点路由器与外部网络之间的切换选择 3000 及以上的 VLAN 编号。从理论上来说，对于同一虚拟网络，两个边界节点可以使用两个不同的 VLAN 进行切换。这是 SDA 的早期经验，随着时间的推移可能会有所变化。可以在实验环境中进行测试以确定是否仍然如此。

■ **DHCP 地址耗尽**：LAN Automation 使用了 PnP 进程。也就是说，配置了特定 DHCP 选项的 DHCP 服务器负责将 IP 地址分发给新 Fabric 中的交换机。如果设备已经连接在同一个 Fabric 上，那么就会将它们连接到默认用于 PnP 的同一个 VLAN 1 上。不利影响就是端点可能会请求所有 DHCP 地址，导致交换节点无法获取 IP 地址。此时，可以采取两种办法来解决这种潜在问题。一种办法是断开所有设备，这一点非常困难，需要在现网环境执行大量额外工作。另一种办法是在种子设备上运行 **pnp startup-vlan** <*vlanid*>命令，为 PnP 分配其他 VLAN。这样一来，就可以让 PnP 运行在指定的 *vlanid* 上，而非默认的 VLAN 1。

总之，LAN Automation 提供了一种新的简单易用的 Fabric 部署方法，但是也存在一些缺点，必须在使用前和使用期间做好准备。

2. 手动配置方式

手动配置 SDA 底层网络是 LAN Automation 的替代方式。前面曾经说过，SDA Fabric 包括边缘节点、边界节点和控制节点，且通过 LISP、VXLAN 和 VRF 创建不同的虚拟网络。对于底层网络来说，SDA 使用了交换机之间的路由式链路、支持 VRF 的路由协议（最佳实践是 IS-IS）以及用于管理接入和路由交换的环回地址。

虽然手动配置需要执行大量手动操作，但是不存在前面所说的 LAN Automation 的关注问题。

除了常规的交换机全局配置（如认证、授权和审记；管理接入；启用安全功能特性）之外，还要对 SDA 底层网络进行如下配置：

■ 链路配置；
■ loopback0 配置；
■ 底层路由配置。

接下来将详细描述这些配置要求。

（1）链路配置

需要将不同节点之间的所有链路都配置为路由式链路（/30 的网络链路）。例 9-1 给出了链路配置示例。

例 9-1　两台 SDA 交换机之间的链路配置

```
interface $linkToNodeInFabric
 description link in fabric
```

```
no switchport
dampening
ip address $localAddress 255.255.255.252
ip pim sparse-mode
ip router isis
logging event link-status
load-interval 30
no bfd echo
bf interval 500 min_rx 500 multiplier 3
isis network point-to-point
clns mtu 1400
!
```

例 9-1 的配置涵盖了 SDA 的多种技术或特定配置需求。

- **no switchport**：将接口配置为路由端口并禁用所有二层协议。
- **ip router is-is 和 isis network point-to-point**：配置接口以点对点网络类型运行 IS-IS。
- **no bfd echo 和 bfd interval**：配置 BFD（Bidirectional Forwarding Detection，双向转发检测），以便出现故障后能够快速检测链路中断。
- **ip pim sparse mode**：在接口上配置多播，以稀疏模式运行以减少多播流量。

（2）loopback0 配置

必须为 loopback0 配置 IPv4 地址以进行管理操作，因为 SDA Fabric 假定 loopback0 的作用就是管理。采用环回地址进行管理的好处是，无论流量采用的是哪条路径（路由），管理工具（思科 DNA Center）都能连接交换机。建议为所有管理和控制协议（如 SSH、HTTP 和 RADIUS[用于认证]）都使用 loopback0，如例 9-2 所示。

注：建议在边界节点上为底层网络注入一条汇总路由，确保 DNA Center 和其他网络管理工具能够访问所有节点（无论使用 Fabric 中的哪些链路）。

例 9-2　用于管理接入的 loopback0 配置

```
Interface loopback0
  ip address $mgmtIPAddress 255.255.255.255
!
ip radius source-interface loopback0
ip ssh source-interface loopback0
```

（3）底层路由配置

SDA Fabric 的首选路由协议是 IS-IS，必须在每个节点上进行路由配置才能学到底层路由，如例 9-3 所示。

例 9-3 使用 IS-IS 的 SDA 底层路由配置

```
router isis
  net $isis-network_id_map
  domain-password $isisPassword
  metric-style wide
  nsf ietf
  bfd all-interfaces
!
```

3. 本节小结

总之，可以采取两种方法为 SDA Fabric 部署底层网络。手动配置方式的可靠性可能更高，而且目前能够提供更好的健壮性，但是也更容易出错，而且需要运维团队执行大量的手动操作，与意图网络的目标相反。

本任务结束之后，选定的园区站点就已经为 SDA Fabric 启用了底层网络。

虽然目前已经配置了 SDA 底层网络，但是端点还无法连接该园区网络站点。本阶段还没有为 Fabric 设计和部署任何服务（虚拟网络）。第一步就是通过 DNA Center 将园区站点的现有网络（使用第一阶段的设备清单和第二阶段的标准化列表）转换为携带基本连接策略的虚拟网络。虚拟网络调配完成之后，端点就可以连接新创建的 SDA Fabric 网络。

9.3.2 传统 VLAN 模式

基于传统 VLAN 和 VRF 的意图网络与第二阶段建立的标准化配置非常相似，标准化配置实质上就是启用了所有意图的意图网络。不过，第二阶段的标准化配置可能还无法满足基于 VLAN 的意图网络的所有需求。

因此，本步骤的目的从标准化的交换机配置中提取出基线（包括接入和汇聚交换机），并对第一个实施迁移行为的园区站点进行必要的变更操作。

传统 VLAN 意图网络的基线利用了紧凑核心层园区网络设计方案的无环路和高可用性能力，并做了一些微调以满足特定的基线需求。图 9-4 给出了适用于传统 VLAN 意图网络的紧凑核心层设计方案。

该网络基线配置的主要目标是为交换机提供最小化配置。由于基线是意图网络的"底层"网络，因而基线中的所有配置项都应该尽可能静态化。同时，为交换机与思科 DNA Center 之间的连接配置单个管理 VLAN，将管理 VLAN 逻辑隔离在自己的管理 VRF 中。优选通过两条上行链路与 WAN 相连，上行链路应支持感知 VRF 的路由协议（如多协议 BGP），以创建虚拟网络。该需求与 SDA 边界节点的需求相似。虽然该拓扑结构未使用生成树，但是在网络上启用了 BPDU 保护和广播风暴检测机制。

第二阶段为园区中的所有服务和功能性网络都建立了标准化的交换机配置。虽然此时的园区网络还不是意图网络，但这种标准化配置的实际效果相同，构建了一个可维护的园区网络，拥有了网络基线且运行了所有请求的意图。接下来将详细描述如何从标准化的交换机配置（第二阶段的成果之一）中提取网络基线。

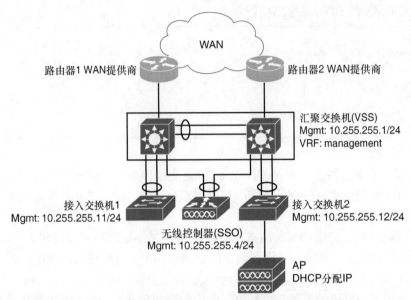

图 9-4 意图网络的紧凑式核心层园区网络设计方案

1. 提取基线

从意图角度来看，有线园区网络包括两种角色：接入交换机（提供二层连接）和汇聚交换机（提供三层连接和虚拟网络隔离能力）。

可以采用相同的步骤提取这两种角色的基线。操作完成后，就可以为这两种角色创建两种模板（基线模板和意图模板）。具体步骤如下。

- **步骤 1**. 创建两份（运行）配置的备份；这些备份是将要使用的配置。
- **步骤 2**. 删除所有 VLAN 及相关配置，以创建最小（基础）配置。
- **步骤 3**. 删除与特定业务需求相关的其他配置，以进一步简化配置。
- **步骤 4**. 将剩余配置转换成可部署的最小基线配置。
- **步骤 5**. 保存为基线模板。
- **步骤 6**. 创建意图模板，包含当前网络已部署的所有意图。
- **步骤 7**. 验证提取出来的基线模板是否缺少必要的功能或特性。

接下来将详细解释上述步骤。

（1）步骤 1：创建两个（运行）配置的备份

第一步是创建两份标准配置的备份，其中一份作为后续步骤的源配置。如果第二阶段创建了模板，那么就可以将这些模板作为源配置，但是必须将这些单独创建的模板组合起来。也就是说，用来提取基线的源配置必须是单台交换机的完整配置。虽然配置中可以包含变量（使用模板作为源配置），但必须是完整的配置。

（2）步骤 2：删除所有 VLAN 及相关配置

园区网络中的所有 VLAN 都反映了提供给企业的特定功能或服务。从本质上来说，

VLAN 表示的就是要在园区网络上运行的部分意图。本步骤的目的是从源配置中剥离所有 VLAN 及其相关配置，从而将与业务相关的配置与最低管理配置相分离。唯一保留的 VLAN 就是管理 VLAN 以及用于管理接入的 IP 地址。必须删除与 VLAN 相关的所有配置（如路由配置和 VRF 定义），最终结果就是确保源文件仅用于设备的管理性接入。

（3）步骤 3：删除与特定业务需求相关的其他配置

设备可能配置了特定业务需求，而这些业务需求与交换机本身并没有直接关系。这类配置的一个案例就是服务质量。本步骤仅删除用户定义或用户要求的功能特性，全局性的安全功能特性（如 IPv6 RA 保护、IP DHCP 监听和 IP 设备跟踪等）都应该保留在源模板内。这里有一条实用的经验规则：如果某功能特性适用于全局，那么就保留在模板中；如果仅用于特定网络或特定用户，那么就删除。

（4）步骤 4：转换剩余配置

完成上述步骤之后，就可以从源配置中删除所有在网络上创建和部署的意图。接下来需要将源模板转换为 IBN 的基线模板，并按照以下清单验证源文件是否涵盖了如下功能特性（如果否，那么就需要相应地修改源文件）。

- **管理 VLAN 到网络的连接性**：需要在源文件中定义管理 VLAN 及其相关设置（如 IP 地址、网络掩码和路由信息）。基于传统 VLAN 方式部署 IBN 时，必须配置管理 VLAN。管理 VLAN 可以是基于专用管理 VRF 的带内方式，也可以是基于带外网络的专用带外管理端口。这两种情形都可以，只要设备的管理流量与其他网络流量分开即可。
- **限制管理性接入**：应该限制对设备的管理性接入。配置源文件时要以限制对设备的管理性接入为基准，最好禁用明文管理协议（如 HTTP 和 Telnet）。
- **禁用生成树**：应该在园区网络中禁用生成树。强烈建议完全禁用生成树，并配置源文件以利用 BPDU 保护和广播风暴控制机制来防范意外环路。一种例外情况是，如果某个园区站点的接入网络在设计上就存在物理环路，那么就应该使用单个实例配置 MST。
- **第一跳安全性**：安全性是意图网络的重要组成部分。配置第一跳安全性的最佳实践是，无论企业是否有意使用 IPv6，都应该涵盖 IPv6 第一跳安全特性（如下文所述）。
- **IEEE 802.1x 的 RADIUS 配置**：通过集中式策略服务器下载策略和特定意图都需要 RADIUS。需要在源文件中包含 RADIUS 的配置。
- **标准的接入端口配置**：由于 IBN 通过策略服务器推送策略（根据连接到网络上的设备的身份信息），因而可以创建和部署默认的接入端口配置。可以通过宏来定义默认的接入端口配置，并在部署接入交换机时使用宏。
- **标准的上行链路端口配置**：在相关的源文件中对接入交换机和汇聚交换机的上行链路端口配置进行标准化。将接入交换机的上行链路标准化为 PortChannel1（无论上行链路的成员数量是多少），这种方法对于意图的标准化和验证来说非常有利。对于大型部署环境来说，建议在站点中安装无线控制器，并通过专用的端口通道号和配置连接无线控制器。这对于配置的标准化来说也非常有用。例如，在汇聚交换机上，将 PortChannel1 和 PortChannel2 用于 VSS，将 PortChannel5 用于无线，将 PortChannel8 和 PortChannel9 用于连接 WAN 的上行链路，将 11 以后的 PortChannel 用于连接接入交换机。

> ### IPv6 第一跳安全（IPv6 First Hop Security）机制
>
> IPv6 是一个与 IPv4 相对独立的协议栈，是 IPv4 的升级版协议。有些园区网络可能会同时运行 IPv4 和 IPv6（双栈），但多数企业网主要运行的还是 IPv4。为了实现向 IPv6 网络的平滑过渡，RFC 要求操作系统应该首选 IPv6 网络和连接（如果存在该连接），次选 IPv4。为了满足该 RFC 要求，最近连接网络的大多数设备（或主机）操作系统都已经默认启用了 IPv6。即使企业本身并未使用 IPv6，但仍在网络中运行了 IPv6（可以在没有 DHCP 服务器的情况下运行）。运行 IPv6 的时候（缺少安全团队），恶意用户可能会滥用与此前 IPv4 相似的 IPv6 恶意行为。因此，无论企业是否运行了 IPv6 网络，都建议在园区网络中部署 IPv6 第一跳安全机制。

汇聚交换机负责为不同的意图提供 IP 连接，并通过 VRF 隔离不同的意图。因此，汇聚交换机的源配置文件还必须包括以下内容。

- **管理 VRF 定义**：管理流量应该与运行意图相隔离，这一点与 SDA 部署方案中的底层网络相似。需要为汇聚交换机配置正确的管理 VRF。
- **支持 VRF 的路由配置**：在网络上部署意图时，某些意图需要通过 VRF 实现网络的彼此隔离，因而需要为路由协议创建标准化的配置（包括管理 VRF）。在汇聚交换机上配置 VRF 时应该易于与路由协议配置进行集成，此时最常用的路由协议是 BGP。
- **连接 WAN 的上行链路**：汇聚交换机还负责通过上行链路连接 WAN，因而需要创建一个上行链路端口通道配置，从而可以轻松地添加和删除对等 VLAN（将不同的虚拟网络连接到 WAN 网络）。

本步骤完成后，就可以将生成的源文件视为 IBN 的基线模板。模板中包含所有必要的配置信息（包括管理 VRF、全局启用的安全特性和网络特性）。有了该源文件之后，就可以在网络上添加和删除意图。

（5）步骤 5：保存为基线模板

查看上一步的结果，为与组织机构相关的值创建变量。这些变量通常包括主机名、域名、日志设置以及管理服务器的 IP 地址等。将这些值定义为变量之后，就可以将结果保存为特定角色（有线或无线）的基线模板。同样，建议记录并解释所创建的所有变量。

（6）步骤 6：创建意图模板

创建了基线模板之后，接下来就要创建与园区网络上的当前网络和服务相匹配的意图模板。创建意图模板时，需要将刚刚创建的基线模板与第二份备份文件进行比对。两者的差异包括特意在基线中删除的所有意图和潜在配置。查看差异并删除相应的配置之后，就可以将结果保存到可部署的意图模板中。

（7）步骤 7：验证

最后一步是验证两个新创建的模板对于现有网络来说是否有效。可以在实验环境中执行验证操作，也可以将两个模板合并之后与第一步创建的配置备份进行比对，并修复可能的差异，特别是与用户或功能相关的功能特性（如 VLAN、QoS 等）。

本任务的最终结果是为每种角色（接入和汇聚交换机）创建两种模板。基线是从第二阶段的标准化配置中提取的。

2. 迁移策略

接下来可以采取两种不同的方式将刚刚创建的基线部署到首个 IBN 站点。

（1）选项 1：自动方式

部署新拓扑结构的最简单方法就是将思科 DNA Center 的模板能力与 PnP 结合起来。根据前面的步骤，提取基线时至少创建了 4 个模板：

- 接入交换机的基线模板；
- 汇聚交换机的基线模板；
- 接入交换机的所有运行网络模板；
- 汇聚交换机的所有运行网络模板。

思科 DNA Center 的 PnP 功能可以为新设备定义引导模板（Day-0 操作），并将该模板作为网络配置文件分配给站点，属于该站点的交换机都将获得该配置文件（以及相关联的模板）。将模板部署到首个 IBN 站点的过程就充分利用了该能力，步骤如下。

- **步骤 1.** 定义网络配置文件并将意图模板关联到该站点。
- **步骤 2.** 将接入交换机的基线模板关联到同一个站点作为引导模板。
- **步骤 3.** 使用汇聚交换机的基线模板配置汇聚交换机。这是一个手动步骤，因为 VSS 需要进行手动配置并重启，无法使用 PnP 的自动化机制。
- **步骤 4.** 发现新汇聚交换机并与站点相关联，使得思科 DNA Center 能够将意图模板调配给汇聚交换机。
- **步骤 5.** 清除接入交换机的配置并重新加载以启动 PnP 进程。

注：为了在接入交换机上重启 PnP 代理，需要删除以下文件：运行配置、VLAN 数据库、私钥、证书以及所有以 pnp 开头的文件。

- **步骤 6.** 通过 PnP 进程将基线模板关联到接入交换机以提供基线配置。

步骤 6 结束之后，就可以将所有网络设备分配并调配给指定站点。由于已经将模板全部分配给了该站点，因而表明该站点向 IBN 迁移的过程已经完成。

虽然很多迁移操作都是自动进行的，但仍然需要进行重启。这会导致园区站点出现一定的网络中断问题，需要在适当的服务窗口执行这些操作。与模板一样，也应该提前在实验环境验证上述迁移流程。

（2）选项 2：手动配置方式

作为一种可选方式，如果不允许园区站点的网络出现中断，那么就可以采用手动配置方式配置基线。为此，需要制定详细的迁移计划，以尽量减少对网络造成的破坏。迁移计划应分为"迁移前""迁移中"和"迁移后" 3 个阶段。要在迁移指南中着重考虑如何将"迁移中"的时间缩至最短，因为该阶段可能会产生难以预料的结果。此外，如果远程执行变更操作且更改了管理 IP，那么就存在设备断网及变更失败的风险。手动配置通常包括以下步骤。

- 步骤 1. 将管理 VRF 迁移到基线配置。
- 步骤 2. 删除不必要的服务。
- 步骤 3. 为汇聚交换机准备新配置（将基线合并到运行配置中）。
- 步骤 4. 逐个将接入交换机迁移为新配置。
- 步骤 5. 删除汇聚交换机中的旧配置。
- 步骤 6. 验证配置并与基线进行比对。

一般来说，以手动配置方式执行变更操作需要在准备和执行阶段花费更多的时间。因此，应该在手动配置工作量与自动迁移测试过程中发现的中断影响之间进行权衡。

无论采取哪种迁移方法，迁移结束后，都会在站点上部署一个基线配置以及两个通用意图模板。至此，已经完成了首个园区站点向 IBN 的迁移操作。

9.4 转换为意图

到了本阶段，第一个园区站点已经开始运行意图网络。此时，该园区站点使用的是基线配置，而且极可能运行了单个大型意图，涵盖了该站点园区网络上的所有可用服务。虽然已经有了基线，但是还不能完全称之为意图网络，因为还需要将众多意图应用到网络上。

如本书第一部分所述，意图网络就是将业务意图（或功能意图）转换为许多推送给网络的配置构建块，同时还要持续验证这些构建块的功能和运行是否符合预期。本步骤的目标就是提取当前组织机构园区网络上运行的所有意图。这一点与污水处理设备过滤废水的步骤相似：首先过滤粗颗粒物，然后再逐步过滤废水中的细颗粒物。提取现有意图的过程包括以下 4 个步骤。

- 步骤 1. 为全局服务定义意图：首先定义可被定义为意图的全局可用网络服务（根据园区网络上当前运行的服务）。从本质上来说，DHCP 和 DNS 都是被紧密集成到特定功能网络中的网络服务，不应该将其视为全局服务。可以将 Internet 接入视为全局服务。
- 步骤 2. 在功能网络层面定义意图：定义不同的运行在园区网络上的功能网络。企业通常会为员工、访客服务、IP 摄像头、物理安全、打印机、BYOD 设备以及无线 AP 等定义功能网络。如果不同的功能网络有各自特定的需求，那么必须识别这些要求。
- 步骤 3. 为设备组定义意图：该层面的意图描述了功能网络中特定端点组所需的网

络功能和服务。例如，仅允许与采集器进行通信的特定 IoT 传感器网络，或者仅允许与轻量级交换机进行通信的特定控制器。另一种明细意图的案例就是将员工细分为制造部门、销售部门、人力资源部门等。

- **步骤 4. 为应用定义意图**：最精细的意图就是各种应用对网络的需求。最常见的案例就是语音和视频通信网络对服务质量的需求。

这种模型驱动的意图定义方法，允许企业逐渐适应意图网络的理念，逐渐从通用意图发展到明细意图。提取出所有意图之后，需要将它们都注册到一张表格中，这个表格除了描述意图本身之外，还要记录意图的特殊需求，最好能够记录每种意图是否仅为有线意图、是否仅为无线意图或者记录协议层面等信息。表 9-1 给出了一个意图定义示例。

表 9-1 意图定义示例

意图名称	描述	有线	无线	特殊需求
Internet 接入	为所有联网端点提供 Internet 接入	是	是	需要通过下一代防火墙检测流量
访客接入	无线访客接入	否	是	只有在赞助商创建账户并接受 AUP 之后才能访问
BYOD 接入	允许员工自带设备	是	是	仅允许成功登录思科 ISE 之后接入
安全摄像头	用于人身安全的闭路电视	是	否	专门接入视频墙；紧急响应可以在提出支持请求后连接
key-fob	所有门上的 key-fob	否	是	仅允许连接门禁管理系统

确定了意图表之后，接下来就要执行本步骤最困难的操作：利用这些意图和园区站点的运行配置提取意图模板。也就是说，表中描述的意图已经通过园区网络中的特定配置项实现了，现在所要做的就是将各种意图归纳为可以反复使用的模板。

虽然本步骤确实很困难，但是完全可以借助自动化工具，将新意图成功部署到网络上。例如，对于园区网络来说，所请求的意图是无线访客网络还是员工无线网络并没有什么区别，因为它们在本质上都是虚拟网络，需要进行逻辑隔离。同样，根据安全策略，无线 BYOD 网络与无线访客网络也完全可能是同一个网络，只是需要不同的 SSID 而已。因此，这 3 种不同的意图都可以使用相同的虚拟无线网络模板。

案例：从现有无线网络提取意图

FinTech 公司引入无线网络时，部署了 3 个无线网络：一个用于访客和外部承包商；一个用于员工；还有一个用于特殊的管理目的。部署这 3 个无线网络的原因是出于管理和安全性考虑。FinTech 希望每个月都轮换访客网络的预共享密钥，但不需要员工更换密码。这样做的目的是为管理层设备提供更好的服务质量（使用更高的 QoS 等级）。此外，安全性要求无线网络不能与生产网络共享，因而所有网络在访问 Internet 时都要进行终结（使用 3 个 VLAN，每个无线网络一个 VLAN）。

向 IBN 迁移的时候，可以将这 3 个不同的无线网络都转换成一个无线网络模板（将变量作为输入参数）。定义以下参数。

Name：无线意图的名称。

SSID：无线 SSID 的名称。

BroadcastSSID：布尔值，用于确定是否广播该 SSID。

externalVLAN：终结流量的 VLAN。

preSharedKey：无线网络使用的预共享密钥。

无线网络的其他可配置项都相同。如果必须轮换访客密码，那么就需要使用新的 preSharedKey 值重新部署模板。

从本例可以看出，可以通过模板和参数对特定实现进行归纳总结，实质上这就是 IBN 的强大之处。如果运维团队暂时还无法根据园区站点的运行配置创建模板，那么可以考虑暂时寻求外部团队的技术支持。

例如，软件设计人员善于将特定用例（意图）转换为逻辑可编程比特（模板）。这个过程需要良好的心态和思维方式，寻求外部支持也非常有必要。当然，网络运维团队也能在学习可编程性的过程中受益。

完成了运行意图的模板化之后，就可以将这些模板导入到思科 DNA Center（或其他将意图转换为自动化的工具）中。模板导入之后，就可以将它们部署到特定园区站点，从而将该园区站点转换为彻底的意图网络。

9.5 扩展意图网络

本阶段已经将园区网络中的单个站点位置部署成了意图网络。转换和识别意图的过程中可能会出现各种各样的意外事件或故障问题，将这些经验教训记录下来，对于后续进一步扩展 IBN 来说非常重要。接下来将从两个方向扩展意图网络：站点位置和意图隔离。

9.5.1 站点位置

最简单的扩展方式就是增加更多的站点位置。采用与第一个迁移站点相同的流程和操作，将其他园区站点也迁移为意图网络。虽然这是一种合乎逻辑的扩展步骤，但需要注意的是，必须以受控方式将更多的站点位置迁移为意图网络，且每次迁移一个站点，确保有足够的时间解决特定站点问题。限制每次仅迁移一个站点，不但能够减少同时解决两个站点意外事件（由于迁移操作）的不利影响，而且还可以将每次迁移操作学到的经验教训用于下一个站点。

不同的 IBN 站点位置之间的 WAN 使用 VPN 将 WAN 上的虚拟网络进行逻辑隔离。如果采用 SDA 部署 IBN，那么就可以使用被称为 SDA 分布式园区（SDA Distributed Campus，也称为 SDA 多站点）的概念。SDA 分布式园区可以在 SDA Fabric 网络（部署在所有园区站点位置）之间定义一个特殊的转接网络（SDA 转接网络）。

　　SDA 转接网络负责互连每个 Fabric 的边界节点。SDA Fabric 在 Fabric 内部有一个单独的控制节点，用于存储和聚合来自各个 Fabric 中的控制节点的端点查询操作。这种信息交换操作需要与每个 Fabric 的边界节点以及转接控制节点进行通信。图 9-5 给出了两个园区站点之间的转接网络示意。

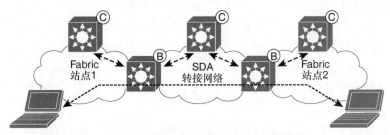

图 9-5　SDA 分布式园区部署示意

　　由于交换了路由信息，因而每个 Fabric 中的边界节点都能找到目的地，并将数据包直接发送给其他 Fabric 的边界节点，从而允许两个节点之间实现更加直接的通信路径。虽然有更直接的通信路径，但是每个域的边界仍然保留了封装和解封装的概念，从而出现了 3 个不同的封装点（站点 1 中的边缘节点到边界节点，转接网络中的边界节点 1 到边界节点 2，以及站点 2 中的边界节点到边缘节点）。由于使用了与 SDA Fabric 相同的机制，因而能够为点对点通信创建端到端的安全策略。思科 DNA Center 可以自动管理 SDA 转接网络。SDA 转接网络本身既可以是基于 IP 的转接网络（将虚拟网络映射为 VRF-Lite 或 MPLS 网络），也可以是单独的基于 SDA 的 Fabric。部署 SDA 转接网络能够为意图网络提供更高水平的自动化能力和安全机制，可以通过本操作部署 SDA 转接网络（如果适用）。

9.5.2　意图隔离

　　另一种扩展方式就是意图隔离。虽然前面已经通过适当的模板定义了多种意图，但是这些意图很可能运行在同一个 IP 网络上。也就是说，园区网络上部署的意图可能没有进行任何隔离。

　　例如，不同的 IoT 网络设备、咖啡厅里的 POS 机以及其他第三方托管设备可能位于同一个意图中。将不同功能的设备进行逻辑隔离有助于提高 IBN 的安全性。

　　无论新园区网络采用的是传统 VLAN 还是 SDA 模式，意图隔离都能在逻辑上隔离意图并获得意图隔离的好处，从而降低交叉感染的风险，提高安全性。可以通过本步骤确定哪些意图能够在逻辑上隔离，并通过采纳或调整早期创建的模板来实现意图隔离。

9.5.3　本节小结

　　总之，本任务主要从两个方向来扩展意图网络。任务完成后，可以将意图网络扩展到所有园区站点位置。同样，如果出于安全性考虑或其他原因，需要将现有意图进行逻辑分离，那么也可以通过本任务实现该目标。至此，所有园区网络都已经运行为意图网络了。

9.6　提高安全性

到了第三阶段的这一步，所有园区站点都已经开始运行意图网络。但意图网络的一个重要组成部分就是网络安全，意图网络默认启用该功能特性。

第二阶段基于 MAC 地址为特定设备分配了特定策略，这在当时是可以接受的。可以将交换机配置方式从以端口为中心迁移到以策略为中心，使得配置过程更加简单、顺畅。

但事实上，只要在 Windows 中简单地更改属性或者在 Apple macOS 或 Linux 系统上使用 CLI 命令，就能轻松做到 MAC 地址欺骗，因而不能简单地利用 MAC 地址进行网络设备认证。

向 IBN 迁移的最后一步是完善和提高园区网络的安全性。将该操作作为本阶段最后一项任务的主要原因（可能）是引入 IEEE 802.1x 会对所有联网端点都有影响。

9.6.1　802.1x 安全

如前所述，由于 MAC 地址很容易被欺骗（伪造），因而不能通过 MAC 地址进行网络的端点(或用户)认证。使用 MAC 地址的认证机制也被称为 MAB(MAC Authentication Bypass，MAC 旁路认证)，从字面就可以看出认证被旁路（绕过）了。MAB 适用于端点不支持 IEEE 802.1x 标准的场景。不过，从 Windows XP SP3 开始已经支持 IEEE 802.1x。也就是说，现代操作系统都支持 IEEE 802.1x 认证标准。

仅当园区网络未部署 IEEE 802.1x 解决方案，且第二阶段基于 MAC 地址从以端口为中心迁移到以策略为中心的配置模式时，才需要执行本任务。

部署 IEEE 802.1x 可能会影响用户体验，因为 IEEE 802.1x 在允许端点进入网络之前需要对其进行认证。也就是说，如果认证失败，将拒绝端点访问网络。这样一来，用户就可能会向运维团队提交故障工单。为了将影响降至最低，建议按照步骤方式引入 IEEE 802.1x。强烈建议在生产网络中执行各阶段的变更操作之前，先在实验环境进行测试。这不但有利于尽可能地减少故障，而且还能帮助运维团队在网络中执行变更操作之前通过测试熟悉整个流程。

1. 需求

执行第一阶段操作之前，需要首先了解引入 IEEE 802.1x 对网络的需求。最低需求如下。

- **端点支持 IEEE 802.1x**：这是显而易见的需求，大多数设备都必须支持将 IEEE 802.1x 作为认证机制之一。大多数现代端点设备（如工作站、IP 摄像头、打印机和 IP 电话）都支持 IEEE 802.1x。虽然并非所有设备都支持认证证书，但通常都支持用户名/密码。如果端点声明不支持 IEEE 802.1x，那么必须与供应商进行确认，因为端点固件升级或者对端点设备不熟悉都有可能触发这类声明。

- **RADIUS 服务器**：IEEE 802.1x 的另一个关键需求是运行 RADIUS 协议的集中式策略服务器。第二阶段已经在园区网络中安装了 RADIUS 服务器，建立了以策略为中心的策略模型。
- **交换机和无线配置**：适用于接入交换机和无线控制器。交换机已经拥有有效的 RADIUS 配置，可以接收意图策略。无线网络可能尚未使用 RADIUS，但默认能够配置 IEEE 802.1x。

> 注：自 WPA 出现以来，IEEE 802.1x 就已经嵌入到了无线网络中。IEEE 802.1x 是 WPA2 企业解决方案的重要组成部分。所有无线设备都支持 IEEE 802.1x 用户名/密码或认证证书。需要注意的是，最佳实践是不使用微软活动目录（Active Directory）的用户凭据来访问企业无线网络，而是由无线端点存储用户名和密码，从而避免每次设备尝试连接无线网络时都要求用户输入密码。对于智能手机来说，为了节省电池电量，通常都会断开与无线网络的连接，仅当用户激活了手机之后，才在后台进行快速连接。
>
> 无线网络名称（包含用户凭据）都存储在首选网络列表当中。
>
> 恶意假冒者可以很容易地冒用企业的无线网络名称，在饭馆等公共区域广播该无线网络。智能手机没有意识到当前位置不在企业内部，完全被无线网络名称所误导，致使智能手机使用首选网络列表尝试连接网络。重试多次之后，无线网络会自动授予手机访问权限，使得手机认为其已经连接网络。
>
> 虽然密码本身并不是以明文方式通过无线发送给恶意无线网络的，但恶意假冒者仍然能够通过用户发送给伪造 AP 的信息，轻松破解用户的密码信息。
>
> 如果利用活动目录的凭据访问无线网络，那么这种恶意行为就能轻易获得证书信息并将其用于其他恶意访问行为。
>
> 这也是不建议在无线网络中使用用户名/密码的主要原因。证书更加安全，因为证书通过非对称加密特性进行双向认证，而且不共享任何用户凭据。
>
> 借助现代解决方案（如移动设备管理、AD 组策略以及思科 ISE 中的 BYOD PKI 基础设施），可以很方便地为无线访问部署证书机制。

2. 第一步：引入和配置 IEEE 802.1x

满足上述需求之后，就可以为网络访问控制机制的配置执行第一步操作。第二阶段已经将网络配置为仅使用 MAB 作为认证协议，本步骤需要将 802.1x 认证机制（包括调整后的定时器[希望实现更快的故障切换]）添加到默认的接入端口模板中。可以按照例 9-4 将 802.1x 添加到接入端口配置中。需要注意的是，必须禁用端口安全特性，因为该特性与 IEEE 802.1x 相冲突。

例 9-4 在接入端口配置中添加 802.1x

```
interface $AccessPort
 no switchport port-security
```

```
authentication host-mode multi-domain
authentication order dot1x mab
authentication open
authentication priority dot1x mab
dot1x timeout tx-period 2
dot1x max-reauth-req 3
!
```

例 9-4 的配置要求交换机首先尝试 IEEE 802.1x（dot1x），然后再尝试 MAB。作为一种可选方式，也可以通过 Autoconf 配置 IEEE 802.1X（以及其他交换端口功能特性）。Autoconf 是思科 IOS 15.2(2)E 推出的一种功能特性，有关 AutoConf 的详细信息请参阅 *Cisco Identity Based Networking Services Configuration Guide*。

除了交换端口配置外，还要为 RADIUS 服务器配置适当的认证和访问策略。这些策略必须与现有的 MAB 策略相匹配。

此外，还要与相关部门通力合作，为端点配置 IEEE 802.1x 认证机制。配置完成之后，这些端点就开始使用 IEEE 802.1x，而不再是 MAB。

由于网络已经正确配置了 MAB，因而端点出现网络中断的风险相对较低（因为可以回退到 MAB）。

3. 第二步：监控和改进

为网络和端点配置了 IEEE 802.1x 之后，就可以进入"监控和改进"阶段。此时，需要园区网络运维团队与端点运维团队密切合作，持续监控哪些端点能够使用 IEEE 802.1x 进行认证，但是却在使用 MAB。必须将这些端点作为例外事件进行处理，出现这种情况的原因可能是设置错误或其他原因。

随着时间的推移，未使用 IEEE 802.1x 进行身份认证的端点数量将越来越少，直至为零，或者只有极少数设备不支持 IEEE 802.1x。

4. 第三步：优化策略

使用 MAB 认证机制的端点数量降至最低之后，就可以优化 RADIUS 服务器的认证和授权策略。请注意，此时仍然存在双重策略：一个用于 IEEE 802.1x；一个用于 MAB。由于本步骤将要删除过时的 MAB 策略，因而只需要优化 RADIUS 服务器策略。很明显，这一步需要持续监控策略优化操作，以免引发意外网络事件。

完成这一步之后，就可以成功地将 IEEE 802.1x 引入园区网络。

9.6.2 SGT

本阶段的园区网络已经是意图网络，且根据设备的身份和授权情况将设备组划分为不同的虚拟网络，每个虚拟网络都有自己的安全策略（基于所请求的意图、IP 地址和访问列表）。

不过，单纯的虚拟网络并不能提供足够的安全性。对于虚拟网络来说，出于某种原因，有可能不允许网络中的特定设备组访问特定资源（基于意图）。例如，不允许销售人员访问人力专用资源（原因之一是 GDPR[General Data Protection Regulation, 通用数据保护条例]）。

也就是说，微分段对于 IBN 来说是必需的，也是 IBN 的重要组成部分。

可以通过 SGT（Scalable Group Tag，可扩展组标签）在虚拟网络中部署所需的微分段。SGT 最初出现在思科 TrustSec 中，当时称为源或安全组标签（Source or Security Group Tag）。有关 SGT 的详细内容可参阅附录 A。

SGT 的关键优点在于，可以根据策略标签而不是 IP 地址来定义安全策略。这样就能为微分段提供通用且简化的网络访问策略。

案例：利用 SGT 实现微分段

SharedService 集团运营了大量园区网络，通过融合数据中心的 VDI 为最终用户提供桌面服务。由于大量用户都处于移动和出差状态，因而大多数访问网络的被管工作站（通过扩展坞或无线方式）都是基于本地配置文件的笔记本电脑。

幸运的是，SharedService 集团的园区网络并未受到 2017 年 6 月爆发的 nPetya 病毒的攻击，也没有遭受其他在网络内大面积传播的勒索软件的袭击。不过，SharedService 已经意识到这类攻击爆发后的风险和后果，因而决定在园区网络中部署防范措施。

由于 SharedService 已经迁移到了意图网络，因而可以利用 SGT 提供安全解决方案。为此，创建了一个 SGT 标签 managedWorkstation（被管工作站），并在策略矩阵中规定，不允许携带 SGT 标签 managedWorkstation 的被管工作站之间进行通信。

由于园区网络采用了思科 ISE 进行设备认证，因而设备会收到该标签。接入交换机则从思科 ISE 下载 SGACL 并用于接入端口的入站流量，从而阻止了虚拟网络中的被管工作站之间的水平通信。

本阶段已经在先前任务中确定了园区网络的意图。如果这些意图需要微分段，那么就可以通过本步骤将 SGT 和适当的安全策略引入并部署到园区网络当中。

如果基于传统 VLAN 向 IBN 迁移，那么就必须确定园区网络接入层中运行的各种 Catalyst 交换机对 SGT 的支持情况。根据经验，所有支持思科 DNA 的交换机都能处理 SGT 和 SGACL。Catalyst 2960 系列交换机尚不支持思科 DNA，因而必须特别关注并验证当前的支持情况。交换机运行的不同 IOS 版本对 SGT 的支持情况可能不尽相同。

对于 SDA 网络来说，如果思科 DNA Center 集成了思科 ISE，那么就可以通过思科 DNA Center 定义微分段策略。如果采用的是传统 VLAN 部署模式，那么就要在 ISE 中手动定义策略矩阵和授权策略。与所有网络变更一样，建议首先在实验环境中测试新安全策略。

9.7 风险

第三阶段在企业的所有园区站点都取得了积极有效的 IBN 迁移效果。在向 IBN 平滑迁移的过程中，所有准备工作都取得了预期成果。虽然确实很好，但本阶段仍然存在多种风险因素。接下来将详细介绍这些风险以及相应的预防措施。

9.7.1　迁移到 SDA 的风险

从组织机构的角度来看，基于传统 VLAN 方式开启 IBN 之旅的原因很多。除了硬件替换成本等硬性原因之外，还有很多与迁移和维护成本相关的原因。只要园区网络实现了配置标准化，采用传统 VLAN 方式向 IBN 迁移的难度就会大大降低，部署操作也相对较为容易。

不过，从长远角度来看，SDA 模式的优点更加明显，是下一代园区网络的发展方向。组织机构采用传统 VLAN 方式部署了意图网络之后，很可能会认为迁移操作已完成，但事实却远非如此。

企业应该在适当的时机将园区网络迁移到 SDA，并需要定期根据组织机构的应用和网络需求验证 SDA 的功能特性。如果 SDA 的功能特性能够满足组织机构的应用和网络需求，那么就应该利用本阶段描述的方法在园区网络中适时引入 SDA。已经运行意图网络的好处在于，运维团队已经习惯了这种新型网络运维概念，而且拥有更多的时间准备后续迁移工具。

需要注意的是，在向 SDA 迁移之前，务必与干系人和管理层保持密切沟通，以降低可能的过早结束迁移过程的风险。

9.7.2　扩展性风险

第三阶段的一个重要步骤就是确定向 IBN 迁移的部署技术（SDA 或传统 VLAN 模式）。虽然思科 DNA Center 为这两种迁移模式都提供了最佳解决方案，但早期版本的 SDA 和思科 DNA Center 存在一定的限制，SDA Fabric 支持的端点数量以及 DNA Center 解决方案都难以满足大型组织机构的需求。随着思科 DNA Center 和 SDA 技术的不断发展，支持的端点数量也在不断增加。

虽然人们在选择迁移技术和思科 DNA Center 时确实考虑了容量问题，但仍然存在预期端点数量被低估的风险。也就是说，实际端点数远远大于预期数。随着端点设备数量呈现指数级增长以及 IoT 设备的大量引入，这一风险将变得越来越大。为了预防此类风险，可以考虑两种预防措施（应该同时考虑两者）。

最重要的预防措施就是向管理层汇报可能存在的容量限制和未来大幅增长的预期，不断告诉管理层，可能要比经济预期更快的速度替换思科 DNA Center。由于该预防措施需要花费一定的成本，因而必须提前做好沟通，铺平道路。

第二种预防措施是将园区联网端点的预期数量加倍，并据此设置 DNA Center 的规模，或者采用多 DNA Center 解决方案，以应对未来快速增长的风险。

9.7.3　培训风险

本阶段的一个重要任务就是培训。意图网络在很大程度上依赖于配置抽象、模板和自动化能力，同时还要利用分析功能实现快速故障排查。为了成功部署 IBN，运维团队必须亲自执行大多数网络和运维变更操作，这一点强调再多次也不为过。这就意味着必须对网络运维团队进行各种必要的网络运维方法培训,让他们学会使用模板甚至脚本对自动化工具进行编程。运维团队必须学会以不同的方式在网络上执行变更操作。

　　培训是学习新方法的重要组成部分,包括知识培训(理论培训)和操作培训(实践培训)。这里假定(强烈建议)大多数变更操作都是由网络运维团队执行的,否则必须将运维团队的全体人员都纳入培训范围。从本质上来说,运维团队在执行园区网络迁移操作的过程中就一直在实践这些新方法。

　　虽然培训带来的益处是非常明显的,但是也存在一定的风险。因为大多数与 IT 相关的组织机构(也有例外)都希望员工在业余时间学习新技术,而不是直接接受正式培训。为了确保网络能够成功迁移并运行 IBN,对网络迁移过程中用到的技术、流程进行正式培训必不可少。为了降低风险,建议制定周密的培训计划,对运维团队进行 IBN 和 SDA 方面的知识培训,并利用培训机会让运维团队更多地参与迁移流程。

9.8　本章小结

　　企业做好组织机构和网络层面的意图网络准备工作之后,就可以开始执行第三阶段任务。事实上,此时已经完成了艰巨的标准化和需求匹配工作,网络已经可以开始运行为意图网络。第三阶段的目的是在园区网络中引入和扩展意图网络。为了成功执行第三阶段任务,必须依次执行以下 6 个步骤。

- 　**步骤 1. 实验环境**:强烈建议首先建立一个能够模拟园区网络运行状况的实验环境,从而允许运维团队在实验环境中测试新技术,测试迁移路径并学习新技术。
- 　**步骤 2. 技术选择**:确定采用何种技术向 IBN 迁移。虽然 SDA 是未来园区网络的默认配置,但组织机构的特定功能需求以及限制因素可能表明传统 VLAN 方法更适合。
- 　**步骤 3. 部署基线**:在园区网络中选择首个部署 IBN 的站点并在该站点部署基线配置。必须慎重选择第一个站点位置,因为对于成功部署来说至关重要。完成第一个站点的 IBN 部署之后,园区网络就拥有了基线配置和一个涵盖该站点所有网络服务的大型意图。
- 　**步骤 4. 将现有服务转换为意图**:将步骤 3 中涵盖所有网络服务的单一意图提取为园区网络中的多个不同意图。
- 　**步骤 5. 扩展意图网络**:将单个站点位置转换为意图网络之后,可以利用学习到的经验教训,将意图网络扩展到其他站点位置。
- 　**步骤 6. 提高安全性**:IBN 的一个关键需求就是利用 IEEE 802.1x 实现网络访问控制。如果组织机构还没有部署 IEEE 802.1x,那么就可以通过本步骤部署 IEEE 802.1x。成功部署 IEEE 802.1x 之后,就可以利用 SGT 实现微分段策略并提高网络安全性。

　　第三阶段在企业的所有园区站点都取得了积极有效的 IBN 迁移效果。在向 IBN 平滑迁移的过程中,第一阶段和第二阶段已经做了大量准备工作,以确保迁移过程的顺利进行。不过，本阶段仍然有可能出错，因为确实还存在很多需要识别和防范的风险。

- **迁移到 SDA 的风险**：本阶段的一个重要步骤就是确定向 IBN 迁移的部署技术。如果选择的是传统 VLAN 模式，那么迁移操作完成后很可能会出现"成就感"和"完成感"风险。不再关注 SDA，也就永远无法实现 SDA。必须持续验证 SDA 的功能特性并与干系人保持密切沟通。从长期来看，必须演进到 SDA 以防范这种风险。

- **扩展性风险**：早期的思科 DNA Center 版本在扩展性方面存在一定的限制，因而选择思科 DNA Center 解决方案时可能存在容量被低估的风险（IoT 设备快速增加是可能的原因之一），而且可能未达到预期效果，从而导致接受度和迁移成功率大大降低。为了防范该风险，建议将预估的端点数量加倍来选择思科 DNA Center 的容量。此外，还要与管理层保持持续沟通，说明当前选择的规模只是预估数，未来有可能出现更大规模的容量需求。

- **培训风险**：本阶段的一个重要工作就是培训。网络运维团队正在为园区网络向 IBN 的迁移开展配置和部署操作。虽然在工作中学习是一种行之有效的培训方法，但是如果缺乏足够的正式培训时间，那么很可能会导致绩效下降，而且有可能会在迁移过程中发生本来可以规避的故障问题。为了降低这种风险，有必要对运维团队进行正式的 IBN 培训，包括理论和实践培训，确保运维团队能够真正掌握 IBN 的相关技术。

第 10 章

第四阶段：启用意图

此时的园区网络已经成功迁移为 IBN。网络运维团队可以通过迁移后的园区网络（基于思科 DNA 和 IBN）实现更快地变更操作，而且还能在故障排查过程中得到网络的智能化支持。但是，迁移过程并未最终完成，目前只有运维团队真正了解意图网络的能力。

本阶段是向 IBN 迁移的最后一个阶段，需要在整个企业当中启用意图，并在园区网络中最大化 IBN 的可能性、机会及能力。与前面的几个阶段不同，本阶段没有严格的操作顺序。本章将首先解释为何要将意图全面扩展到整个企业，然后再讨论需要按序执行的两个操作以及一些 IBN 案例。

本章将讨论以下内容：

- 为何要将意图全面扩展到整个企业；
- 意图 API；
- 将 IBN 引入企业；
- IBN 用例。

10.1 为何要将意图全面扩展到整个企业

总体来说，意图网络是管理和维护基于思科 DNA（Digital Network Architecture，全数字化网络架构）框架部署的网络的方法。思科 DNA 定义了多种架构构建块、设计原理以及与每个组件的关联和协作方式。图 10-1 给出了思科 DNA 构建块示意图。

前面几个迁移阶段主要解决如何将意图部署到网络上并加以管理。也就是说，迁移的重点是通过策略和编排（Policy and Orchestration）模块中的工具来准备和迁移园区网络。

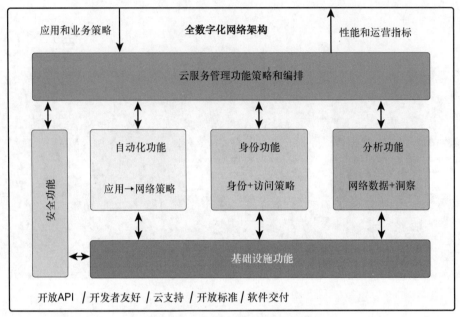

图 10-1　思科 DNA 功能示意图

　　第三阶段的任务之一就是将网络上的当前功能和服务转换成对应模板的意图，然后再通过 SDA 或传统 VLAN 将这些意图部署到网络上。

　　完成上述步骤之后，即可将园区网络迁移为 IBN，但这只是思科 DNA 框架的一部分。目前已经完成了将意图部署到网络上的（技术）机制，而且实现了云服务管理模块下方的构建块。

　　思科 DNA（以及 IBN）的一个关键功能特性就是从策略和编排模块到业务之间的通信。也就是说，思科 DNA 的"北向"通信能力使其成为下一代网络演进方向。

　　对于 IBN 来说，业务可以向网络请求基于业务的意图。策略和编排工具将采用该业务意图并将其转换成满足业务意图的技术机制和网络意图。

　　如果未启用该关键功能特性，那么就表明组织机构向 IBN 迁移的过程仍未最终完成，（仍然）只是以孤岛方式智能地管理和维护网络而已。

　　由于网络和运维团队已经做好了意图准备，因而目前完全可以就前一阶段创建的可能性进行交流和共享。首先要将网络（及其服务）作为一个不可或缺的组成部分纳入组织机构的全部业务流程当中，这是建立完整意图网络的最后重要一步。实现本阶段目标需要完成两项重要任务。

10.2　意图 API

　　意图网络的一个关键用例就是拥有特定用途的业务流程或业务应用。为了实现该用途，必须满足与网络相关的特定需求与策略。现代企业中的业务流程和业务应用的数量与类型动态化程度非常高（数字化业务），而且需要在网络基础设施上快速部署（和删除）这些需求，这是因为网络已成为需要访问数据中心或云端应用或进程的端点之间的关键连接因素。为了实现这类用例，就必须在解决方案中引入 API（Application Programming Interface，应用程序编程接口）。

API 是连接思科 DNA 中的不同构建块的粘合剂。可以将 API 看作提供或执行特定功能的外部 Hook（钩子）。从传统上意义上来说，开发人员利用 API 将现有的包含大量函数的库集成到自己的应用程序当中。对于网络环境来说，API 不仅能够实现这种内部集成，而且还能向其他应用程序或服务远程请求或执行特定的功能或服务。后一种机制也被称为 REST-full API，在应用开发领域被广泛用于提供或集成云服务。

为了将业务意图提供给企业，需要在北向通信上定义和实现业务驱动的意图 API。

案例：为新解决方案使用意图 API

本案例不是某个组织机构的实际案例，而是我在 2019 年巴塞罗那 Cisco Live Europe 大会上提出的 PoC（Proof of Concept，概念验证）。思科在 2018 年的 Cisco Live Europe 大会上，为思科 DNA Center 引入了意图 API，软件开发人员可以通过这些 API 向思科 DNA Center 请求可用的网络（和端点）信息。从本质上来说，开发人员能够请求的数据与操作人员在思科 DNA Center 用户界面上看到的数据完全相同。意图 API 的主要目的是让用户能够使用基于审计的信息（思科 DNA 中的分析组件）。

与此同时，苹果公司为 AR（Augmented Reality，增强现实）制定了一个框架（也使用 API），可以同时实现对象识别功能。增强现实与虚拟现实不同，增强现实是一种虚拟叠加网络，软件开发人员将 iOS 设备的摄像头功能与虚拟场景相结合，可以在物理世界上面（混合）创建一个虚拟世界。

对象识别允许开发人员创建物理世界实体（如博物馆的画作）的对象定义，根据识别情况创建内容。例如，只要应用程序能够识别博物馆中的画作，那么就能向用户显示 3D 虚拟物体或其他更多信息。最著名的 AR 应用程序是 Pokemon Go，该应用程序允许用户在物理世界中寻找口袋怪兽，并与这些口袋怪兽玩游戏。

我决定将这两种开发方式结合起来，希望将这些意图 API 呈现给熟悉用户界面的应用开发人员，让他们利用这些新技术创建以用户为中心的应用程序，看看到底会发生什么。

一般来说，无线网络比有线网络更加复杂，故障排查也是如此，排查客户端的异常行为总是非常困难。

将意图 API 与 AR 结合起来，可以在简化无线故障排查方面提供很好的 PoC。

此时，网络工程师可以启动应用程序，将摄像头指向无线 AP（Access Point，接入点），通过 AR 识别 AP，并通过其他技术确定该 AP 的名称。确定了 AP 的名称之后，应用程序就可以连接思科 DNA Center，请求该 AP 连接的所有客户端信息。DNA Center 将汇总后的信息发送给用户，用户可以点击获取更多详细信息，如 SNR（Signal-to-Noise Ratio，信噪比）、加载错误和其他无线故障等。图 10-2 给出了该应用程序的截图信息，图中显示的是 Cisco Live Barcelona 会场情况。

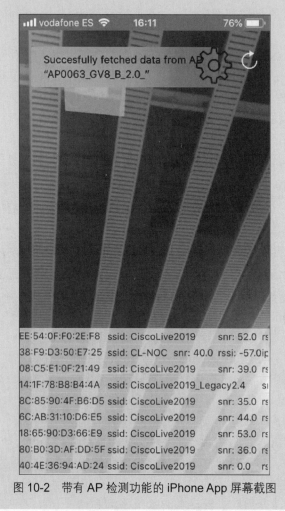

图 10-2 带有 AP 检测功能的 iPhone App 屏幕截图

本例解释了 API 给业务带来的无限可能。真正的 IBN 允许业务意图通过 API 请求所需的网络和安全服务（部署在网络基础设施上）。这些 API 应该由实现思科 DNA 云服务管理（Cloud Service Management）构建块的工具进行定义和提供。

通过 API 传递业务意图时，可以通过下列步骤确定需要哪些 API。

10.2.1 步骤 1：确定网络意图

第三阶段的任务之一就是确定园区网络中部署了哪些网络、应用程序及服务。这些网络、应用和服务已经被转换成为可以调配和交付相同服务的虚拟网络或模板。

可以利用该网络、应用和服务列表创建一份完整的网络意图清单（包括每个独特需求），同时还可以根据所需的应用策略、安全策略及其他需求扩展该清单。虽然本步骤的重点是园区网络，但是如果存在特定的数据中心或 WAN 需求，那么也应该注册到该清单当中。对于很多企业来说，虽然也制定了该清单，但是并不清楚各种应用策略的特定需求（如 Internet 接入和带宽需求）。因此，本任务可能需要花费相当长的时间，而且还可能需要寻求干系人的支持才能得到这些信息。在继续下一步操作之前，必须获得这些信息。

10.2.2　步骤 2：归纳网络意图

目前已经创建了包含网络、服务、应用程序、安全策略、应用策略及需求在内的完整列表，接下来需要与业务部门验证该列表，以确定是否符合他们的需求（实现业务意图驱动的服务的第一步）。验证完成之后，可以利用该列表定义一组通用服务，用于部署列表上的所有事项（包括所有的限制、策略及需求）。

建立通用服务列表时，应当以一种结构化的描述方式来定义适用的限制、策略及需求。

归纳网络意图与第三阶段创建模板的过程相似，区别在于本步骤又向前迈进了一步，而且用通用的设计、结构和抽象代替了变量，最终目标是将服务列表限制在网络、网络服务以及应用程序层面。

例如，组织机构可能需要 3 个逻辑独立的网络：一个用于安全设备；一个用于员工；一个用于访客和员工自带设备。虽然这些服务不同，但是都基于共同的虚拟网络和 IP 编址。为了归纳这 3 个意图，可以定义一个名为"虚拟网络"的通用服务，明确相应的限制（如最多需要部署的虚拟网络数量）、策略（访问规则）及需求（IP 地址及 DHCP 服务器设置）。需要注意的是，必须能够根据归纳的网络意图定义和实现每个单独的网络。

创建了通用服务列表之后，还要验证是否可以根据该列表定义所有的应用程序以及可能的新应用程序或网络。

10.2.3　步骤 3：明确概念 API 定义

通用的 API 方法论通常都有一组最低限度的 API 调用来执行信息要素或服务的 CRUD（Creation, Reporting, Update, and Deletion，创建、报告、更新和删除）。将该方法论与步骤 2"归纳网络意图"得到的服务列表相结合，就能创建概念 API 定义列表。这些 API 定义应该包含描述信息以及输入和输出参数的结构信息，以反映前一项任务得到的最低限度的服务列表。表 10-1 列出了网络意图的概念 API 定义示例，例中的 API 定义均基于 REST-full API。

表 10-1　为企业启用网络意图的概念 API 列表

HTTP 请求方法	API 名称	描述	输入参数	输出参数
POST	newNetwork	创建一个新虚拟网络	networkName: String site-specific: boolean sites: [String] nrClients: Int	networkId: UUID result: Int error: String?

续表

HTTP 请求方法	API 名称	描述	输入参数	输出参数
POST	deleteNetwork	删除虚拟网络	networkName: String deleteAt: Date?	result: Int error: String
GET	networkDetails	检索网络详细信息	byId: UUID? byName: String?	result: Int network: VirtualNetwork?

该列表允许创建、删除和搜索虚拟网络。可选变量或结构均以？结尾，其他都是必需的。表中的第一个示例定义了一个名为 **newNetwork** 的 API 调用。该请求方法创建了一个新虚拟网络，使用了多个输入参数，如 **nrClients**。该参数反映了连接在网络上的客户端数量，可以通过该数量请求网络中的 IPAM 服务以匹配适当的 IP 网络规模。名为 **deleteNetwork** 的 API 调用则用于删除虚拟网络，可以立即删除，也可以在计划日期或时间删除。

这些 API 定义构成了意图 API 的基础。业务意图可以利用这些 API 向园区网络请求网络服务。

10.2.4 步骤 4：利用工具匹配 API 调用

基于思科 DNA 设计的网络拥有一个或多个能够将服务调配到园区网络上的工具。其中的思科 DNA Center 就是一款非常好的工具，可以创建和部署虚拟网络或特定的应用程序策略。但思科 DNA Center 主要用于园区网络的企业部分。虽然可以在思科 DNA Center 中定义园区网络的安全策略（SDA 部署模式），但是仍然要在集中式策略服务器（思科 ISE）上进行必要的配置。同样，对于集成式 SD-WAN 解决方案来说，需要通过 FirePower Management 或 vManage 配置 Internet 访问策略，这些工具都能使用 API。

总体来说，云服务管理（Cloud Service Management）构建块提供了多种工具，可以用于不同的目的和场景。

本任务负责将上一步定义的概念 API 与组织机构使用的网络工具的可用 API 进行比对，并在前面的表格中添加工具名称、API 调用以及 API 定义（用于定义通用服务）。

如果已有工具未能实现其中的某个概念 API 定义，那么就需要研究该概念 API 定义是否存在多个 API 调用或其他替代项，并在上面的列表中记录这些 API 调用。

本步骤完成之后，就可以利用园区网络运维团队使用的网络工具中的 API 列表扩展步骤 3 得到的概念 API 列表。

10.2.5 步骤 5：创建网络意图服务目录

完成前面的步骤之后，就可以为园区网络提供的所有网络意图（网络、服务和应用）创建一份服务目录。从本质上来说，服务目录描述了园区网络可以提供的技术服务，包括如何利用 API 自动请求这些服务的描述。服务目录不仅包含名称和描述信息，而且还包含需要由软件开发人员执行的 API 调用列表（需要通过 API 请求意图时）。

如果有些服务需要进行手动配置，那么也要注册到服务目录中（上一步没有描述这些服务）。这些服务仍然由网络运维团队提供，只是需要花费更长的部署时间（采用传统部署方式）。

最后一步的目的就是创建这样的服务目录。表 10-2 给出了一个网络意图服务目录示例。该服务目录显示了组织机构能够在园区网络上运行的所有服务的已确认定义。事实上，它有效地表示了前面几个阶段创建的 IBN 的可用北向服务和 API。

表 10-2　网络意图服务目录示例

服务	服务类型	描述	API 名称
网络服务	网络	创建一个新虚拟网络服务（有线和无线），默认不允许访问任何应用。创建该服务之后，需要增加端点和应用策略	newNetwork
addApplicationToNetwork Service	应用	将应用映射为特定网络服务，利用该 API 调用访问特定应用	addApplicationToVN(network Service: String, allowedProtocols: [PortDefinition])
addEndpointToNetwork	安全	将端点添加到指定网络服务，分配之后，该端点将始终位于该网络	mapEndpointToVN(endpointId: String, networkService: String)
getEndpointsForNetwork Service	端点	得到与特定虚拟网络服务相关联的所有端点	getEndpoints(for: String)
……	……	……	……

10.3　将 IBN 引入企业

上一项任务描述了创建 API 服务目录的方式，业务应用开发人员可以利用服务目录向网络自动请求所需的服务。服务目录描述了向网络请求特定服务时所需的 API 调用。

不过到目前为止，上述阶段的重点仍然是将园区网络转变为意图网络。企业自身并不完全了解意图网络能够给企业带来哪些能力和机会，因而接下来就要以一种可以理解并与之相关联的方式将服务目录引入到业务当中。

需要注意的是，企业必须宣布服务目录已经可用，运维团队和企业都要采取小步走的方式来采纳和使用服务目录。

小步走的方式能够减少潜在的失败风险，加快将网络融入业务流程，这也成为业务流程不可或缺的重要组成部分。

每个新功能或新特性都需要成功的案例，来推动更大的成功并实现创新性的新方法。接下来将讨论在企业内部实施服务目录的相关建议。

10.3.1　沟通计划

虽然网络已成为企业所有业务流程的重要组成部分，但是也正因为其变得越来越可靠且越来越可预测，以至于事实上处于不可见状态。业务部门已经将网络视为与电力或洗手间相似的通用设施。为了确保 IBN 能够在业务部门内部成功实施，必须让业务部门知道网络正在执行大量极其复杂的任务，目的是为他们提供更具弹性、可靠性和可预测性的网络连接服务。此外，业务部门还必须意识到，如果网络连接不可用，那么他们都将陷入停滞状态。

> **案例：标准化和设计方案对业务的推动作用**
>
> 以前，LogiServ 公司管理了一张 IP 网络，所有端点和服务器都连接在该 IP 网上，所有设备都位于该单一网络中，且所有设备都能够相互通信。随着时间的推移，虽然网络规模在持续扩大，连接的设备数量和设备类型也在持续增多，但网络仍然只有这么一张。虽然这张网络仍能保持正常工作，但经常会出现一些问题，运维团队则以故障响应的方式不断解决这些问题。例如，如果并购后需要提供更多的端口，那么就增加新交换机。这种模式对于很多将 IT 视为成本因素而非业务推动因素的小型企业来说非常常见。
>
> 等到计算环境和网络达到生命周期管理流程的替换时间点的时候，公司决定在原有网络之外再建设一张新的网络基础设施。
>
> 由于网络规模一直都在扩张，因而 LogiServ 公司决定借着新建网络的机会，重新设计和考虑网络为业务提供的 IT 服务，同时考虑安全、扩展性以及宕机等风险因素。
>
> 设计方案的一部分是利用思科 IWAN 技术为分支机构站点到总部（进而连接数据中心）提供冗余连接。冗余性是另一个关键设计因素，需要通过冗余机制消除网络中的潜在单点故障，包括上行链路、电源以及 Internet 连接等。
>
> 成功迁移到新网络并持续提供了几年的 IT 服务之后，业务部门经理与 LogiServ 工作人员进行了一次对话。业务部门经理告诉该员工，虽然他不知道网络团队对新 IT 系统和基础设施做了哪些工作，但是自从迁移以来，从未遭遇任何故障或宕机问题。

虽然这个案例对于 LogiServ 以及网络迁移操作来说确实是一种肯定，但是这种肯定的背后还有一层含义，那就是业务部门经理根本不知道 LogiServ 为成功维护该网络环境做了哪些优化工作，或者正在做哪些事情。这一点对于网络团队来说非常普遍，网络运行正常时，基本上没有任何员工或经理会给予称赞，但是一旦网络出现了故障，那么所有员工或经理都会立即提出重大故障申告。

因此，必须制定详细的沟通计划。要在内部通过该沟通计划，让更多人看到网络，提高员工和经理对网络及网络连接重要性的认知，同时还要认识到无安全特性或者只有少量安全特性的风险。此外，沟通计划还应该包括启用 IBN 能够给企业带来哪些机会。

沟通计划与营销计划相似。必须充分利用各种营销和沟通技巧，具体与企业的类型及文化有关。有些企业可能会从大范围沟通中受益，而有些企业则可能更适合小范围沟通。必须充分利用内部或外部营销资源，在各个层面强调网络的重要性。

10.3.2 理解业务

IT 项目经常会忽略或低估这一点。很明显，业务部门的员工通常都只知道计算机而不知道网络。同样，IT 员工通常也只知道仓库管理系统的概念，而不知道其创建的特定脚本对于业务的影响和重要性。

建议 IT 部门多与其他业务部门的员工进行沟通和交流，了解他们的工作内容、工作方式以及 IT 如何为他们提供能力支持。

此外，沟通计划还能进一步利用本步骤得到的信息，让业务部门知道网络对特定流程的影响以及解决方式。

10.3.3 开展试点或概念验证

沟通计划和理解业务有助于确定试点项目，快速赢得胜利。筛选出哪些业务部门面临的问题或挑战可以轻松地通过 IBN 加以解决。如此一来，这些业务部门就会愿意配合开展测试，使用新技术，也愿意接受试验失败的风险。也就是说，这些业务部门通常处于技术采用生命周期曲线的前端部分。

试点不但能够验证 API 和服务目录对业务流程的支持情况，而且还能帮助网络运维团队获得足够的信任和经验，因为 API 能够自动请求和删除网络上的应用。

10.3.4 建立应用程序/门户以支持业务

试点成功之后，就可以通过试点构建能够在生产级系统中使用和管理的应用程序或门户。如果对门户网站进行少量完善即可为企业带来巨大收益，那么这也是一个非常好的能够展示和证明 IBN 及服务目录强大功能的机会。一个很好的案例就是思科 ISE 与访客注册门户之间的集成，可以实现便捷的前台安全管理。此后，员工只要在前台安全门户上注册访客即可，所需的访客凭证则由后台程序自动为注册访客创建。

10.3.5 分享成功与失败

将服务目录引入企业并推进沟通计划的一个重要环节就是共享。分享成功的试点案例以及为 IBN 所做的变更操作。当然，也要分享失败、错误和经验教训，分享从失败中汲取经验教训后的成功故事。让所有人知道，IT 部门也是普通人。

由于上述建议相互交织且需要持续推进，因而这些任务的执行过程可能相当困难，沟通和营销专家可以为这些任务提供大力支持。本项任务的最终目标有两个方面：提高业务部门对网络的感知；让尽可能多的业务部门或流程通过意图 API 使用网络服务。将 IBN 真正融入企业的唯一途径就是：持续共享、沟通与集成。

10.4 IBN 用例

如果企业、合作伙伴和行业理解了网络可编程且可以使用一致的 API，那么就可以定义和创建各种新的 IBN 功能或用例。接下来将描述多个充分利用 IBN 强大功能的用例。

10.4.1 安全事件响应

网络安全对于大多数企业来说都变得日益重要。勒索软件、恶意软件以及其他恶意行为给企业的正常运行带来了严重影响。

安全运维也能从意图网络当中受益。如果在网络上发现了端点的 IoC（Indication of Compromise，入侵指示），那么就需要执行手动干预以隔离、调查或忽略该端点。这就要求安全团队必须与网络团队进行密切合作，因为这些操作通常都由两个不同的团队分别负责。

有了 IBN 之后，IoC 就能触发向 iPhone 推送通知（就像接收短信一样）。安全维护人员（如夜间）可以轻松查看这些 IoC 消息，然后选择隔离、调查或忽略这些信息。知道了该意图之后，就能自动为该端点的意图配置网络，并通过集中式策略服务器触发授权变更操作以实现该意图。虽然这两个团队之间需要商定适当的报告和沟通机制，但目前已经可以执行故障处理操作了。

10.4.2 组织会议

对于大型企业来说，组织内部员工和访客会议可能需要花费一天左右的时间。除了协商日期之外，还需要设置会议议程、准备会议主题并执行其他会务活动，如发送邀请、向安保部门注册访客和员工、安排会议室、调整会议室（因为参加会议的人数超出了预期）、组织视频会议、安排午餐，同时还要为访客提供 Internet 接入。

总之，很多任务都是通过不同的系统手动执行的。大多数企业都有一个可以提前注册访客的门户，有一个创建访客访问权限的门户，甚至还有一个安排会议设施和午餐的门户。

有了 IBN 和基于 API 的门户之后，就能轻松执行这些任务，从而构建以下用例。

负责组织会议的员工登录进会议设施门户，检查特定日期（包括开始时间和结束时间）的会议室占用情况，然后选择会议室并切换到下一个操作界面，注册参加本次会议的所有员工和访客、上载会议日程并选中午餐和 Internet 接入。提交会议室预约请求后，系统将为用户创建该会议并保持即将召开状态。此后，系统会将附带会议日程的会议邀请发送给注册代表，从而允许他们注册并确认会议。

会议开始前三天，系统会向会议设施发送通知以注册午餐。此外，系统还将代表主办方向安保部门注册访客。会议前一天，系统将连接 Internet 访客系统，为确认参会的访客注册访客账户。Internet 访客系统将向访客发送电子邮件，其中包含连接网络的相关信息。

会议开始前一小时，系统将要求网络创建无线网络，并将已注册（和已确认）的员工及访客关联到该临时无线网络。

至此，网络已经为会议做好了全部准备。会议代表可以在会议期间使用网络开展工作，共享数据和电脑屏幕，从而提升会议效率。

会议结束后两小时，系统将请求网络删除临时无线网络及相关策略，禁止访客访问。

目前已经可以提供类似的工作流程或用例。有些系统已经能够提供部分解决方案，而且提供了可用 API。此时，只要定义一个新门户并充分利用这些 API 即可。将所有环节都绑定到单个工作流程当中，可以大大简化主办方的工作量。甚至还可以构建一个专门的手机 App（使用与门户网站相同的 API），方便主办方通过手机（使用企业自建 App）安排会议。从本质上来说，该用例就是将主办方的业务意图转换成多项操作，其中有些需要部署到网络上，并在需要时及时删除。

10.4.3　授权访问

本用例可能更具未来色彩，但是有了 IBN 的强大功能（实现到达数据中心的端到端意图）之后，这一切皆有可能。

由于员工需要为项目或客户创建特定类型的图纸，因而希望获得特定应用程序（如绘图应用程序）的访问权限。员工登录自助门户或 App，选择绘图应用程序。由于员工拥有足够的 App-Credits（App 信用），因而系统将自动批准该请求，并添加到许可账户报表的已用应用程序列表中。

> **注：** 本例中的 App-Credits 是企业内部的虚拟信用系统或积分系统，每年向员工提供一定数量的虚拟信用。使用应用程序会每月"花费"员工的一部分积分，类似于云服务使用方式。由于 App-Credit 允许员工在不需要经理手动批准的情况下，自助使用他们需要的企业应用程序，因而优化了申请批准过程。

批准了应用程序请求之后，调配方法会将应用程序推送给该员工的所有设备，包括工作站、虚拟桌面和平板电脑。由于已经更新了网络和基础设施策略，因而员工此时可以访问绘图应用程序以及所需的共享数据，同样，也允许（通过策略）绘图应用程序访问用户目录以保存数据。此外，还为移动端点配置了适当的隧道和策略，以确保用户能够随时随地访问该应用程序。

至此，该员工已经完全能够使用绘图应用程序并创建图纸或设计方案了。

使用完绘图应用程序之后，员工会从自己的清单中注销该绘图应用程序。提交申请后，系统将删除已应用的策略，撤回数据访问权限，并删除该员工所有设备上的绘图应用程序。

此处的员工意图是出于业务需要而希望访问绘图应用程序。网络和基础设施都是可编程的，可以为员工提供自动服务。本例的整个过程都通过 API 来实现意图。这类工作流程通常都要获得多方批准并提出正式的变更请求，但是，由于该意图的最终组件（推送应用程序、设置访问策略）都在前期经过了测试，因而可以通过 API 来自动执行该工作流程（无须批准），从而加快了交付速度。

使用了网络的可编程性之后，此类用例几乎拥有无限可能。用户完全可以自定义、描述或实现更多用例。其中，有些用例已经开发出来了，有些用例则可能在未来按需开发。也就是说，只要企业启用了意图网络，就能充分利用意图实现各种可能性。

10.5   本章小结

第三阶段完成之后，园区网络就已经成功迁移成了意图网络。目前的园区网络已经基于思科 DNA（框架），而且网络运维团队已经将意图部署到了网络上，同时还能向企业主动提供网络状态反馈信息。第四阶段是向 IBN 迁移的最后一个阶段，负责将 IBN 引入企业，目的是最大化迁移操作带来的可能性、机会和能力。

为此，需要在本阶段执行两项任务：

- 定义网络意图服务目录，描述网络运维团队能够交付和支持的服务，包括所要使用的 API；
- 主动将 IBN 引入企业，通过沟通计划、试点项目和门户开发等工作有效支撑企业的业务流程。

最后，本章还提供了多个可以在企业内部部署的 IBN 用例。这些用例只是未来各种 IBN 用例的概念性描述，只是起点，未来拥有无限可能。本章描述了以下用例：

- 一个可以接收端点 IoC 的移动 App，允许安全工程师快速确定下一步行动方案，并在网络上配置行动方案；
- 一个旨在简化会议组织工作的用例；
- 一个端到端的应用程序访问用例。

将 IBN 成功引入并集成到网络当中，且业务部门能够充分利用服务目录和 API 的能力，自动请求启用或删除网络服务，那么就表明组织机构已经全面完成了向 IBN 的迁移过程。

组织机构变革

本书第二部分讨论了如何将园区网络迁移为 IBN。虽然主要讨论的是 IBN 以及所需的迁移操作，但同时也提供了组织机构的变革需求和指引，以充分享受 IBN 给组织机构带来的诸多好处。

前面描述的很多任务和步骤都包含了网络运维团队的大量努力和变革，但网络运维团队本身并不是一个独立实体，而是大型组织机构的一部分，因而组织机构也需要进行变革。此外，IBN 也并非唯一的推动因素，很多其他（内部和外部）因素也在推动组织机构的内部变革。

无论是何种推动因素（IBN 或其他），变革组织机构或流程都远比引入新技术复杂得多，而且更具挑战性，需要时间、精力、信念和足够的吸引力。作为转型的领导者，可能还会面临诸多阻力、激烈的争论和层出不穷的挑战。

第三部分将提供组织机构向 IBN 迁移时的相关背景信息，与 IBN 是需求、原因还是结果无关。第 14 章还将提供一些有助于推动组织机构变革的相关建议。

本部分将讨论如下内容。

第 11 章　架构框架

第 12 章　启用数字化业务

第 13 章　IT 运维

第 14 章　成功部署 IBN 的建议

架构框架

很多组织机构都使用架构框架对组织机构进行建模并组织自己的机构。这也称为企业架构（如第 3 章所述）。向 IBN 迁移的最后一个阶段引入了服务目录，为业务应用提供了在网络运维团队监督下自动请求网络意图的可能性。除了组织机构和企业文化变革之外，IBN 对企业架构还有什么影响？本章将讨论企业架构以及 IBN 对该模型的影响。

11.1　企业架构

很多架构（包括企业架构）都采用了分层方法，面向特定域进行建模。一般来说，每个域都有自己的复杂性和动态性，采用分层方法的原因是将特定域的职责集合抽象为可以被其他域使用的功能。企业架构通常采用的是 4 层分层方法，如图 11-1 所示。

在企业架构的分层方法中，定义并建模了 4 种不同的（且相互隔离的）域。

- **业务架构**：业务架构描述了如何围绕流程、部门、任务和职责来组织业务。例如，描述了人力资源部门及其相应的流程。同时，还建模并描述了与其他流程及组织要素之间的相互关系。例如，人力资源如何为其他部门提供服务，或者物流部门如何负责仓储并按照销售情况实现零库存货物配送。

- **数据架构**：数据架构可能是企业内部最困难、最抽象的体系架构，它描述了企业内部所有必要（和可用）的数据结构和数据元素，描述了每个流程或部门都需要哪些数据元素以及如何关联数据元素。数据架构不是数据库模型，而是有关企业内部可用数据的抽象化描述。当然，可以利用数据库模型对数据架构进行建模。数据架构的常见目标之一就是尽可能消除数据中的冗余性。

- **应用架构**：应用架构描述了企业内部需要的应用类型，描述了每种应用程序使用和修改企业内部数据的方式。同时，还描述了应用程序应该在企业内部遵循哪些规则和准则，从而提供一致的应用程序使用方法。

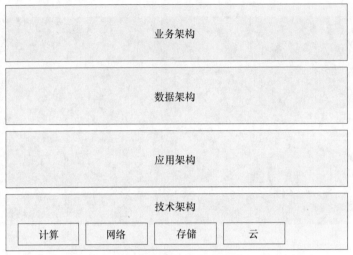

图 11-1　企业架构的分层方法

- **技术架构**：技术架构描述了支持业务、数据和应用服务部署所需的各种软件和硬件组件。通常来说，技术架构是 IT 部门的核心关注点，因为技术架构解决的是业务执行其任务和职责时所需的相关技术。技术架构通常描述的是 IT 基础设施的组织方式，包括使用单台数据库服务器还是多台数据库服务器等。

体系架构（包括 4 层）通常使用一种能够识别系统且将其定义为较小组件集合的方法，并描述每个组件的功能、需求、相关性以及输入和输出。通常将这些组件称为架构构建块。由于组件抽象了复杂性，是更大型系统的组成部分，因而能够提供非常多的好处。

- **灵活性**：每个组件都可以用不同的组件替换，只要新组件满足其他组件的需求即可。如果只需要更换一个组件，那么就无须更换和重建一个完整的新系统。当然，需要首先测试该新组件，然后再去替换旧组件，这样就能确保整个系统按预期运行。此外，这种方式还可以在保持质量标准的情况下为客户提供自定义选项。例如，计算机制造商可以为新计算机系统提供更多的内存，用户只需要更换内存组件，而不用设计一个全新的计算机系统。

- **可重用性**：通过将系统定义为一组更小的组件，从而在不同的应用程序或系统中重用这些组件。可重用性能够大幅降低新系统的开发成本，因为从直观角度来看，同一种功能无须开发两次。可重用性的一个常见案例就是在汽车工业中，不同型号的汽车可以使用同一个底盘。

- **快速部署**：如果系统拥有一组经过测试的模块，那么根据这些模块定义新系统或新方法也就简单得多——只需要测试新模块和新行为即可。因而新系统的构建和部署速度更快。

- **可维护性**：将每个系统都划分为多个逻辑组件之后，只要识别出行为异常的组件，就能轻松解决特定故障问题。此时，只要分析和修复该故障模块（而不是整个系统）即可。
- **可变更性**：这一点对于大型复杂环境来说尤其如此。如果企业因组织变革或业务需求而要求系统能够提供不同的行为方式，那么就可以对现有组件进行重新排序、重用其他组件，或者仅仅将一个新组件引入现有组件链当中。

这 4 种架构（包含前述优点的组件）组合在一起，就形成了企业的组织、管理和运行方式的正式描述。需要注意的是，这些架构仅在功能上描述了每个组件（因而相当抽象），而架构框架则（也应该）提供了购买和管理这些技术的指南，从而为企业提供一致性的解决方案。不过这 4 种架构都没有提供解决方案，只是企业的描述和模型。

很多大型组织机构都在使用某种类型的企业架构，包括现有框架或组织机构自定义框架。虽然业界在企业架构方法论方面还有一定的争论，但很多行业已经开始利用架构方法开展工作，而且已经在一定程度上取得了明显收益。

11.2　IBN 的影响

架构主要从抽象层面描述其功能，而不提供特定的解决方案，原因之一在于架构的长寿命周期。与描述系统的架构相比，技术的变化要快得多。第 4 章描述的思科 DNA 与此相同。DNA 描述了设计下一代网络基础设施的方式。思科 DNA 作为一种架构，通常被视为企业技术架构的一部分，特别描述了与技术相关的系统。

但确实如此吗？由于 IBN 作为思科 DNA 的一种网络基础设施，描述了运维团队使用该架构的方式，因而思科 DNA 仅仅只是企业架构底层技术架构的一部分吗（因为 IBN）？事实上，思科 DNA 不但描述了网络及其组织方式，而且还描述了不同架构当中应该提供的四大功能（将在下面各节加以描述）。

11.2.1　分析功能

分析功能描述了如何将基础设施设备中的数据与其他上下文（如运行配置、联网端点的标识、网络上的应用程序以及其他行为分析）进行结合，以持续验证网络是否运行在正常参数范围内。分析功能通过多种数据模型（如模型驱动遥测、NETCONF/YANG、NetFlow 和 Syslog 等）来执行该功能。分析功能是真正的数据驱动和基于数据库的功能，该功能的关键部分是数据架构的一部分。

11.2.2　云服务管理和自动化功能

运维团队利用云服务管理功能定义可用的网络服务，然后再由云服务管理功能将其转换为配置变更代码，再由自动化功能将配置变更代码推送给基础设施以执行变更操作。实际上，这些功能描述了使用数据的应用程序，是应用架构的一部分。

11.2.3 基础设施功能

思科 DNA 中的基础设施功能描述了必需的网络功能、需求及硬件,是技术架构的一部分。

这就意味着思科 DNA 并不是技术架构的一部分,而是一种跨越不同功能域且应用于所有 4 个域的架构。图 11-2 描绘了传统的企业架构域以及思科 DNA 与该模型的关系。

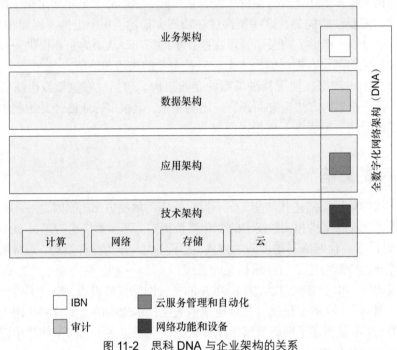

图 11-2 思科 DNA 与企业架构的关系

从图 11-2 中可以看出,思科 DNA 实际上跨越了不同的架构。事实上,IBN 并不是思科 DNA 的一种功能,而是一种设计、管理和维护网络的观点,它描述了管理思科 DNA 架构的过程。IBN 能够有效满足业务架构需求的另一个原因是,思科 DNA 提供了其他业务流程自动请求网络服务的可能性。虽然采用了 API(技术)来描述该功能,但事实上,IBN 启用该功能特性的方式是服务目录。

思科 DNA 和 IBN 跨越所有企业架构的一个很好案例就是,跨国公司的人力资源部门每个月都要做的薪酬测算工作,每个月都要测算一次,每次都要访问多个系统才能完成。网络内的安全策略通常都允许系统间访问,如果需要特定的访问权限,那么人力资源部门就可以通过运维部门请求相应的访问权限,如图 11-3 所示。

收到访问请求之后,运维团队将使用其内部系统来调整网络和安全策略。变更完成后,HR 就能每个月执行薪酬测算工作。此时需要在业务架构中明确定义访问职责以及部门之间的沟通需求。

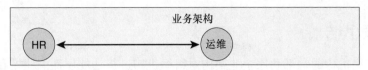

图 11-3　传统访问请求

但是有了 IBN 之后，就可以拒绝 HR 员工对各种系统的日常访问行为，除非 HR 员工希望测算薪酬（意图），这样就能有效提高网络和组织机构的安全性。该用例的流程如下。

1. HR 员工希望开始测算薪酬，HR 应用程序通过 API 将该意图提供给云服务管理工具。
2. 云服务管理工具批准该请求并通过自动化功能执行变更操作。
3. 与此同时，HR 应用程序通过 API 验证该员工的意图是否可用。
4. 验证可用之后，HR 应用程序就能执行薪酬测算操作，完成后再通知云服务管理工具可以删除该意图。
5. 云服务管理工具从网络中删除该意图并将访问策略恢复为正常状态。

图 11-4 给出了该 IBN 用例的示意图。

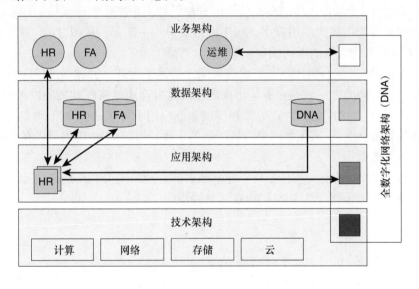

图 11-4　启用 IBN 的应用程序的应用和数据流

当然，还有很多其他各种可能的用例。这些用例证明，有了 IBN（和思科 DNA）之后，传统的 4 个企业架构层次之间的边界正在逐渐消失。IBN 已成为改变企业架构建模和设计方式的触发因素。

11.3 本章小结

（大型）组织机构通常都利用企业架构对组织机构进行功能层面的建模和描述。与其他架构框架及通用架构一样，引入抽象层可以大幅降低复杂性。企业架构通常定义 4 个抽象层级，可以单独描述这些层级（无须集成）：

- 业务架构；
- 数据架构；
- 应用架构；
- 技术架构。

与 IT 相关的架构（如思科 DNA）以及包含 IT 的网络服务，通常都在技术架构中进行建模，使得 IT 部门能够为其他架构提供必要的技术能力。

由于思科 DNA 主要描述的是包含网络基础设施的体系架构，因而通常将其放在技术架构当中。但是，思科 DNA 又不仅限于网络架构，还在技术、应用和业务层面提供了网络运维方式的相关信息。例如，思科 DNA 使用的分析组件完全基于数据架构，而云服务管理和自动化功能则被常常描述为应用程序，属于应用架构的一部分。从图 11-2 可以看出，思科 DNA 跨越了企业架构当中的不同抽象层级。

IBN 是思科 DNA 的一种网络基础设施视角，描述了设计、管理和维护这类基础设施的方式。IBN 的核心能力之一就是业务应用或流程可以自动通过 API 功能向网络请求意图。

这就意味着有了 IBN 之后，业务流程（或业务应用）可以通过 API 动态改变网络（以及架构描述的部分行为），而无须网络运维团队的干预。例如，HR 应用可以在薪酬测算期间动态请求访问财务数据。

总之，有了 IBN 的能力支持之后，越来越多的应用将充分利用这些功能，而且企业架构中的各个抽象层级也将因为 IBN 的出现而最终消失。

第 12 章

启用数字化业务

过去几年，企业高管面临的一个关键问题就是**数字化转型**。由于市场的新参与者引入了一种新的运营方式并带来了巨大的变化，某些行业已经看到了由此带来的颠覆性变化，以至于迫使传统企业和市场转入防御模式，不得不做出回应。对于很多商业环境来说，应对变化通常就意味着业务发展已为时已晚，必须赢回客户和市场份额。

但是，IBN 如何助力企业成功启用数字化业务呢？本章将首先讨论数字化的概念以及支持/启用数字化业务的诸多因素，最后解释 IBN 对企业数字化业务的支持方式。

本章将讨论以下内容：

- 什么是数字化；
- 数字化转型阶段；
- 设计思维（Design Thinking）框架；
- 意图网络；
- 组织机构影响。

12.1 什么是数字化

数字化转型（也称为数字化）是一种利用新技术解决传统问题的概念。这个概念本身并不新鲜，但数字化进程（将模拟信息转换为数字信息）在过去十几年当中呈现出指数级增长态势。数字信息的可用性和处理能力的指数级增长催生了大量新解决方案。这些方案利用新技术和数字化数据以创新性方式重新定义和解决传统的复杂问题。通常也将这种创新称为颠覆性创新。

可以将数字化视为业务组织和运行方式的一种演进过程。数字化业务将为世界上的众多事物带来新变化。但是，究竟什么是数字化业务？数字化业务与传统业务的区别是什么？接下来将从概念上梳理传统业务与数字化业务之间的区别。

大多数传统企业的组织方式都是以业务流程为核心。企业的关键业务以线性方式遍历这些流程，如图 12-1 所示。例中的销售流程为生产提供输出，生产又需要采购作为输入，产品生产出来之后，就需要进行产品交付。在主要业务流程的旁边，还定义了多个业务支撑流程，目的是支撑主要业务流程。这些业务支撑流程通常包括财务、产品开发、市场营销、服务及 IT。

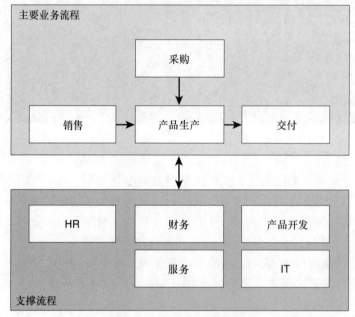

图 12-1 传统企业的业务流程

实现数字化转型（数字化）之后，就可以围绕数据和技术对业务流程进行建模。技术将持续改变业务流程，反之亦然。最后实现两者的紧密集成，如图 12-2 所示。

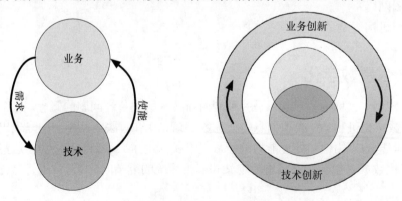

图 12-2 数字化企业模型

图 12-2 的左侧模型体现了数字化业务的核心原理，即由业务流程定义需求，通过技术（实现方式是满足这些需求并提供必要的工具）使能业务流程。该机制将始终保持循环推进。如果需求发生了变化，那么技术也将适应需求变化并推动业务发展。随着时间的推移和不断创新，这两种截然不同的角色将最终融合到一起，不但业务创新能够驱动技术创新，技术创新也同样能够驱动业务创新（如图 12-2 的右侧模型所示）。数字化转型过程描述了企业从传统业务流程转变为业务与技术紧密集成的变革过程。

12.2 数字化转型阶段

为了实现数字化业务（从而成功实现数字化），企业需要经历 4 个不同的阶段，将 IT（技术）集成到业务当中。接下来将详细描述这些阶段。

12.2.1 第 1 阶段：业务与 IT 协同

第 1 阶段可能是数字化转型当中最困难的阶段。一般来说，组织机构内的 IT 人员通常对业务流程都没有直接感知或了解；业务流程不了解特定技术为何会以特定方式工作，也不知道 IT 人员为成功管理不断增加的 IT 系统的复杂性而付出的大量努力。

但是，为了充分利用技术带来的优势，业务（流程）和 IT 必须相互协调。因此，为了推动数字化转型进入下一个阶段，要求业务端与 IT 端必须相互理解。双方彼此理解且彼此需要之后，就会进行协同。设计思维（将在本章稍后介绍）对于本过程来说非常有用。

业务与 IT 达成相互理解之后，数字化转型的第 1 个阶段也就完成了。

12.2.2 第 2 阶段：将 IT 作为业务推动因素

数字化转型的下一个阶段就是将 IT 视为业务推动因素。由于传统 IT 源于财务部门（是过去最早实现计算机化的部门之一），因而通常都将 IT 视为成本中心。而且由于良好的 IT 服务能够为企业创造间接收益（而非直接收益），因而该认识一直在被不断强化。

有了上一阶段的协同之后，企业（以及管理人员层面）越发认识到，IT 已不仅仅是一个成本因素，而且成为不可或缺的业务组成部分。

将 IT 视为业务推动因素之后，组织机构就会充分认识到先进 IT 系统的重要性，从而为生命周期管理、创新以及新技术创新提供必要的资金支持。

对于将 IT 视为业务推动因素的企业来说，只要技术对主业务流程有利，那么就愿意更多的采用新技术。

12.2.3 第 3 阶段：IT 主动支持业务

下一个逻辑阶段就是 IT 部门根据可用工具和技术主动支持业务。例如，可以利用 IT 工具提供的大量数据，为仓库中的订单拣选流程提供优化建议，从而减少从订单拣选到卡车运输之间的时间。对于生产设备来说，可以利用传感器收集到的数据，在关键程序过热时发出告警，从而能够有效预防工厂停工。

案例：通过 IT 信息改善服务

SharedService 集团管理了一个大型无线网络。与大多数无线网络一样，SharedService 集团也在 2.4GHz 和 5GHz 频段提供服务。由于蓝牙、微波等设备也在使用 2.4GHz 频段，因而该频率经常会受到干扰。

随着站点无线网络逐渐迁移到高密度无线网络（端点有机会同时连接两个频段），5GHz 频段的应用也越来越广泛。不过，从 DNA Center Assurance 提供的数据来看，有些（双频）端点仍在尝试关联可靠性较差的 2.4GHz 频段，尽管 5GHz 的连接性能更好。

为了减少这种不必要的漫游并从总体上改善无线服务，SharedService 集团决定检查无线网络是否可以仅使用 5GHz 网络，因而利用 DNA Center Assurance 提供的其他数据分析是否有端点只能连接 2.4GHz 频段。

研究发现，只有少量设备无法连接 5GHz 网络，因而决定为这些设备单独创建一个 2.4GHz 网络，并为常规无线服务禁用 2.4GHz。

虽然需要创建额外的无线网络，但通过这种调整之后，SharedService 集团有效改善了企业用户的整体服务和体验。

从本例可以看出，可以通过网络采集到的数据优化和改善企业网络服务。本例就是通过禁用常规无线网络的 2.4GHz 频段实现的，此时的无线网络不但提供了技术服务，而且使用该服务的业务还通过生成的数据反过来改善了该服务。

到了这个阶段，IT 的角色已经发生了明显变化。此时的 IT 已不仅仅为业务流程提供技术服务，而且已成为企业内部业务流程的重要组成部分。

12.2.4　第 4 阶段：IT 改变业务流程

上一阶段利用 IT 系统以及系统产生的数据主动支持业务，并提供建议以改进业务流程。到了数字化转型的最后一个阶段，IT 与业务之间的职责已经出现了反转。技术（如机器智能）与可用数据相结合，可以自动优化现有业务流程或定义新的业务服务和流程，从而为企业创造额外和新的收入来源。机器智能系统能够在大数据当中发现可能会被人类忽略的业务模式。

本阶段结束之后，业务将真正实现数字化并运行为数字化业务。

12.2.5　数字化转型阶段小结

这 4 个阶段以非常抽象的方式描述了数字化转型的概念和功能。这些阶段已得到众多行业的成功证明，这一点与科技改变汽车驾驶体验方面具有很大的相似之处。

可以将第 1 阶段与汽车数字化组件的引入进行类比。汽车通过内部网络连接这些数字化组件，并以数字方式（而不是模拟方式）执行一些简单操作，如电动开窗器、方向指示器、灯光控制或者分布式数字汽车娱乐系统。例如，在沃尔沃 V50 的分布式娱乐系统中，控制端位于仪表盘，收音机调谐器位于汽车后部，音频则以数字化方式传输到扬声器。

巡航控制、电子发动机管理和电子手刹是典型的第 2 阶段技术。这些技术可以改善驾驶体验，使驾驶过程更加轻松，更加舒适。

防碰撞系统、动力中断系统、动态稳定控制和牵引力控制等技术是典型的第 3 阶段系统。这些系统不但能够改善驾驶员的驾驶体验，而且还能在意外事故发生之前，主动干预驾驶员的行为以预防安全事故。

全自动驾驶的概念与数字化转型的最后一个阶段完全相同。全自动驾驶技术利用汽车中的数字传感器数据来驾驶汽车，而不是由驾驶员驾驶汽车。

虽然这 4 个数字化转型阶段并没有明确的正式定义，但确实可以为组织机构转向数字化业务提供足够的指导原则。

12.3　设计思维

数字化转型是一种创新，可以优化或重新塑造业务服务或整个企业。该创新的关键之处就是充分利用了各种数字化数据。正是有了数字化转型，才有了这些数字化数据。但是，创新并不仅限于数据，新工具、新解决方案或新流程的设计也非常重要。

设计是一种通用概念，存在于人类所见、所用的万事万物当中。可以是简单地驾驶汽车和使用咖啡机制作一杯咖啡，也可以是复杂的管理和维护整个发电厂的 IT 系统，不一而足。

好设计的优点在于，如果设计方案经过仔细考虑且功能满足需求，那么就不会有人考虑设计方案本身。正是由于设计方案完美无缺，才使得使用对象认为这是很自然的事情。

但是，如果设计存在缺陷，那么用户在使用存在设计缺陷的工具或功能时，就会感到困惑甚至沮丧。

设计思维是一种以人为本的创新方法。最早由斯坦福大学在 20 世纪 80 年代初期开设的"创造性的行动方法"课程中提出，后来被设计咨询公司 IDEO 用于商业目的。设计思维提供了一种框架，可以帮助团队构建可以解决用户实际问题的产品。随着设计思维在 IT 环境中的应用越来越普遍，组织机构也逐渐以更快的速度进行更具潜力的创新实践，从而更好地支持数字化业务创新。

所有的新工具或新业务流程都要求员工必须能够使用和操作这些工具或流程。全面理解用户及其需求，可以更轻松地理解用户面临的问题和挫败感，从而能够通过新产品和新工具的设计来解决这些问题。由于这些产品（或流程）均以人为本，因而员工非常乐意使用这些产品，因为这些产品会加快成功的步伐。图 12-3 给出了设计思维示意图。设计思维处于用户域、技术域和业务域的交汇处。

设计思维本身是一个通用框架，不但可以应用于包括设计在内的广泛领域，而且还能理解特定流程的工作方式以及缺陷之处。设计思维能够为处于不同数字化转型阶段的企业提供巨大支持，从协同（与用户和业务流程产生共情）到以更好的产品和工具来支持业务（第 3 和第 4 阶段）。

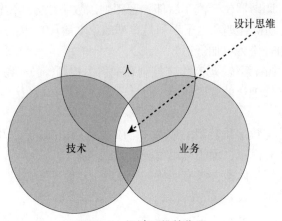

图 12-3 设计思维的位置

　　一直以来，思科都在自己的组织机构当中贯彻设计思维框架，以此来理解用户、共情客户需求、构建工具和技术解决方案帮助用户。*Getting Started with Cisco Design Thinking* 一书中提供了大量实用指南，帮助用户通过设计思维解决复杂问题。接下来将简要描述该框架的主要内容。

12.3.1　思科设计思维框架

　　思科设计思维框架采用了传统的设计思维最佳实践，融入了自己作为技术创新者的经验和角色。图 12-4 给出了思科设计思维框架示意图。

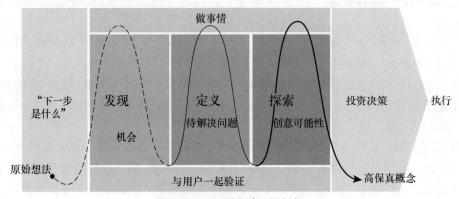

图 12-4 思科设计思维框架

　　思科设计思维框架可以帮助创建新的创新性概念（成功实现的可能性很高，在框架内被定义为高保真概念[High Fidelity Concept]），为解决用户或流程问题提供真正有帮助的设计手段。

　　为了实现这一点，思科设计思维框架定义了 3 个时点：Start（开始）、Finish（完成）和Execute（执行）；三大核心流程；两大保障措施（确保聚焦核心流程）以及一条贯穿所有时点和流程的主线（Thread）。

大多数设计创新都始于 Start 时点。这是召开头脑风暴会议的时点，希望为"下一步是什么？"（What's Next）等问题提出想法。头脑风暴通常都能产生很多原始想法，用于解决问题或者定义新的解决方案。

接下来通过三大核心流程来迭代这些原始想法。这三大核心流程是设计思维框架的核心，需要按序执行。

- **第 1 阶段——发现（Discover）**：该阶段负责深入理解用户或业务流程并确定用户的需求。与用户沟通时，可以将原始想法作为输入。第 1 阶段结束之后，团队将创建一份机会清单，明确标识用户或业务流程的需求。
- **第 2 阶段——定义（Define）**：该阶段将根据上一阶段的机会陈述，识别、记录"待解决问题"并确定这些问题的优先级。同样，本阶段结束之后，团队需要创建一份名为"待解决问题"（Problems to be Solved）的清单。
- **第 3 阶段——探索（Explore）**：本阶段负责探索可以采用（或定义）哪些解决方案来解决清单中的问题。本阶段的目标是确定哪些解决方案能够让用户满意，能解决用户的核心关切并把握机会。

Finish 时点就是第 3 阶段的结束时刻。此时已经确定了多种解决方案来解决用户的特定问题，现在需要做出投资决策并选择将要执行、创建和部署的解决方案。当然，这种选择必须由必要的干系人做出。

干系人在 Finish 时点做出决定之后，团队就可以启动 Execute 时点，开始开发和部署解决方案。开发和部署的具体细节不在设计思维框架范围之内。

为了聚焦可解决的以用户为中心的设计方案，避免想法、机会、问题和解决方案过于分散化，思科设计思维框架规定了两大保障措施。这不但有助于保持聚焦，而且还有助于定义高度可行的解决方案。

- **保障措施 1——与用户一起验证**：这是设计思维的基本原则。每次迭代的时候，都必须与真实用户一起验证自己的想法和结论。任何值得进一步研究的东西都要得到用户（关键利益相关者）的确认，以确保解决方案始终保持以用户为中心，从而做到以设计为中心。
- **保障措施 2——做事情**：设计思维的另一个基本原则就是做事情。对于设计思维来说，与用户共享想法还不够，因为用户仍然会以不同的方式来理解想法。此时，需要通过一些具体事情来解释这些想法，用户可以通过确认或拒绝加以回应。可以将软件原型设计作为一种演示方法。

设计思维框架定义了一条贯穿所有流程和保障措施的路径，即主线。主线就是图 12-4 中穿越各个阶段的一条虚线。沿主线遍历各个阶段之后，团队和用户都能建立起足够的信心，认为识别出来的机会确实可行且能解决实际问题。这样就能确保在主线末尾得到一个或多个"高保真概念"，不但能够阐明"下一步是什么"，而且还能让投资人知道确实对用户或业务流程有益。

前面简要描述了思科的设计思维框架。事实上，该框架包含了更多详细信息、原理、经验证的方法和结构。从前面的描述可以看出，设计思维确实能够为数字化转型中的企业提供强大的支持能力。

12.4　意图网络

前面曾经说过，意图网络实质上就是思科 DNA 的一种网络基础设施视角。它描述了管理和维护下一代网络基础设施的方式，能够适应联网设备的指数级增长需求，能够以更快的速度满足网络变更需求，同时还能保持网络的安全性。

为了实现上述需求，意图网络基础设施使用了通用底层网络基础设施，并在其上按需部署和删除意图。网络意图是对应用程序或业务流程的目的或需求的描述，可以将其转换成一小段网络配置和策略代码。如果不再需要特定意图，那么就可以从网络中删除该意图。

为了在网络上实现这种行为，需要采用包括自动化、大数据、分析和 API 等在内的多种技术和流程。

传统企业中的业务流程处于主导地位，数据、技术和应用都围绕业务提供支撑服务，而数字化业务则要求数据、技术和业务流程之间建立更加紧密的集成关系。

可以通过数据和技术重新定义业务流程，各个域（技术和业务）的创新都能互相促进。

对于数字化业务来说，业务流程大量使用了各种应用和数据，而网络基础设施则在将应用和数据提供给最终用户方面起着至关重要的作用。

如果业务流程发生了变更（手动方式或技术方式），那么业务流程的意图也要随之变更，网络应该能够反映这种变化并加以改善。

意图网络能够通过 API 部署和删除意图，因而应用程序能够请求变更网络上的意图，无须人工干预或手动变更。这是数字化企业第 3 阶段或第 4 阶段的典型变更案例；应用或技术正强迫业务流程进行变更（而不是手动变更）。

也就是说，意图网络是数字化企业的关键推动因素和内在需求，由于网络基础设施负责连接数据和应用，因而是该技术不可或缺的组成部分。

12.5　组织机构影响

数字化进程对于企业的整体组织方式来说影响巨大。传统企业以彼此线性遵循的流程为核心进行组织，而技术与业务流程进行深度集成之后，将会创建一个更具共生关系的组织环境。技术可以改变流程，流程也会改变技术。

因此，这将深刻改变企业以流程为中心的传统组织方式。

接下来将详细介绍企业在数字化转型期间发生的各种组织变革。

12.5.1　架构

企业架构通常以分层方式组织成 4 种不同的体系架构，如图 12-5 所示。

图 12-5　传统企业架构模型

　　采用这种架构模式构建解决方案确实能够提供诸多好处，因为这种架构模式使用了构建块，而且还能为其他构建块提供抽象功能，因而非常灵活。与此同时，构建块还能大幅降低复杂性。

　　但是，随着数字化转型的不断推进，不同架构之间的层级将逐渐消失，因为业务不再是企业架构中的唯一主导因素。也就是说，应用可以利用其他业务流程的数据提出数据模型的优化建议（第 3 阶段）。同样，企业内部使用的技术也能为业务流程提供改进或优化数据。图 12-6 给出了不同域（人、数据、技术和业务流程）之间的关联和集成关系示意图。

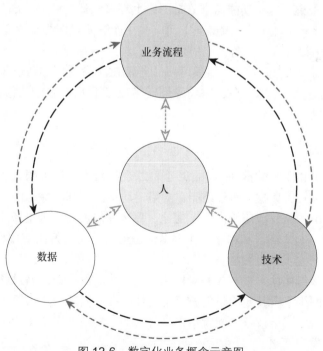

图 12-6　数字化业务概念示意图

　　该模型中的数据由技术产生（如园区网络中的模型驱动遥测技术），可以推动业务流程的变更（无论是订单拣选还是无线网络服务）。

人员可以利用机器智能（技术），而机器智能技术又可以利用业务流程和数据进一步优化业务流程或数据模型。

也就是说，传统的企业架构分层模型即将发生重大变化。架构师或设计人员必须意识到各种建模和集成方法正逐渐成为可能，必须主动拥抱这种变革。

12.5.2　网络设计

传统的网络设计通常采用完全线性化和顺序化的流程，与业务流程的建模方式相似。首先获得功能和技术需求，通常记录在高层设计方案中。然后创建一个低层设计方案，将需求转换成详细设计（包含网络设备及配置要素的详细信息）。定义了低层设计方案之后，就可以实现并部署一个新网络。最后创建网络实施文档，包含详细的实施和配置信息。

但是，数字化业务中的功能需求会随着时间的推移而快速变化。导致这种变化的原因有采集自业务流程的数据、组织机构的变革以及其他外部因素。网络甚至还能提出业务流程优化建议，以优化网络中的各种应用流程。

对于传统环境来说，这些变更将触发新一轮设计流程（遵循相同的次序），即获得新的功能需求、创建新的高层设计方案、创建低层设计方案、部署网络并创建文档。这些工作全部由设计人员执行，需要花费大量时间。

但是对于 IBN 来说，这些功能需求只是网络上部署和运行的一小部分意图。

网络设计不应该只关注单个功能需求，而应关注能够简化网络意图变更的通用网络基础设施，这就需要网络设计人员具备不同的思维方式。

网络设计人员需要设计一个通用基础设施，经测试之后再部署到企业当中。设计完通用基础设施之后，还要创建多个微型设计，将意图转换成可重复使用的网络基础设施配置代码，从而将网络意图提供给业务应用。

12.5.3　网络维护

意图网络是数字化业务的推动因素，甚至可以说是数字化业务的必然需求。IBN 不但能够为数字化业务提供相关数据，而且还能在网络上动态添加和删除意图。也就是说，如果业务流程（或企业）中的流程或应用出现了变化，那么网络就能立即准备实现新意图。

由于意图在网络上的部署和删除操作都是动态进行的（最好由应用程序自动完成），因而对网络运维团队产生了潜在影响。

传统上的网络运维团队需要首先登录网络设备，然后再根据网络设备的配置、连接的端点、预期流量以及网络查看特定流量的方式（硬件缓存、安装的路由等）进行故障排查。但是对于意图网络来说，网络设备的配置不再是静态的，而是动态变化的，可能会在一夜之间甚至故障排查期间发生变更。

因此，网络运维团队必须改变他们的故障排查方式。必须从传统的登录设备故障排查方式转变为通过网络上部署的网络管理工具故障排查方式，这些网络管理工具最好能够提供故障发生时的网络状态（与 DNA Center 的功能类似）。此外，随着时间的推移，这些网络管理工具还应该能够采集历史数据（基于现代的实时模型驱动遥测技术），实现基于时间的故障排查方法，甚至还能通过各种复杂模型和机器学习技术，预测网络中的未来事件。

企业的数字化转型会给组织机构带来深刻影响，企业的流程和模型都会发生变化，从原先的线性模型（即数据和技术均以业务流程为核心）转变成环形模型（即数据、技术和业务流程紧密集成且相互服务、相互影响）。

数字化转型的关键驱动因素之一就是数据和技术可以在业务流程当中执行变更操作（自动或半自动方式）。

因此，对于该驱动因素来说，网络设计可能不再遵循传统的高层设计->低层设计->部署流程，因为该流程是以手动方式按序执行任务，与数字化业务不符。因此，网络设计人员必须预先考虑到他们设计的网络基础设施可能会随着时间而动态（经过测试）变化，这也是意图网络的需求。

由于网络基础设施的配置变得越来越动态化，因而网络运维团队必须停止以逐台设备的方式开展故障排查操作，而必须利用 IBN 提供的网络管理工具排查故障，并持续验证网络是否运行在正常参数范围内。IBN 将为这种变化提供积极支持。

12.6 本章小结

过去几年，企业高管面临的一个关键问题就是数字化转型。由于市场的新参与者引入了一种新的运营方式并带来了巨大的变化，某些行业已经看到由此带来的颠覆性变化，以至于迫使传统企业和市场转入防御模式。这些新参与者不仅拥有从零开始的初创优势，而且从一开始就是全数字化企业。

数字化转型（也称为数字化）是一种利用新技术解决传统问题的概念。这些数字化解决方案通常都源自各种新型创新，或者通过新技术重新定义传统流程或传统问题。这些数字化系统通常都利用企业或市场中的可用数据，创建新型数字化解决方案。

第 13 章

IT 运维

　　IBN 描述了管理和维护网络基础设施的方式。传统的 IT 运维团队是根据最佳实践围绕 IT 运维框架进行组织的，所有的变更操作都必须遵循（严格的）变更程序，包括得到变更咨询委员会的批准。

　　这样一来通常就会产生以下事实：即使相对简单的变更操作（例如，在某些组织机构中重新加载交换机）也要花费很长时间，而且需要耗费大量资源编写变更程序，向咨询委员会提出变更申请并等待批准，讨论可能的拒绝问题，只有在经过很长一段时间之后，才能在某个晚上重新加载交换机。

　　变更程序和变更咨询委员会总体来说是好事，可以减少重大中断的风险，而且还能防止同时执行不同领域的两项变更操作；不过，组织机构经常在流程方面做过了头，大大降低了灵活性和变更敏捷性。

　　全面部署了 IBN 之后，应用程序可以通过 API 自动更改网络中的行为，无须任何人工干预。此时，需要相应地调整 IT 运维团队的组织方式，以确保流程（及合规性）与 IBN 保持一致，并最大程度地激发数字化和 IBN 的潜力。

　　本章将介绍一些常见的 IT 运维框架及其原理，分析 IBN 对这些框架产生的影响，最后还会提供一些有用的 IT 运维变革建议，以真正启用 IBN。

- 常见的 IT 运维框架：
  - ITIL；
  - DevOps；
  - 精益（Lean）。
- 建议变革。

13.1　常见的 IT 运维框架

很多企业都围绕一组常见的 IT 运维框架来组织其 IT 流程。本节将简要介绍贯穿企业始终的多种常见运维框架，并在每个框架中探讨 IBN 面临的挑战。

13.1.1　ITIL

ITIL（Information Technology Infrastructure Library，信息技术基础设施库）可能是当前最有名、使用最广泛的 IT 运维框架。实际上，ITIL 并不是一个框架（包含模型、设计原则等内容），而是一组概念和行业最佳实践集合（向企业交付 IT 服务）。

ITIL 的最新版本是 2019 年初发行的 ITILv4，该版本是 2011 年发行的 ITILv3 的更新版本。ITILv4 使用了新技术来提高 IT 的内部效率，同时与其他现有方法保持一致，如 Agile（敏捷）、DevOps（开发运维一体化）和 Lean（精益）。与 ITILv3 相比，ITILv4 旨在减少孤岛，增加协作，并将 Agile 和 DevOps 集成到 ITSM（IT Service Management，IT 服务管理）策略中。ITILv4 比 ITILv3 更加灵活和可定制。此外，ITILv4 和 ITILv3 并不互斥，ITILv3 的很多功能都可以用于 ITILv4。这一点非常有用，因为很多组织机构的 IT 运维框架都基于 ITILv3。本节的目的不是全面描述 ITILv3 框架，而是提供概念性描述，并说明 ITILv3 框架与 IBN 之间的关系。

案例：滥用 IT 运维框架

SharedService 集团为其内部业务提供了多种 IT 服务，其中就包括 EDI（Electronic Data Interchange，电子数据交换）系统。合作伙伴可以通过该系统以电子方式将数据提交给企业内部的特定业务流程。

EDI 系统可以在每个合作伙伴的系统之间自动进行电子信息交换（基于约定的标准文档格式），无须人工干预。一个常见案例就是自动生成并向客户发送电子发票，该发票将在财务系统中自动接收和处理。

为了在总体上加强 IT 的控制能力，SharedService 集团决定实施 ITIL 框架，并发起了一个实施项目。执行了多次变更操作（包括对组织机构进行重大重组以及职责划分）之后，该项目取得圆满成功。总体来说，ITIL 框架全面描述了 IT 服务，而且还可以遵循相应的流程来更改企业内部的应用程序或服务。

但是，SharedService 集团管理的部分系统还包含了对于业务来说至关重要的 EDI 应用，企业的合作伙伴需要通过这些应用程序以电子方式提交数据。

这些数据中的一部分是结构化的物理站点位置信息，物流部门需要利用这些信息接收和发送货物。这些物理站点位置使用的编码方案能够确保每个位置都是唯一的，这些唯一的编码会在不同的 EDI 应用程序之间共享，并由合作伙伴使用。

　　全面实施了 ITIL 之后，增加新的物理站点位置就要遵循完整的变更程序。包括得到变更咨询委员会的批准，而且还需要由多人验证是否允许增加额外记录，从而在变更服务窗口执行变更操作。

　　如果变更操作没有得到批准，那么就无法将任何货物发送给新站点位置，也没法在新站点位置接收货物，从而导致难以估量的业务损失和业务中断。

　　不幸的是，这个用例并不单纯是一个故事。很多组织机构都经常执行完整的 ITIL 流程。由于 ITIL 是 IT 领域的最佳实践集合，因而认为最好完全采用这些最佳实践。但事实上，这样做的实质是否定了最佳实践的一个关键要求：仅当上下文及最佳实践与应用环境相适应时，才应该采用这些最佳实践。

　　很多组织机构在发起 ITIL 的时候，都是希望改善服务，但却常常以失败告终，制定了大量无法直接改善客户服务体验的程序和流程。因此，实施 ITIL 框架时，务必慎重，需要在流程与实际操作之间取得平衡，这一点非常重要。

　　ITILv3 定义了 5 个阶段，每个阶段都定义了多个子流程。

　　图 13-1 所示为 IT 服务在整个生命周期过程中应该遵循的各个阶段，这是一个持续（重新）定义和管理服务的过程。

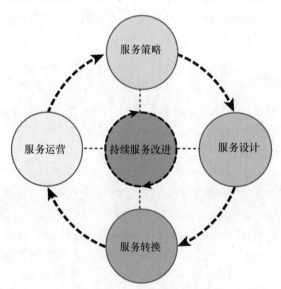

图 13-1　ITILv3 各阶段示意图

　　可以看出，ITILv3 框架拥有大量描述性管理流程和相应的 KPI（Key Performance Indicator，关键绩效指标）。受篇幅限制，本节不会深入分析每一个管理流程。不过，IT 运维团队对这些阶段的相关流程应该都非常熟悉了，如事件管理、变更管理、问题管理和资产管理。

1. 第 1 阶段：服务策略

本阶段需要确定应该向客户（或者说企业内部）提供哪些类型的服务。这里定义了 5 种通用过程来描述服务策略：

- 战略管理（strategy management）；
- 服务组合管理（service portfolio management）；
- 财务管理（financial management）；
- 需求管理（demand management）；
- 业务关系管理（business relationship management）。

2. 第 2 阶段：服务设计

服务设计阶段负责确定所提供服务的需求，同时还可以定义新服务产品并改进现有服务。本阶段定义了以下过程：

- 设计协调（design coordination）；
- 服务目录管理（service catalog management）；
- 服务等级管理（service level management）；
- 风险管理（risk management）；
- 容量管理（capacity management）；
- 可用性管理（availability management）；
- IT 服务持续性管理（IT service continuity management）；
- 信息安全管理（information security management）；
- 合规管理（compliancy management）；
- 架构管理（architecture management）；
- 供应商管理（supplier management）。

3. 第 3 阶段：服务转换

服务转换阶段负责构建和部署 IT 服务，传统的项目管理和改进都是本阶段的一部分。本阶段定义了以下过程：

- 变更管理（change management）；
- 变更评价（change evaluation）；
- 项目管理（转换规划和支持）（project management）；
- 应用开发（application development）；
- 发布和部署管理（release and deployment management）；
- 服务验证和测试（service validation and testing）；
- 服务资产和配置管理（service asset and configuration management）；
- 知识管理（knowledge management）。

4. 第 4 阶段：服务运营

本阶段的目标是确保有效且高效地交付 IT 服务，包括满足用户请求、解决事故、修复问题以及执行例行维护任务。本阶段定义了以下过程：

- 事件管理（event management）；
- 事故管理（incident management）；
- 请求实现（request fulfillment）；
- 访问管理（access management）；
- 问题管理（problem management）；
- IT 运营控制（IT operations control）；
- 设施管理（facilities management）；
- 应用管理（application management）；
- 技术管理（technical management）。

5. 第 5 阶段：持续服务改进（CSI）

IT 服务的最后一个阶段是 CSI（Continual Service Improvement，持续服务改进）。该阶段的目的是确定可通过改进或变更服务（实施）方式解决的重复性事故或问题。本阶段定义了以下过程：

- 服务审查（service review）；
- 过程评估（process evaluation）；
- CSI 倡议定义（definition of CSI initiatives）；
- CSI 倡议监督（monitoring of CSI initiatives）。

IT 运维框架使用的 ITIL 管理流程通常都是已定义且文档化的程序。也就是说，需要执行特定操作（在流程内）时，都有书面步骤可以采用。这些步骤通常都有控制点，需要其他团队或人员进行人为决策或确认。

意图网络与不同的 ITIL 管理流程都有一些（有趣的）交集。例如，网络意图设计本身与整个 ITIL 服务定义阶段都有密切关系，但是定义了网络意图（服务）之后，就可以利用 API 和自动化工具将服务自动交付给客户。不需要任何书面或文档化流程，只要设计和定义了特定服务，应用程序就能请求该服务并部署到网络上。

事件管理和事故管理也有类似的差异（和密切关系）。

服务部署完成之后，支持 IBN 的网络就可以通过分析功能检测并根据触发的事件自动修正事故。

ITIL 与 IBN 是非互斥策略，它们相互支持，相互补充。例如，思科 DNA Center 提供了大量 API，可以将思科 DNA Center 与基于 ITIL 流程定义的 ITSM（IT Service Management，IT 服务管理）工具紧密集成。一个很好的案例就是思科 DNA Center 的软件升级工作流程。在思科 DNA Center 中为某个站点选择了（新）黄金映像之后，就可以在 ITSM 工具中自动创建变更请求。如果 ITSM 工具（通过 API）给思科 DNA Center 回复了经批准的服务窗口，那么思科 DNA Center 就可以在该时间窗口内自动部署、更新和验证软件升级，而无须人工干预，除非升级过程发现了意外事故。

总之，ITIL 框架基于一组最佳实践，围绕 IT 服务的定义和交付进行设置。ITIL 是所有 IT 组织机构（或企业中的 IT 部门）的常用方法。IBN 能够进一步强化 ITIL，可以优化（或删除）某些程序并改善服务交付过程。

不过，将数字化转型和 IBN 作为推动因素之后，提供服务的 IT 与使用 IT 服务的业务应用/流程之间的区别将逐渐消失。该过程有助于在适当的时机从整体上重新审视 ITIL 过程，IBN 则是推动这种重新审视过程的加速器。

13.1.2 DevOps

DevOps 是 Development（开发）和 Operations（运维）的组合词，是一种由软件开发驱动的方法论，能够加速地向客户交付应用程序或服务的新特性和新功能。软件开发的实践证明，敏捷软件开发方法在交付大型 IT 软件项目方面效率更高，能够有效提升客户满意度。

虽然开发团队能够每两周提供一个新的软件服务版本，但是却需要等待额外的一周时间才能将新版本部署到生产环境当中。由于两个团队（开发和运维）越来越多地通过自动化工具发布软件并提供新服务，因而将两者合并成单一方法论完全合乎逻辑。从这一点来说，(Net)DevOps 是敏捷组织机构的下一个逻辑演进方向，网络运营也将基于相同的敏捷方法论。

但是，敏捷方法论（DevOps 的基础）在运维团队的应用非常成功。通过多学科团队协同执行工作可以大幅提高工作效率，因为团队可以共同承担责任和义务。虽然运维团队的主要职责是运维和管理网络，但是可以将所要做的工作归结为系统管理工作（如升级和变更）、事故响应工作以及可能的项目工作。

项目工作和系统管理的特征之一就是时间可预估（与事件和问题响应相比），而且由于这些工作能够提前预估和规划，因而非常适合 Scrum/敏捷方法中的冲刺（Sprint）能力（有关冲刺的详细信息请参阅第 2 章）。

事故和问题响应则是完全不同的工作，具有明显的动态变化特性。事件和问题的发生不以人的意志为转移，无法提前规划，因而需要预先分配资源并使其可以用于事故响应。看板（Kanban）是一种基于敏捷方法的方法论（源自精益[Lean]），非常适合事故响应工作。事故进入看板队列之后，就可以将资源用于不同的项目并有效解决事故和问题。

为了将敏捷方法（以及 DevOps）成功引入运维团队，需要将团队分为两个团队，团队会在冲刺与看板之间来回切换。其中，第一个团队使用 Scrum/敏捷的冲刺方法执行系统管理任务（如定期更新和变更），第二个团队则负责响应事故（如果发生）并在需要时为第一个团队提供帮助。

该运维方法允许团队在冲刺与看板之间来回切换，始终有一个团队执行事故响应工作，另一个团队则执行规划好的工作。这种方法非常成功，可以帮助员工保持专注力。因为规划好的任务因优先级为 1 的事故而延迟的频率是多少？事实上，这种运维方法能够从本质上解决这类延迟问题。

DevOps 运维方法非常成功，越来越多的网络运维团队开始采用这种方法开展工作，相信这只是时间问题而已，因为 DevOps 正在稳扎稳打地向网络运维领域延伸。

不过，DevOps 也基于 "fail-fast"（快速失败）概念。也就是说，快速交付新功能或新特性时，如果不奏效，那么就要找到原因并快速修复（在下一个版本中修复）。这个概念的好处非常明显，客户可以及时看到新功能，测试新功能并提供反馈，从而有效改善解决方案。这与传统的软件工程方法论（如瀑布式开发方法）完全相反。

但是，fail-fast 概念并不完全适用于网络基础设施，因为网络配置或服务故障可能会给业务造成巨大影响（甚至导致业务中断）。因此，fail-fast 对于网络运维来说并不是成功因素，而是一种风险因素。

意图网络可以降低这种风险，而且可以在敏捷方法论中发挥作用。

对于支持意图的网络来说，可以在基础设施上快速部署网络意图。为了成功做到这一点，必须在发布之前彻底设计和测试可用意图。

从这个意义来说，网络意图与软件应用程序中的功能特性非常相似。意图就是可以使用的网络功能特性。

按照这种关系，可以将 Scrum/敏捷方法中的冲刺功能完美用于设计、开发和测试网络意图所需的任务当中。

网络意图（功能特性）得到测试和批准之后，就可以发布为新的可用意图，然后供网络中的应用和操作使用。由于意图已经经过了测试，因而故障风险以及对企业的重大影响都大大降低。

总之，意图网络非常适合基于敏捷开发方法的企业和运维团队。

13.1.3 精益

精益 IT（Lean IT）是精益制造和精益服务原则的延伸，专注于 IT 产品和服务的开发与管理。精益生产（或简称为精益）最初由丰田公司提出，目的是解决汽车生产中的浪费和低效问题。由于这些原则非常成功，因而很多其他制造商也纷纷采用了该原则，使得精益成为事实上的制造标准。对于很多制造商来说，采用精益技术是与低成本国家开展有效竞争的重要手段。

精益的最终目标是消除浪费，这里的浪费指的是流程当中不产生增值的组件，从而最大程度地提高客户价值。在流程当中每执行一次精益迭代，就会减少一点浪费，直至最终消除浪费。以精益方式进行迭代，需要遵循五项管理原则（需要按序执行）。

1. 五项管理原则

James P.Womack 和 Daniel T.Jones 在 1997 年成立的 LEI（Lean Enterprise Institute，精益企业学院）是业界公认的精益知识培训和研讨中心。LEI 认为精益的五项管理原则分别是价值（value）、价值流（value stream）、流动（flow）、拉动（pull）和尽善尽美（perfection）（如图 13-2 所示）。

接下来将详细介绍精益的五项管理原则。

（1）确定价值

价值被始终定义为客户对特定产品（对于 IT 服务组织机构来说，就是 IT 服务）的需求。价值本身不只是金钱，还包括交付的及时性和产品质量。客户对特定产品还有其他需求或期望吗？可以通过这类问题来定义产品或服务的价值。定义了价值之后，实际上就成为产品或服务的最终目标。

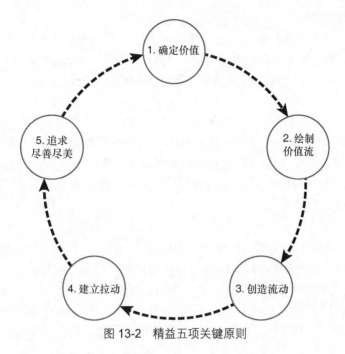

图 13-2 精益五项关键原则

（2）绘制价值流

定义了价值（和相应的最终目标）之后，接下来就要为客户实际定义和制造产品所包含且需要的所有步骤和流程绘制所谓的价值流。

价值流绘制是一种简单但往往能够揭示经验的行为，可以确定交付产品所要采取的行动。应确定全部流程，包括采购、生产、管理、HR 和交付等流程。价值流绘制实质上就是创建一个包含已确定流程的单页图纸，绘制出整个流程的物料/产品流。

目标是识别出图纸中所有不能给产品创造价值的步骤，并找到消除这些浪费步骤的方法。

（3）创造流动

从价值流中消除了浪费之后，接下来就要验证产品是否能够无延迟、无中断或其他瓶颈地流过其余过程。这一步可能需要打破孤岛，努力在所有部门之间实现跨部门协作，以优化价值并在创造价值的过程中避免浪费。跨领域、跨职能工作是所有组织机构最困难也最具挑战性的工作之一，因为涉及了责任和职责划分，而且需要变革（思维）。

不过研究表明，克服孤岛思维至少能够实现两位数的效率提升。

（4）建立拉动

通过改进和优化后的工作流程创造产品，同样能优化产品的上市时间（或到达消费者手里的时间），使得优化组织机构以实现"及时"交付变得更加简单。从字面意义来理解，就相当于客户能够根据需要从企业"拉取"产品，从而缩短了服务交付时间（将交付时间从数月缩短至数周）。由于实现了及时交付，因而可以大大优化产品所需的材料库存，减少（通常）昂贵的库存成本，从而为客户和制造商节省成本。

（5）追求尽善尽美

虽然步骤 1 到步骤 4 已经为生产过程提供了良好的开端和改进效果，但步骤 5 可能是最重要的一步：使精益成为企业和企业文化的一部分。只有当努力追求完美（消除任何浪费以提供价值）成为企业文化的有机组成部分，且每位员工都认为精益能够将浪费降至最低时，才能最终消除浪费。

精益对于企业来说影响巨大，能够有效提高客户满意度。这些影响同样也会扩散到供应商和合作伙伴当中，因为它们也希望改善自己的生产和组织流程，最终改善企业的运行效率。但官僚主义和不必要的行为总是无处不在，因而必须经常性地持续迭代这五项精益管理原则，以消除新产生的浪费行为，从而实现并保持以最小的浪费提供最大的客户价值这一最终目标。

2. 精益 IT

精益最初旨在消除生产制造过程中的浪费问题并提高客户价值。从某种意义上说，企业内部的 IT 部门或 IT 服务企业也提供产品，只不过这些产品不是有形产品，而是服务。

精益 IT 是精益思想的进一步延伸，旨在将精益框架应用于 IT 服务。目前五项精益管理原则已开始应用于 IT 部门（或企业）并指导如何向客户（内部或外部客户）提供 IT 服务。

区别之一就是精益 IT 预定义了一组已确定的浪费问题，这些浪费会影响客户满意度和服务（从而影响价值）。IT 运维团队通常都能识别大部分此类浪费问题。下面列出的浪费问题在 IT 领域（非常）常见，需要通过精益 IT 思维加以解决。

- **缺陷**：缺陷指的是未经授权的系统和应用的变更或者是不合格的项目执行。这不但导致客户服务（和满意度）低下，而且还会增加服务成本，因为需要更多的时间和资源来提供服务。
- **生产过量**：如果在超量资源上部署 IT 服务，那么就会出现这种情况。例如，按照预定义标准应该为分支机构部署 1Gbit/s 的 WAN 链路，那么为只有 10 个 Citrix 用户的分支机构配置 1Gbit/s 的 WAN 链路就会出现生产过量，导致业务和 IT 成本大幅增加。
- **等待**：如果应用或服务的响应时间很慢，那么就会造成客户损失（因为等待），而且由于产品无法提供客户需要的价值，因而导致客户满意度低下。
- **无效动作**（过多）：IT 运维团队总是以救火队员的方式应对事故，对网络事故做出被动响应，并以相同的方式不断重复解决事故，而没有从根本上解决事故的根源问题。这种行为会导致客户满意度降低和生产力下降。
- **员工知识**：有可能被组织机构严重低估的一种浪费就是知识浪费。了解哪些服务或产品环节还没有实现优化的人员通常都是现场员工。但是，如果按照传统管理层级方式传递信息，那么这些改进想法和理念很可能会被丢失，导致浪费依然存在。如果合格的员工执行与服务无关的工作或者将时间花在简单耗时的重复性工作上，那么也会发生另一种员工知识浪费问题。这些都会导致人才流失（失去知识）和工作满意度低下，同时也会导致支撑和维护成本升高。

为了识别和消除 IT 部门提供的服务中的浪费问题，也要不断迭代执行相同的五项精益管理原则。可以将上面提到的浪费作为迭代起点，以优化请求程序并为客户提供更好的体验和服务。

注：IT 组织机构的转型采用精益管理模式可能非常困难。大多数 IT 组织机构都非常注重成本，与客户签订 SLA（Service-Level Agreement，服务等级协议），而且都有内部的计费时间"指标"。如果服务出现了问题，那么最重要的任务就是尽快恢复服务。为了防止事故再次发生，重新设计该服务的可能性非常小，甚至没有可能。

丰田在 20 世纪 80 年代引入这种管理范式时，如果员工发现生产线存在质量问题，那么就会要求停止生产线并解决问题，同时还要花时间防止该质量问题的再次发生。这个原则就是提高质量和追求尽善尽美之路。

提供 IT 服务的组织机构可能最担心报告这类质量问题，这需要采取措施改善客户服务和质量，因为中断会影响 SLA，影响指标并导致收入损失。这种担心不但会给客户价值带来负面影响，而且还会大大降低最大限度发挥精益 IT 思维潜力的机会。

改变思维方式是一件非常困难的事情，因为它与短期业务运营指标相关。（高层）管理人员必须意识到，精益 IT 思维可能会在短期内影响生产效率，但是从长远来看是有益的。

总之，精益本身并不是一种 IT 运维框架，而是一种组织机构层面的方法论，旨在为客户创造最佳价值。对于网络或 IT 运维部门来说，最大的价值就是提供最佳 IT 服务，在客户需求与可用 IT 资源之间实现高效和有效平衡，并将服务开销降至最低。

IBN 是一种非常适合精益 IT 思维的方法论。向 IBN 迁移的推动因素之一就是联网设备和网络上的服务（意图）数量呈现指数级增长，而运维人员无法遵循相同的规模增长模式。此时，IBN 可以有效提高效率，支持企业贯彻精益思想。

此外，IBN 还允许业务应用自动请求和使用网络意图，从而消除所提供服务的浪费问题。另外，IBN 还能从网络维护过程中获取大量有用数据，使得运维团队能够更快、更有效地解决网络事故，同时还能持续验证网络上的意图。事实上这也减少了浪费。

对于全面采用精益管理的组织机构来说，IBN 是一种消除 IT 服务中的浪费问题的极佳解决方案。

13.1.4　常见 IT 运维框架小结

总体来说，ITIL 和 DevOps 是当前最常见的 IT 运维框架。虽然精益 IT 在 IT 运维领域并不常见，但它确实是一种先进的思维方法，在企业内部拥有巨大的吸引力。

当然，还有很多其他可用框架能够描述 IT 运维团队的管理和组织方式，如面向 IT 领域的 ISO 标准（ISO 20000 描述了 IT 服务管理标准，ISO 19770 描述了资产管理），而面向流程改进的六西格玛（Six Sigma）和面向项目管理的 PRINCE2 则旨在以最小的风险交付项目。值得一提的框架还有很多，这里不再赘述。

所有这些框架都有一个共同点，那就是通过过程和操作步骤来描述企业模型或抽象概念，而且都以过程为导向。确定过程的目的是抽象复杂性并引入职责划分。此外，这些框架中的过程都是按照顺序定义和执行的，目的是保持专注和清晰度。

但是，随着时间的推移，IBN 的部署可能会对这些框架产生较大影响，因为网络的运维模式发生了重大变化，不再符合这些框架。

最明显的案例就是变更程序。传统的变更操作需要遵循（严格的）变更程序，提交变更申请，由变更程序评估变更风险和影响，进而批准或拒绝变更请求。变更决策通常由变更咨询委员会做出，他们通常每周召开一次或两次会议。

迁移到 IBN 之后，业务应用可以通过 API 请求新的网络意图，并将意图自动部署到网络上。从本质上来说，业务应用在网络上执行的就是变更操作，但不需要遵循传统的纸质变更程序。

IBN 与这些框架之间还有一些其他差异，如网络基础设施的设计模式。如果严格按照这些框架组织 IT 运维团队，那么他们就会在事实上妨碍 IBN 的成功实施，因为完全启用 IBN 的要求之一就是对 IT 运维模式做出部分变革。

13.2   潜在冲突和建议

如果企业严格按照上述框架来组织和部署 IT 运维团队，那么实施 IBN 时很可能会在 IT 部门与网络运维团队之间造成潜在冲突。每个企业都有各自的特点，冲突造成的影响也各不相同。虽然无法罗列出 IBN 与所有框架之间的完整冲突，但是可以描述与 IT 运维相关的变更建议。接下来将描述这些潜在冲突的原因以及克服冲突的建议。

13.2.1   通用设计模式变更

最常见的 IT 运维方法之一就是顺序法，即识别问题、确定需求、设计解决方案以及部署和管理解决方案。这种方法非常普遍，很多框架和项目步骤都采取了这种类似的方法。

因此，按照这种方法定义 IT 的组织（和运维），设计师和架构师会聆听业务需求，识别问题、确定需求并设计解决方案，然后通过网络工程实施解决方案，再由运维团队执行该解决方案。由于现有网络无法满足这些新需求，因而常常需要按照这种方式设计和部署新网络以解决新的功能需求。

IBN 的方法与此完全不同。对于意图网络来说，已有一个通用的底层网络基础设施，需要在其上设计和部署意图。因此，设计人员不是要设计一个新网络，而是要将解决方案定义为现有网络的一部分，同时还要以易于部署和删除网络意图的方式进行设计。设计人员必须变革他们的设计模式，不但要考虑如何部署意图，还要考虑如何删除意图。必须将所有网络意图都设计成易于重用的服务块。

当然，有时组织机构希望在新网络环境中部署意图网络，此时就要求网络架构师或设计人员创建一个极简的底层网络，然后在底层网络上部署各种意图。如此一来，就不能按照传统模式为单一目的设计网络或者聚焦单一问题设计网络。取而代之的是，设计基础的底层网络时，必须能够解决这个单一问题且能在网络上部署其他意图。在这种情况下（需要设计一个新的 IBN），网络架构师不但要考虑新的必需的网络基础设施，而且还要考虑网络上运行的各种服务和应用。

13.2.2 例外管理

IT 运维团队（特别是网络运维团队）负责网络基础设施的正确运行和管理。传统意义上的网络运维团队负责网络控制和网络配置。通过最佳实践和经验证的设计方案确保网络配置和网络运行保持在最佳状态。运维团队通常都会声明，只有对网络拥有完全的控制和维护权，他们才能对网络负责（且承担责任）。网络中的任何变更都必须在运维团队的主持和批准下进行。

一般来说，运维团队是正确的，因为既然要承担责任，就应该赋予控制权。但是部署了IBN 之后，就必须在运维团队与允许在网络上请求和删除意图的应用或业务流程之间分配网络配置的控制权。启用该功能（IBN 的关键组件）之后，绝对的网络控制权事实上就不存在了。由于运维团队仍然要对网络负责并承担责任，因而运维团队害怕并抵制与外部实体分享控制权。

为了减轻这种失控的恐惧和风险，可以采用下面两种管理范式并改变责任的组织和记录方式。

为了限制网络允许的变更数量并防止意图混乱，可以仅允许在网络上部署经批准和测试的意图（很可能有限制）。也就是说，网络运维团队将与网络设计人员和架构师一起定义可以请求和部署的意图。当然，必须在实验环境中明确定义、精心设计和正确测试这些意图，有时还要求单个意图不能干扰其他意图。

虽然该过程刚开始可能会限制可用意图的数量，但是能够将控制权交回运维团队，因为这种方式可以控制将哪些意图以服务方式加以提供。

另一种管理范式称为例外管理。例外管理既有一般性的商业应用，也有智能化的商业应用，其原理在信息流或货物流非常复杂以至于无法逐个管理的行业中非常普遍。例外管理的基本原理是假设通用流程已得到明确定义，99%的流都能按照流程和计划执行。为了避免出错，例外管理定义了明确的工具、指标和程序。实际运行性能将根据预期指标进行持续验证，如果发现了偏差，那么就可以将重点放在该偏差上。

另一个常见的例外管理案例就是物流领域。物流领域的货物运输量很高，公安机构无法检查所有运输的物品，而是依靠数据采集和智能化的大数据分析来识别潜在的货物运输问题，并检查这些货物。

销售机构也采用相同的原理，其考核指标基于已售产品数和平均售价。如果某个产品的季度表现不佳，那么就会通知管理层，确定并执行适当的处理措施。

这种方法在 IT 领域也非常普遍，可与 SLA 相结合进行服务监控。由探针周期性地验证应用程序的性能，如果性能超出了允许的带宽，那么就会报告并采取措施。

事实上，这种例外管理原则也是 IBN 的重要组成部分。意图网络中的工具会持续验证所请求意图的运行是否成功。如果意图未按预期执行，那么就会通知运维团队。也就是说，IBN 在设计之初就已经实现了例外管理范式。运维团队必须理解并接受该原理，因为联网设备呈现指数级增长之后，传统的完全控制管理模式已难以为继。

13.2.3　跨领域协作

对于数字化企业来说，业务与 IT 的协同正日益明显，技术正在支撑并推动业务流程再造，这就要求业务与 IT 必须相互了解。IBN 是企业数字化转型的推动因素。IBN 允许在网络上部署网络意图，但 IT 不仅仅是网络，还包括计算、存储、云、安全以及应用开发。

组织机构通常围绕这些不同的领域和专业技能组织自己的部门和流程，即安排一个专门团队负责服务器管理，安排另一个团队负责办公区管理。这样做虽然有利于职责划分，但是对于客户体验和创新来说却不利，因为这些团队在本质上都是孤岛。DevOps/Scrum 敏捷的优势之一就是多学科团队协作，由不同的专家共同实现特定功能，因而能够创建更有价值的软件程序。

意图网络要求采用类似的方法。虽然网络为企业的应用和服务提供了连接，但意图的定义和设计不但要以业务需求为基础，而且还要与其他 IT 专业领域保持协同。

因此，网络基础设施团队应保持足够的开放性，在定义网络意图的时候与其他专业领域（包括客户[业务流程]）保持密切的跨领域协作，以定义出真正能够为企业创造价值的网络意图。

13.2.4　组织变革

总之，企业内部用于组织 IT 服务和运维的现有（控制）框架与 IBN 以及数字化转型过程产生了明显的利益冲突。为了解决这些冲突，必须确定与广为人知的过程及职责之间的偏差，这些偏差会反过来强制 IT 运维部门改变其职责管理和服务提供方式。

这也意味着组织机构正在有意识地偏离现有框架，正在对当前审计的业务产生影响，因而必须验证和记录这些偏差。

顺理成章的是，由于 IBN 改变了网络设计和运行方式，因而 IT 运维团队也必须适应这种变化。随着时间的推移，IT 运维框架也将随之发生变化，但运维流程的变革是一件极具挑战性和复杂性的工作。由于 IBN 要求这种变革，因而必须获得管理层的支持和承诺。

13.3　本章小结

IBN 是未来网络的发展演进方向，描述了网络的管理和运行方式，能够灵活应对外部变化，如联网设备的指数级增长和业务的数字化转型。

传统的 IT 运维团队都是以各种常见的 IT 运维框架进行组织的。这些框架通常都采用以过程为导向的顺序法，来描述 IT 服务的管理、维护和改进方式。

由于 IBN 采用了全新的网络运行方法，因而与这些常见框架产生了一定的潜在冲突。

一个很好的冲突案例就是变更请求程序。传统环境需要在ITSM(IT Service Management，IT 服务管理）工具中注册变更请求，并遵循（严格的）变更程序，在此过程中确定变更的影响和范围，最后由变更咨询委员会决策是否批准或拒绝变更请求。

这些程序通常都要花费 IT 运维团队以及变更咨询委员会（可能每周召开一次或两次会议）的大量时间。虽然其背后的原则是为了防范重大事故，但变更操作确实显得过于冗长了。

有了IBN之后，应用程序只要对网络控制器执行API调用即可从网络中删除现有意图，从而导致网络配置发生变更。这样一来，应用程序就绕过了变更程序来启用或删除意图。

因此，虽然这些框架旨在提供更好的服务质量，改善客户体验并加快交付速度，但是仍然要对部分围绕网络设计和运行的流程进行变革。对于前面的案例来说，如果在得到变更咨询委员会批准之前，始终将 API 调用置于挂起状态，那么如何能够获得快速部署的收益呢？与所有的变革一样，小步走是取得成功的最大秘诀。

如果组织机构拥有强大的基于 ITIL 的流程组织，而且也一直在坚定地遵守这些流程，那么就很难有足够的变革余地，成功部署 IBN 的概率也将大大降低。但是，如果组织机构乐于改进（如采用精益思维或敏捷方法论），那么成功变革涉及 IBN 的流程的概率就会大大增加。

总之，IBN 将强制推动组织机构进行流程和职责变革。这种变革需求可能与组织机构定义和管理其 IT 环境的框架产生利益冲突，而且这种利益冲突可能会不断升级。必须深刻意识到这一点。

13.3.1　通用设计模式变更

传统企业通常都按照顺序模式解决问题或定义新服务，即定义问题、记录需求和限制、由设计人员创建解决方案。在设计完解决方案之后，再通过项目部署解决方案，最后再由运维部门进行管理。

对于网络来说，创建全新的网络设计方案相对较为常见，因为旧的网络设计方案无法满足所有需求，或者工程部门更倾向于采用新技术。

但是对于 IBN 来说，可以将新请求的网络意图动态部署到网络上。也就是说，由一个通用网络基础设施承载所请求的意图。这样一来，新网络功能的设计必须考虑现有意图网络，而且解决方案必须基于可在 IBN 上轻松部署和删除的小型服务。

也就是说，设计人员应该以小型微服务的方式设计网络，而不是利用 DNA 的关键设计原理和IBN 概念设计一个（大型）新网络。

另一个设计模式变化就是设计完整的新网络时（如用于新工厂或新仓库），网络设计人员应该设计一个最小的基线网络基础设施，并在其上部署微服务，以不断满足新网络的建设需求。设计人员必须意识到，可以随时根据需要动态添加和删除其他服务（可能是他不知道的服务）。

13.3.2   例外管理

组织机构通常围绕责任和问责来组织企业的业务。随着业务的不断增长，会创建更多的部门并在这些部门之间委派并划分责任和问责。大多数 IT 框架都采用了相同的方法，通常团队仅在能够完全控制流程的情况下才承担相应的责任和问责。也就是说，很多网络运维团队都声称，只有对网络拥有了完全控制权，他们才能对网络负责。

但是部署了 IBN 之后，部分控制权实际上委派给了能够添加和删除网络意图的（业务）应用和流程。也就是说，某些控制权已经不在运维团队手中了，那么运维团队该如何保持控制力呢？

一方面，在网络上启用任何允许的意图之前，都要在实验环境进行全面测试；另一方面，还要在责任的思考方面进行必要的思想转变，要从控制性管理转变为例外管理。例外管理既有一般性的商业应用，也有智能化的商业应用，其概念在工业和贸易领域非常常见。这些领域存在大量的数据或商品，难以实行控制性管理。例外管理的概念假设流程大体上总能按照预期运行，如果出现了问题，那么就意味着产生了例外，接下来就要处理例外。

一个很好的案例就是鹿特丹港口。它们在 2018 年处理了 8635782 个集装箱，平均每天高达 23660 个集装箱。由于单个集装箱通常会装载多种货物和运输品，所以当局不可能检查每件物品，而是假设每个人都遵守正常程序并支付进口关税。此时要做的就是通过数据采集和分析来发现可能的例外并检查这些集装箱。

虽然网络领域并没有将这个概念称为例外管理，但网络监控系统实际上采用的就是这种方法。网络监控系统假设网络运行正常，并通过探针验证该假设。如果发现差错，那么就会生成告警，以通知运维团队采取适当的处理措施。

事实上，例外管理是 IBN 不可或缺的组成部分。IBN 通过工具持续验证意图在网络上的运行是否正确，并主动将事件报告给运维团队。机器智能则有助于确定是否需要将例外汇总成整个站点范围的问题。

这个概念也同样适用于网络运维团队查看网络的方式，以假设所有流均正常工作的方式承担责任，除非监控到其他异常状态。

13.3.3   跨领域协作

组织机构常常围绕特定的知识（技能）领域组织自己的团队和流程。例如，安排一个专门团队负责服务器管理，安排另一个团队负责网络安全，安排其他团队负责应用管理等等。虽然这样做从责任（和控制）角度来看有利，但是对客户体验来说却不利，因为这些域在本质上都是孤岛。事实证明，孤岛无法提供最佳客户体验或最佳服务。Scrum 敏捷（和 DevOps）的主要成功因素之一就是多学科团队协作，由不同的专家共同解决问题和事故。事实证明，这种方式能够提供更加以客户为中心的解决方案，同样也能提升效率。

IBN 要求采用类似的方法。网络是端点与应用服务之间的连接要素，但网络意图的定义和构建需要以业务需求和当时的需要为基础。作为连接要素，网络意图还要与其他 IT 专业领域保持一致，以便为企业提供一致的体验和服务。

因此，网络基础设施团队应保持足够的开放性，在定义网络意图的时候与其他专业领域（包括客户[业务流程]）保持密切的跨领域协作，以定义出真正能够为企业创造价值的网络意图。

13.3.4　组织变革

组织机构必须随着 IBN 的引入而不断变革。这种变革是充分利用 IBN 能力的需求，也是为后续技术进步做好准备。

这种组织机构变革意味着组织机构需要偏离现有框架和建议的运营模式，定义满足需求的新模式（就像数字化转型一样）。大多数框架都认可这种偏离，但是需要记录相应的论据和理由。

不过，很多遵循这些框架的组织机构通常只是遵守了字面条文，而没有真正使用适用于组织机构的最佳实践（对组织机构自身的能力缺乏了解或信任）。因此，审计人员可以对这些偏离进行审计，但建议不但要得到管理层的变更承诺，而且还要记录所有变更并改变记录程序，包括为何进行变更的相关争论。

如果缺乏这些必要的文档和承诺，那么就会存在因审计人员不了解 IBN 而必须回滚变更的风险。

第 14 章

成功部署 IBN 的建议

到目前为止，已经可以清楚地看出，IBN 不但与网络管理有关，而且还与企业、流程及人员变革有关。这些变革有快有慢。本章将提供一些有用的建议和背景知识，希望能够进一步助推企业变革，提高 IBN 迁移的成功概率。本章的各个主题相对独立，有些内容甚至与 IBN 并没有太多的直接关系。本章将提供如下建议和背景信息：

- 人的改变；
- 恐惧；
- 补偿与激励；
- 质询；
- 失败；
- 前瞻性思维；
- 所有权；
- 培训与示范；
- 生命周期管理；
- 干系人与治理。

14.1 人的改变

市面上有关改变员工或团队、改变自身行为（励志类图书）以及人类心理学的图书非常多。本节的目的不是提供完整的此类背景信息，而是希望描述与人的改变相关的两个重要概念。

事实上，人的大脑有两种工作模式：一种是快速模式；另一种是慢速且缜密模式。慢速模式会更加详细地吸收所有感知到的事物，并在做出决策之前进行平衡。而大脑的另一种工作模式，由于运行速度非常快，以至于被感觉成瞬时行动。心理学将后者定义为边缘系统（limbic system），但通常称之为蜥蜴脑[①]。

公园散步就是一个典型的蜥蜴脑案例。正常散步时，我们根本不需要考虑应该在什么时刻将什么信号发送给哪一块肌肉。但是如果在尝试走相同路线的同时，还要不停地做一些无序数字的加法。例如，从 1 开始，每走一步加 3，那么很快就会发现，脚步正在放缓，因为随着手头上的任务越来越复杂，慢速缜密大脑已经开始取代蜥蜴脑。

可以想象，慢速缜密大脑模式在执行任务时消耗的能量比快速模式多得多。为了最有效地使用能量，我们的大脑被"编程"为尽可能多地使用蜥蜴脑且试图走捷径，这一点被称为人类的偏见。

慢速缜密大脑模式负责学习新技能和做出复杂决策。但是学会之后，就会立即在大脑中创建或编程神经系统路径，从而由蜥蜴脑就接管学会的新技术或新技巧。

这个背景信息对于了解何时需要改变人类行为来说至关重要。例如，对网络事故开展故障排查。发生重大网络事故之后，大多数网络工程师都会首先询问一些背景信息，然后立即登录交换机并开始分析网络。此后的工作将自动由蜥蜴脑接管，网络工程师将利用自己具备的技能去解决当前的故障问题。

虽然能够改变这种自动化路径和行为，但需要花费一定的时间和精力。改变人类行为是一个非常独立的专业领域。对于本节来说，只要了解了人类心理学当中有不同的领域与本节主题相关就足够了。

为了促进这种改变，必须意识到自动化路径适用于人们已经学会的技能。图 14-1 给出了人们学习和使用新技能时所遵循的阶段模型。

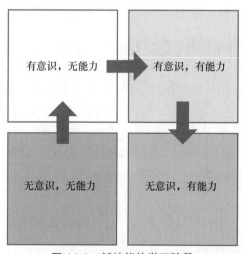

图 14-1　新技能的学习阶段

[①] 边缘系统通常被称为蜥蜴脑，因为边缘系统是蜥蜴大脑的全部功能，负责战斗、逃跑、进食、恐惧、怯懦和交配行为。

第 1 阶段根本不知道特定技能，因而也就不知道可以学习该未知技能。第 2 阶段是有意识地知道自己还不具备该技能，开始学习该新技能。学会了该技能之后，就能有意识地知道该技能。此时知道自己可以使用该技能，因而下定决心要应用该技能。技能就在那里，但是需要下决心去做。

学习新技能的最后一个阶段就是，根本没有意识到要去应用这项新技能，此时无须多想就能执行该技能。因此，目前已由蜥蜴脑接管并自动执行该技能。

可以充分利用该背景知识以改变人们的惯性行为。例如，可以让运维人员知道，他们在收到事故报告后的第一反应是立即登录交换机。而事实上，思科 DNA Center Assurance 可能已经提供了相关信息，根本就不需要使用 CLI。

只要让人们有意识地知道他们所遵循的自动化路径，就有可能建议他们采取其他路径。这样就能让人们学习新技能，并进而采取新（自动化）路径。

这一点对于支持和引导变革并学习新的必需技能来说至关重要。

由于新技能的学习由慢速大脑负责，因而这种改变需要花费大量的时间和精力。在没有压力的情况下毫无问题，但是只要施加了压力，几乎所有的人都会转回以前的自动化模式。这是一种完全正常的人类行为。从本质上来说，就是蜥蜴脑开始生效并使用自动化路径和熟悉的行为模式。

因此，即便人们正在参加 IBN 迁移的培训和指导，一旦发生了重大中断或者施加了其他外部压力，这些工程师（和设计人员）都会立即转回其认为有效的旧行为方式，似乎一切都徒劳无功。这种情况很可能会发生，而且也应该容许发生。必须为运维团队留出足够的"复发"余地，容许团队不断学习，不断改变。

14.2　恐惧

需要改变的另一个人的因素就是恐惧（fear）。"战斗"或"逃跑"是人类大脑响应环境的一种模式。如果处理不当，恐惧是一种很难克服的障碍。恐惧会让人（或整个团队）进入防御模式，他们会尽一切可能让事情保持不变，甚至可能通过蓄意破坏变革来证明自己的正确性。

虽然很多工程师都对新技术或新工具充满热情，而且他们的"工程师之心"也希望立即投入使用，但是他们最常见的恐惧表现就是将自动化能力引入网络。

引入自动化能力的时候，员工几乎会立即担心自己即将失业。

虽然有很多明确的案例证明，对于大多数部署了自动化能力的环境来说，确实会失去旧工作，但同时也带来了新工作。也就是说，只要能够及时改变自己并适应新环境，就有可能找到新工作，实现角色转变。

总体来说，恐惧是所有变革的真正风险，对于自动化来说更是如此。为了更好地应对这种风险，必须得到高层管理人员的支持和理解。IBN 的目的不是用更少的维护团队做同样的工作，而是为了让企业（和网络）利用已经超负荷运转的运维团队为即将到来的变革做好准备。高层管理人员必须认识到这一点，必须认可 IBN 是数字化转型的推动因素。获得承诺之后，必须保持持续沟通和重复解释，特别是在引入自动化组件的时候。

14.3 补偿与激励

补偿和激励（Quid Pro Quo and Incentives）是成功实现变革的重要驱动因素。quid pro quo 是拉丁语谚语，指的是"交换或补偿"。如果变革有利可图，那么成功推行变革的难度就会大大降低。这种利益可能是与人直接相关的事务，也可能是消除了人们工作中令人生厌的环节。通过利益或激励来推动变革是一种很常见的做法。这种机制非常普遍，特别是在市场营销和沟通交流领域。

案例：如何在变革中使用补偿机制

我曾经参与过很多项目，这些项目大多与 IT 相关，但并不总是与网络基础设施直接相关。这些项目大多都通过 IT 能力大幅降低了流程的复杂性，或者让工作变得更加简单。其中一个项目与集装箱货船航行（运输）过程中的大量文档文件相关。当时，所有要运输的货物都必须附有详细的说明文件，写明发货人、收货人、托运人以及货物类型等。一个集装箱船通常要运输 200 多个集装箱，如此多的集装箱也就意味着有大量的文档文件。

当然，执法部门有权检查和确认这些文件。执法人员通常要在运输途中登船验证这些文件，这需要花费很多的时间和精力。

船长也会收到数字化形式的货物信息，因为船长也有义务向当局报告危险货物（以便发生灾难时，可以根据危险货物信息提供适当的应急响应）。

该项目通过补偿机制引入了一种新的工作方式。如果船长自愿以数字化方式将货物信息发送给执法部门，那么执法部门就不会在运输途中检查集装箱，而是在装卸集装箱的时候进行检查。

对于执法部门来说，这样做的好处是可以提前收到货物信息；对于船长来说，好处是他的航行（运输）不会再被中途打断。

虽然本案例与 IBN 并没有什么直接关系，但是可以看出，如果抗拒或恐惧是当前需要解决的主要问题，那么就可以通过这种补偿机制来推动变革。运输市场的竞争非常激烈，货物信息也非常敏感，但本例中的双方都在这种信息共享的变革中受益了。

补偿也是一种激励形式，双方都能从变革中受益。可以将补偿机制与推动用户或团队进行变革进行完美结合。这种结合可以帮助团队克服明显的恐惧和抗拒风险，减少恐惧感，从而为团队带来直接收益。

一个很好的应用场景就是引入自动化能力。由于自动化基本上就相当于失业恐惧的代名词，因而可以利用该机制，鼓励团队使用自动化工具来摆脱日常繁杂的工作任务，如手动变更 Syslog 服务器或手动更新上百台交换机。

虽然不应该过度使用该机制（因为存在失去信誉的风险），但这确实提供了一种很好的获得信任和引入变革的好方法。

14.4　质询

推动变革的另一种方法就是质询（challenge）。可以质询团队或个人为什么会在过去做出那样的选择。质询某种设计选择或某个流程，可以促使人们认真思考所做的选择。

质询将触发大脑使用缜密思考模式，很可能会使用与该选择相关的经验来确定选择是否仍然有效。像"我们一直这么做"这样的答案是不可接受的，必须质询为什么这么选。

为了保持讨论的开放性和活跃性，必须以谦逊的方式提出这些问题和质询。如果质询呈现出居高临下感，那么人们就会进入防御模式，也就无法以不同的方式接近最初的质询目的。

质询时，可以使用"为什么"这样的问题，或者询问是否可以用不同的解决方案来实现相同的效果。不同的思维方式也能引发变革。

质询（或破坏）的力度应该足够大，要让人们产生颠覆感，从而引发不同的想法。虽然质询变革是一个耗费时间的过程，但带来的好处是，可以让团队主动支持以不同的方式做事，这要比简单地执行变革好得多。变革对于团队来说是应有之义，质询则有助于团队接受变革。需要注意的是，质询不能过于频繁，因为人们可能会被完全颠覆，进而恢复到以前行为。

由于这种变革需要花费较长的时间，因而外部因素可能会给变革过程带来诸多压力。例如，大幅削减预算会给整个变革过程带来巨大压力，可能会导致一切恢复原样。

案例：持续沟通有助于保持专注性

FinTech 公司的业务主要面向金融市场。由于金融危机在 2010 年左右达到顶峰，这使得 FinTech 公司出现了一定程度的业务和收入损失。此时 FinTech 正在实施网络访问控制机制的迁移操作。由于收入减少，企业开始全面削减预算，因而暂停了网络访问控制机制的项目实施。虽然管理层和团队都认为部署网络访问控制机制很重要，但是没有足够的硬件和配置预算。

与此同时，企业雇用了一家咨询公司，分析重组是否以及如何使组织机构受益，并从总体上降低运行成本。

虽然该项目被搁置了，但是项目团队仍然保持了活跃的内部沟通，包括向企业内的不同干系人提出质询"为什么网络访问控制是一件好事以及风险是什么"。

这种持续性的沟通策略在与咨询公司的面谈过程中达到了顶点。最终大家一致认为：该项目很重要且有益，应该继续执行，与可能的企业重组行为无关。

这种情况很典型，描述了外部因素对项目和变革带来的压力和负担。在这种情况下，保持专注性、持续沟通、保持进行中的变革承诺极为重要。虽然有些变革可能需要花费很长的时间，但是只要能够将承诺与耐心相结合，就一定能够实现期望中的变革。

此外，由于变革的步伐通常都较为缓慢，因而有必要经常回头审视一下。变化总是在一小步一小步当中不断前行，有时甚至完全不明显。

14.5　失败

虽然有些陈词滥调的意味，但每个人确实都能从自己的错误和经验中学到更多的东西。认识自己的错误并从错误中学习是一项特殊技能。最有趣的故事通常都来自于高级参谋人员，他们在分享战争故事的同时也包含了自己的失败经历。从本质上来说，展示自己的失败和错误，是一种力量而非软弱的表现。

没有经历过失败，没有从失败中汲取经验，就无法成功地向 IBN 进行转型。这一点适用于向 IBN 迁移的所有方面，包括学习新技术和新故障排查技能，以及改变团队和运维模式。如果不允许转型过程中出现任何失败，那么恢复到旧行为和旧模式的概率将会大大提高。因此，应该创建一个允许转型失败的宽松环境，告诉干系人，错误和失败也是转型过程中的重要组成部分，必须接受失败，不要因失败而施加任何不利影响。

14.6　前瞻性思维

前瞻性思维（forward thinking）是团队学习新技能、实施新变革时的一种工作机制，要求通过一些较小的可控步骤逐步实施，而不是大踏步地往前迈进。这个原则对于学习新语言来说也常见。老师不会一次性地提供所有的语法规则和词汇，而是一步步地、分批分量的逐步向学生介绍新单词和新语法规则。

变革也可以采取类似的分步推进办法。要持续以前瞻性思维规划一系列实施步骤，让团队朝着既定目标，以更小、更易于管理的步骤实施变更操作。通过让团队迈出第一步（第二步和第三步可以先留在自己的脑袋里），团队就可以每次迈出一小步，通过实践不断学习新技能，最终使得变革过程变得轻松简单。

如果不能以前瞻性思维提前规划好一系列步骤，那么带来的风险就是，实施完第一步之后，很可能会采取一条与最初预期完全不一样的解决方案的新路径。必须持续规划好接下来的 3～5 个步骤，这样才能确保实施路径的可控性与可管理性。当然，也必须允许进行小的微调，因为接下来的第二步或第三步还可以恢复到初始策略或实施方案。

虽然定义了一系列步骤，但是对于团队来说，了解所有实施步骤可能会让他们不知所措。有时，不让团队知道所有步骤，每次仅实施一个步骤反而更好。对于重大的运行或设计变更来说，这一点尤为重要，因为一个大变化往往比一系列小变化更难实施。此外，虽然最终结果可能都一样，但是在变更实施过程中，失去团队的风险不一样，多个小步骤的风险比一个大步骤的风险明显低得多。

提前定义好后续 3～5 个步骤确实有一定的难度，必须具备一定的经验和知识。为了防止步骤过小或者采取了错误的方法，建议采用同行评议和公开讨论的方式，定期与同行探讨达成预期变更目标的实施步骤。开展同行评议时，可以请团队中愿意变革的专家一起参与讨论。也可以范围更大一些，请执行相似任务的人员都参与讨论。

需要注意的是，必须定期与干系人（和管理层）一起确认最终实施结果，因为他们的认识很可能也已经发生了变化。

前瞻性思维是成功向 IBN 迁移的关键要素，最终目标是要实现 IBN。这是一个巨大变革。将整个迁移过程细分成一系列较小的、易于管理的实施步骤，有助于团队更加轻松地完成全部变更操作。

14.7　所有权

传统的大型企业通常都通过项目来推动组织机构变革，通过项目来部署新的软件解决方案、执行大型软件升级或选择新的咖啡自动售卖机。采取该策略的原因之一是，可以在项目管理框架下以受控方式执行变更操作的同时，确保业务能够持续运行。虽然该策略对于保持变更范围和交付成果的可控性来说很有用，但是从战略上来说，以项目方式实施 IBN 迁移操作很可能会失败。

项目通常都有特定的需求，通常需要让一名项目经理和项目团队来执行特定任务。通常需要雇佣外部资源来执行项目以保持网络的正常运行，运维团队无须担心与项目相关的任务和项目压力。

项目团队通常都会在项目设计或实施过程中做出各种决策，这些决策在项目团队将项目移交给运维团队时可能会产生较大影响。一般来说，项目团队会在项目遇到问题时做出决策，如应用程序未按设计运行或者某种新硬件需要特殊的管理工具。但决策范围通常仅限于项目团队内部，基本上不会咨询运维团队。因而将项目移交给运维团队后，根本不会关心这些决策带来的后果。

因此，运维团队面临的问题就是，项目交付的解决方案并不能给运维工作带来真正的帮助。运维部门要么使用该工具，要么忽略该工具，然后一切照旧。

此外，项目经理的任务和职责与运维团队不同。项目经理必须在有限的时间和预算内完成项目，而且通常面临有限的资源和责任。项目经理的优先级与项目结束后如何管理和维护这个项目并不完全一致，而是更多地关心项目本身。项目完成并交付之后，他们就会继续其他新项目。

从管理角度来看，行为是控制项目预算、确保项目可管理的有效因素。为了保持新工具或新系统的正常运行，通常会给运维团队带来很多额外工作量。

IBN 主要解决下一代网络的管理和运行方式。它为运维团队提供了一种有效的网络管理方式，迁移过程中发生的一切都与运维团队直接相关。为了成功执行迁移操作，必须由运维团队亲自执行相关项目。当然，也可以引入项目经理和外部资源以提供必要的支持，但是主要变更操作和迁移任务都应该由运维团队执行。因为将要改变的是他们的工作环境，他们必须承担并拥有转型的所有权。

14.8 培训与示范

培训的力量可能是被变革严重低估的重要因素之一。我们经常会不自觉地忘记，现在的每一项操作（如安装新交换机、配置新 VLAN）都源于培训和经验教训（来自培训的经验）。

IBN 使用了大量新工具和新方法来部署和维护网络。进行新功能新特性的培训和示范，有助于团队更好地适应这些新维护方法。

可以使用不同的培训方式来示范并学习新技能，包括研讨会、厂商提供的课程、角色扮演、模拟以及企业培训等。不同的培训方式会有不同的培训效果。

由于建议为 IBN 的迁移过程建立实验环境，因而也可以将实验环境作为运维团队的培训方式。在实验环境中模拟一个小型 IBN 网络，让团队在实验环境中开展网络分析与故障排查模拟，而且还能利用实验环境测试新工具和新流程。

建议充分利用各种培训方法，为园区网络向 IBN 的迁移提供必要的技术支持。

14.9 生命周期管理

生命周期管理过程的概念已在第 8 章进行了描述。生命周期管理过程可以确保网络通过指定流程保持硬件和软件的最新状态。由于 IBN 在数字化业务当中对业务来说至关重要，因而这是保持业务持续发展的关键需求。

向 IBN 迁移过程中得到的经验和教训，可以用来建立经验证、证明和支持的生命周期管理流程。这一点对于企业的多个层面来说都是有益的，包括业务成果（能够根据需要执行变更操作）和企业成熟度级别。

此外，生命周期管理还能确保新技术或新解决方案让企业受益的同时，能够有足够的机房空间和预算来部署这些新解决方案。

14.10 干系人与治理

虽然所有的人员的部门都应该从内心拥护变更，但是光有"胡萝卜"还不够，还必须加上"大棒"。在这种情况下，必须得到干系人和高层管理人员的充分支持与承诺。他们能够以一种更具指令性的方式，避免人们嘴上表示支持变革，但实际却在抵制变革（出于各种原因）。

在这种情况下，借助管理层的帮助，可以保持团队的专注性并推动团队进行变革。

干系人管理的一个最佳实践就是，不但要与干系人召开正式的定期会议（通常每季度一次），而且还要与个别干系人进行非正式的双边会议，而且频次更高。由于这些会议是非正式会议且更为频繁，因而可以更及时地讨论最近发生的教训或经验，讨论可以采取何种措施以调整向或纠正工作流程或操作行为。必须安排这些非正式会议，并承诺举行这些会议，即使是单纯的沟通也很好。

这些非正式会议有助于保持管理层和干系人的有效参与。干系人可以将这些会议作为其决策的一种同行评议形式。

14.11 本章小结

IBN 的关键之处就在于变革。向 IBN 迁移的大多数变革不是单纯的技术变革，而是组织机构和行为变革。变革是一个非常复杂的过程，市面上有很多图书都在讨论如何变革。变革需要广泛的接纳、足够的灵活性以及参与各方的专注性。本章描述的信息和建议只是大量可用工具包（包括方法、方法论和概念）中的一小部分。

确定在什么时间使用何种工具包，是一个持续平衡的过程，需要基于过去的经验、敏感性、个人技能以及可用的时间和资源等因素。可以使用本章提供的建议和信息来推进这一变革。虽然本章提供的建议和信息很多，但归纳起来主要有下面这些。

- **所有权**：这也许是最重要的建议之一。要求网络运维团队亲自执行向 IBN 的迁移操作。尽量不要使用不包含网络运维团队的独立项目团队，以免实施的解决方案得不到运维团队的支持，运维团队也无法从中获益。当然，如此大规模的转型确实需要项目管理，但是要求项目执行人员必须是运维团队，因为他们将在未来负责 IBN 的维护和管理。

- **积极的心态**：俗话说得好，"一滴蜜比一桶醋捉到的苍蝇更多（意指劝说和奉承比敌意和对抗更能赢得人心）"，这一点对于变革来说确实是真理。尽可能以积极的心态推动所有变革。积极的态度以及变革带来的（直接）收益，可以促使运维团队获得更大的成功和支持。成功实施（或部分成功实施）之后，需要与团队一起庆祝，这将有助于构建更加积极的团队氛围。

  庆祝成功的时候，也要考虑失败。也可以考虑以一种自嘲的方式庆祝失败，以免团队因失败的负面情绪而产生消极的抗拒行为。

- **放慢变革节奏**：所有的成功变革都要时间。不管采用何种方法，如受控性的网络中断、补偿或质询，这些变更都要由员工执行。有可能会不经意间回退到旧流程。将这些因素考虑其中，要有足够的耐心和持久性，要坚持变革的方向。确保告知所有干系人，说服他们持续致力于向 IBN 的转型。同样，也要定期回顾一下，看看已经完成了哪些变更。

- **培训**：学习新技能就等同于培训。要对变革所需的技能进行足够的培训（包括失败）。不但要做技术和工具培训（常规培训），而且还要做团队建设、学习新技能和组织机构方面的培训。如果员工的角色发生了变化，要允许他们接受新角色的培训。

- **前瞻性思维**：实施变革的一个关键建议就是要提前规划好尽可能多的实施步骤。但是应该仅将这些步骤告诉给少数人（开展同行评议和反思），仅将最终策略和当前的第一步操作告诉执行人员。这样做的目的是避免因变革步伐过快过大而导致团队流失。

总之，组织机构变革本身是一项非常复杂的任务，需要付出足够的努力，必须持之以恒，保持耐心与投入。变革涉及不同知识领域和不同专业领域，应该尽可能地利用外部知识和资源，运用个人经验和亲和的说服力，并在必要时采用工具包中的某些工具。

这一切都能帮助大家有效适应并推动必要的组织机构变革，从而成功迁移到 IBN。

园区网络技术

　　园区网络利用多种网络技术提供所需的网络服务。本书在园区网络中提到并采用了多种网络技术，包括传统技术（如 VLAN）和各种新技术（如 SDA）等。本附录主要从概念上描述本书提到和采用的网络技术。虽然某些描述偏技术性，但主要目的是为读者提供对该技术的使用或工作原理的概念性理解。如果希望深入学习和掌握这些新技术，还需要参阅相关的技术文档和专业图书。

　　本附录主要描述以下技术。

- IBN 通用技术：
  - Network PnP（Plug and Play，即插即用）；
  - ZTP（Zero Touch Provisioning，零接触调配）；
  - VRF-Lite（Virtual Routing and Forwarding，虚拟路由和转发）；
  - IEEE 802.1x；
  - RADIUS（Remote Access DialUp Service，远程访问拨号服务）；
  - SGT（Scalable Group Tag，可扩展组标签）；
  - 路由协议；
  - SDA（Software Defined Access，软件定义接入）；
  - VXLAN（Virtual eXtensible Local Area Network，虚拟可扩展局域网）；
  - LISP（Locator/Identifier Separation Protocol，定位编号分离协议）。
- 传统技术：
  - VLAN（Virtual LAN，虚拟局域网）；
  - STP（Spanning Tree Protocol，生成树协议）；

> ➤ VTP（Virtual Trunking Protocol，虚拟中继协议）。
- ■ 分析技术：
  - ➤ SNMP（Simple Network Management Protocol，简单网络管理协议）；
  - ➤ Syslog；
  - ➤ MDT（Model-Driven Telemetry，模型驱动遥测）；
  - ➤ NetFlow。

A.1 通用技术

在园区网络中部署 IBN 的时候，可以采用 SDA 或传统 VLAN（non-Fabric）方式。这两种部署方式都非常适合 IBN，但是随着时间的推移，越来越多的园区网络向 SDA 演进（因为 SDA 是面向园区网络的下一代技术）。这两种部署模式都要用到一些通用技术，以在启用意图的园区网络中实现维护和配置操作。接下来将简要描述这些通用技术。

A.1.1 Network PnP

思科 Network PnP 是一种（自动）配置网络中的新交换机或路由器的技术。思科 DNA Center 和思科 APIC-EM 均支持该技术。该技术主要用于 SDA 的 LAN Automation，也可以用于非 SDA 部署环境。图 A-1 所示为思科 APIC-EM 通过 Network PnP 技术配置设备的方式。

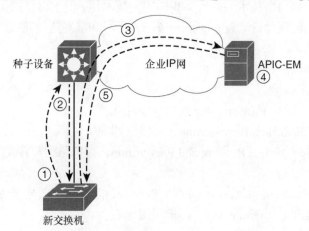

图 A-1 思科 APIC-EM 的 Network PnP 操作流程

现场工程师负责将新网络交换机安装到机架中并堆叠好，然后将上行链路连接到汇聚交换机上。该场景下的汇聚交换机也是种子设备。

交换机启动之后，如果配置为空，那么就会在后台启动 Network PnP 进程。

注：需要注意的是，此时千万不要触碰控制台，因为在控制台上输入的任何字符都会中断 PnP 进程。

Network PnP 进程的操作步骤如下。

- **步骤 1**. 新交换机启动后，将使用 VLAN 1（未标记的流量，因为此时的交换机还无法感知 VLAN）或者通过 CDP 学到的 PnP-VLAN 执行 DHCP 请求。
- **步骤 2**. 种子设备从地址池中为新交换机分配 IP 地址，这可以是本地地址池，也可以是集中式 DHCP 服务器。在 DHCP 响应消息中，通过 DHCP Option 43 告诉 PnP 代理如何联系调配服务器（本例中为思科 APIC-EM）。
- **步骤 3**. 新交换机解析 DHCP 响应消息。如果包含 DHCP Option 43，那么就解析其中的文本以提取连接思科 APIC-EM 所需的详细信息。新交换机将利用 DHCP 选项中的协议和端口，使用其序列号在思科 APIC-EM 中进行注册。如果未指定 DHCP Option 43，那么新交换机上的 PnP 代理就尝试使用 DNS 连接 pnpserver.customer.com，并将 DNS 名称 pnpntpserver.customer.com 用作 NTP 服务器。其中，customer.com 是在 DHCP 作用域中指定的域后缀。
- **步骤 4**. 思科 APIC-EM 在 PnP 应用中注册新设备。交换机与思科 APIC-EM 之间的通信中可以生成特定的 SSH 密钥，以便安全地配置设备。成功注册了所有设备信息之后，思科 APIC-EM 就会检查序列号是否拥有指定的固定配置。如果有，那么交换机就会自动以固定配置进行配置；如果没有，那么就将设备设置为 unclaimed（待认领）状态。
- **步骤 5**. 网络工程师选择设备并为设备选择模板或配置。提供了模板所需的所有变量之后，思科 APIC-EM 就可以连接新交换机并在新交换机上输入配置信息。

完成上述 5 个步骤之后，就可以将新交换机调配到网络中。网络工程师提供的配置（模板）可以包含新交换机的全部功能配置，也可以仅包含基本配置，以允许通过其他网络配置管理工具（如 Prime Infrastructure 或 Ansible）提供进一步的详细配置。

1. DHCP Option 43

PnP 利用 DHCP Option 43 告诉 PnP 代理应该如何连接 PnP 服务器（可以是思科 APIC-EM 或思科 DNA Center）。可以在种子设备的 DHCP 池中配置 DHCP Option 43 的字符串值，如例 A-1 所示。

例 A-1 使用 Option 43 的 PnP 的 DHCP 配置示例

```
ip dhcp pool site_management_pool
  network 10.255.2.0 255.255.255.0
  default-router 10.255.2.1
  option 43 ascii "5A1N;B2;K4;I172.19.45.222;J80"
```

Option 43 字符串的格式如下。

- **5A1N**：Network PnP 的特定值，表示 PnP 版本 1 且处于正常活动模式下的固定值。如果要启用调试操作，那么就要将其更改为 5A1D。
- **Bn**：连接方式。B1 表示通过主机名连接，B2 表示通过 IP 地址连接。

- **Kn**：K4 表示"通过 HTTP 连接"；K5 表示"通过 HTTPS 连接"。
- **I**：包含 PnP 服务器的 IP 地址（思科 APIC-EM 或思科 DNA Center）。
- **Z**：可选字段，用于 NTP 服务器同步时间（用于生成证书）。
- **T**：可选字段，用于指定获取证书的信任池（trustpool）URL。
- **J**：用于指定 TCP 端口号，通常为 J80 或 J443。

有关 Network PnP 的详细内容请参阅思科 *Solution Guide for Network Plug and Play*。

2. DNA Center 的差异

DNA Center 使用 PnP 技术有两种方式：一种是在支持 SDA Fabric 的网络中用于 LAN Automation 应用；另一种是在 non-Fabric 园区网络中配置新设备。

如果将 PnP 用于 LAN Automation，那么 DNA Center 就可以大大简化 Fabric 的底层网络配置。首先将某台网络设备（通常是边界路由器或控制路由器）设置为种子设备。交换机启动之后，通过 PnP 进程连接 DNA Center。DNA Center 使用分配给 LAN Automation 的 IP 地址池配置交换机的环回地址以及 Fabric 中交换机之间的路由式链路。需要注意的是，仅为 Fabric 分配一个 IP 地址池（最小网络掩码为 25 比特），并将 IP 地址池划分为 4 个大小相同的地址段——一个地址段用于环回地址，一个地址段用于路由式链路，第三个地址段用于边界路由器上的转接网络。

如果将 PnP 用于 non-Fabric 环境，那么思科 DNA Center 中的 PnP 功能与思科 APIC-EM 基本相同。与思科 APIC-EM 相比，思科 DNA Center 不需要配置新项目，发现新设备之后直接将其置入 unclaimed 状态，然后再将它们调配给网络区域（站点）、建筑物或楼层。最后，再由 DNA Center 将该站点位置的网络配置文件应用到交换机上。

A.1.2　ZTP

ZTP（Zero Touch Provisioning，零接触调配）是一种鲜为人知的可用于 Day-0 操作的技术。ZTP 与 PnP 相似，区别在于 ZTP 不需要操作人员"声明"新设备并将它们关联到引导配置中。ZTP 使用 DHCP、HTTP 或 TFTP 等传输协议（自 IOS-XE 版本 16.5 起）以及 Python 来配置新连接的设备。图 A-2 描述了 ZTP 的基本功能。

虽然 ZTP 与 PnP 相似，但仍然有一些区别。现场工程师将新设备安装到机架中并连接网络之后，ZTP 将执行以下操作。

- **步骤 1**. 启动后，新交换机将使用 VLAN 1 执行 DHCP 请求（未标记的流量，因为此时的交换机还无法感知 VLAN）。
- **步骤 2**. 种子设备从地址池中为新交换机分配 IP 地址，这可以是本地地址池，也可以是集中式 DHCP 服务器。在 DHCP 响应消息中，通过 DHCP Option 67（可选支持 TFTP 的 DHCP Option 150）告诉 ZTP 代理将要执行的 Python 脚本的位置。
- **步骤 3**. 新交换机解析 DHCP 响应消息，根据 DHCP 选项信息，尝试从管理服务器获取 Python 脚本。
- **步骤 4**. 下载 Python 脚本之后，在 IOS-XE 交换机上启动 guestshell 并执行 Python

脚本。Python 脚本包含了多条设置设备初始配置的 Python 命令。

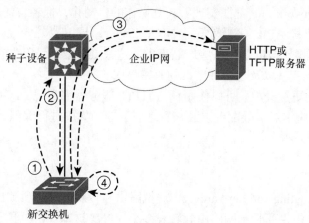

图 A-2　ZTP 操作流程

上述步骤与 Network PnP 相似，但是也有一些区别。需要注意的是，Network PnP 需要 APIC-EM 或思科 DNA Center，且将序列号作为唯一标识符，并以管理服务器设置的数值代替变量。而 ZTP 不下载任何配置，仅下载一个 Python 脚本，由脚本对交换机执行必要的操作命令。由于是 Python 脚本，因而可以使用其他 Python 模块或代码来调整引导配置（如从其他服务器请求特定 IP 地址）。

1. DHCP 选项

如上所述，ZTP 使用两个 DHCP 选项来定义和定位 Python 脚本。如果传输协议是 TFTP，那么就使用 DHCP Option 150 定义 TFTP 服务器的地址，用 DHCP Option 67 定义文件名。如果使用 HTTP，那么仅使用 DHCP Option 67，同时在 Python 脚本中使用完整的 URL。

2. Python 脚本

ZTP 使用 IOS-XE 中的 guestshell 复制和执行 Python 脚本。为了执行配置行命令以配置设备，思科提供了一个特定的 CLI 模块。例 A-2 中的 Python 代码为交换机配置了环回地址以及用户名和密码，以便可以发现新设备。

例 A-2　用于 ZTP 配置的 Python 脚本示例

```
import cli
print "\n\n *** Executing ZTP script *** \n\n"

/* Configure loopback100 IP address */
cli.configurep(["interface loopback 100", "ip address 10.10.10.5 255.255.255.255",
  "end"])
/* Configure aaa new-model, authentication and username */
cli.configurep(["aaa new-model", "aaa authentication login default local", "username
  pnpuser priv 15 secret mysecret", "end")
print "\n\n *** End execution ZTP script *** \n\n"
```

3. ZTP 和 Network PnP 小结

虽然 ZTP 和 Network PnP 都能实现 Day-0 操作的自动化，但各自的用例却有很大差异。Network PnP 用于思科 APIC-EM 和思科 DNA Center，是 LAN Automation 的组成部分。Network PnP 的内部操作被屏蔽在这些产品当中。这一点非常好，因为它是整体解决方案的一部分，支持模板、变量以及与管理工具的紧密集成。

与此相对，ZTP 更加开放。可以使用任何 HTTP 服务器来实现 Day-0 操作的自动化，但是必须通过 Python 脚本对引导配置以及与管理服务器的集成进行编程。ZTP 非常适合采用 Ansible 的意图网络。

A.1.3   VRF-Lite

VRF（Virtual Routing and Forwarding，虚拟路由和转发）是一项源自服务提供商的网络技术，可以通过服务提供商骨干网路由和转发多个 VPN（这些 VPN 可能存在 IP 地址重叠现象）。从本质上来说，VRF 负责在路由器或交换机的逻辑路由和转发实例中创建和隔离网络路由。

> 注：虽然大多数服务提供商都利用 MPLS 为客户提供不同的虚拟专用网（从而实现逻辑隔离），但数据中心不支持 MPLS。VRF 通常用在这些不支持 MPLS 的地方。

传统的路由和转发都基于单一全局路由表，通过全局路由表确定应该将入站 IP 包转发到哪个网络。如果两个客户的内部 IP 地址空间相同（如 10.0.0.0/24），那么至少会有一个客户的路由出现问题，甚至有可能影响两个客户。如果没有在全局路由表中区分客户，那么就很容易将目的 IP 地址为客户 1 的 10.0.0.5 的数据包错误地发送给了客户 2。

有了 VRF 之后，就可以创建逻辑隔离的路由表，从而避免出现此类路由问题。这里将每个逻辑隔离的路由表都称为 VRF 实例。VRF 实例的数量取决于物理硬件（特别是 ASIC）的能力。例如，思科 Catalyst 3650/3850 交换机最多支持 64 个 VRF 实例，思科 Catalyst 9300 系列交换机最多支持 256 个 VRF 实例。

需要注意的是，VRF 只能运行在三层（IP 网络）信息上。VRF 不能在二层提供逻辑隔离。也就是说，虽然交换机可能为单独的 IP 网络配置了 VRF，但是对于所有二层信息（如 MAC 地址和 VLAN）来说，仍然只有单个全局路由表。

所有支持思科 DNA 的交换机都支持 VRF，但是与交换机安装的特定许可有关。园区网络中的 VRF 负责在逻辑上隔离不同的 IP 网络。VRF 用于 SDA 的时候，负责实现部署到网络上的不同虚拟网络。对于传统 VLAN 方式实现的 IBN 来说，也使用 VRF 来隔离不同的逻辑网络。这两种方式使用的原理相同，都由 VRF 负责将逻辑网络（如隔离网络的意图）与底层网络或管理网络进行隔离。

如果要在网络中使用 VRF，那么就需要执行以下步骤。

- 步骤 1. 定义 VRF。
- 步骤 2. 定义 VRF 中运行的 IP 协议（IPv4、IPv6 或两者）。

- **步骤 3**. 将一个或多个三层接口绑定到 VRF。
- **步骤 4**. 在 VRF 中配置路由，可以是动态路由协议或静态路由。

例 A-3 给出了两个 VRF 定义（red 和 blue）的配置示例。其中，VLAN 100 绑定到 VRF "red"，VLAN 201 绑定到 VRF "blue"，两个网络均使用静态路由。

例 A-3　IP 地址重叠的两个 VRF 定义示例

```
vrf definition red
  address-family ipv4
  exit-address-family
!
vrf definition blue
  address-family ipv4
  exit-address-family
!
interface vlan100
  vrf forwarding red
  ip address 10.1.1.10 255.255.255.0
!
interface vlan201
  vrf forwarding blue
  ip address 10.1.1.254 255.255.255.0
!
ip route vrf red 0.0.0.0 0.0.0.0 10.1.1.1
ip vrf route blue 0.0.0.0 0.0.0.0 10.1.1.1
!
```

需要注意的是，在网络中使用了 VRF 之后，如要测试三层连接性或者显示三层信息（如路由表），那么必须记得指定 VRF 名称，否则显示的将是全局路由表（全局路由表仍然存在）。必须加强网络运维团队的技能培训，因为很多网络工程师在排查网络故障时可能会忘记 VRF 的名称。

A.1.4　IEEE 802.1x

思科 DNA（以及 IBN）有一项关键原则，那就是将安全性视为网络基础设施的重要组成部分。园区网络利用联网端点的身份（认证）为端点应用特定策略（授权）。园区网络利用 IEEE 802.1x 标准（通常称为网络访问控制）实现认证和授权机制。虽然 IEEE 802.1x 标准的定义仅面向有线网络，但是如果无线网络配置了 WPA2 企业安全性，那么也可以在无线网络中应用相同的概念、原理和流程。

IEEE 802.1x 标准被称为基于端口的网络访问控制（通常称为网络访问控制或 NAC）。该机制可以在授予端点网络访问权限之前确定端点的身份，主要用途是防止未经授权的端点连接网络（如恶意用户将设备插入墙插以访问企业网络）。虽然认证（你是谁）和授权（允许做什么）通常都融合在单个流程中，但 IEEE 802.1x 只定义了认证组件，没有定义授权机制（除了接受或拒绝之外）。NAC 基于多个组件，这些组件需要协同工作以建立端点的身份（认证）。图 A-3 所示为 IEEE 802.1x 的组件信息。

图 A-3   IEEE 802.1x 组件

IEEE 802.1x 的组件包括下面这些。

- **请求端**：请求端是端点上能够理解 IEEE 802.1x 的一种特殊软件组件。虽然所有现代操作系统都支持 IEEE 802.1x，但通常需要手动启用并配置请求端软件。请求端负责向网络提供端点的身份。
- **认证端（交换机）**：认证端（接入交换机）是 IEEE 802.1X 的重要组件，是接入端口链路转为活动状态之后立即启动认证过程的组件。
- **认证服务器**：认证服务器是 IEEE 802.1x 的集中式组件。所有认证端（交换机）的认证请求都由认证服务器进行集中处理。认证服务器根据请求端的身份确定是否允许或拒绝访问。

为了更好地理解这些组件之间的操作方式，下面将从概念角度来解释认证的操作流程。图 A-4 所示为 IEEE 802.1x 的认证流程。

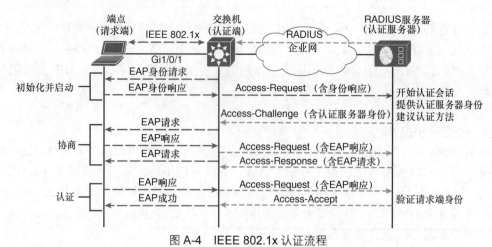

图 A-4   IEEE 802.1x 认证流程

典型的认证流程包括以下 4 个阶段。

1. **初始化并启动**：接口（配置了 IEEE 802.1x）激活后，将以未授权状态（丢弃除 IEEE 802.1x 之外的所有数据包）配置端口，并将身份请求发送给端点。

2. **协商**：运行在端点上的请求端收到身份请求之后，与认证服务器建立可信（安全）连接，并与认证服务器协商认证机制，因而请求端使用 IEEE 802.1x 帧（称为 EAP 数据包）。认证端（交换机）在协商阶段充当请求端与认证服务器之间的转换器，将不同的 EAP 数据包通过 RADIUS 传输给认证服务器。

建立了安全隧道之后（请求端可以通过证书验证认证服务器的身份），请求端与认证服务器就认证方法达成一致（可以是用户名/密码或证书）。

3. **认证**：协商完认证方法之后，请求端将身份（证书或用户名/密码）提供给认证服务器。认证服务器将允许或拒绝端点对网络的访问（使用特定的 RADIUS 响应消息）。认证端将根据响应消息采取适当的操作。

IEEE 802.1x 标准使用 RADIUS 协议作为请求端与认证服务器之间的通信封装（隧道）。仅用 RADIUS 的结果状态（接受或拒绝）告诉认证端（交换机）认证是否成功完成。RADIUS 协议的相关要求不在 IEEE 802.1x 标准中，分布在多个 RFC 中。接下来将简要描述 RADIUS 协议的相关概念。

虽然 IEEE 802.1x 最初是有线认证协议，但是配置了 WPA 企业安全性的无线网络也可以使用相似的流程。如果无线端点试图将自己与无线网络相关联，那么就使用相同的质询和响应流程来确定端点的身份以及是否允许其访问网络。

IBN 采用 IEEE 802.1x 标准有两个原因。第一个原因是提供联网端点的身份并防止未授权访问（遵从思科 DNA 的嵌入式安全性）。第二个原因是能够将端点分配到适当的虚拟网络中（授权），而且可以采用微分段机制或其他安全策略。

A.1.5　RADIUS

RADIUS（Remote Access DialUp Service，远程访问拨号服务）最初由 Livingston Enterprises 公司设计开发，后来被 Internet 服务提供商广泛接受，用来为拨号服务提供集中式的认证和授权服务。多年以来，这种集中式认证服务的概念已通过 ISP 的以太网扩展到企业网络，RADIUS 也成为企业网络访问控制的关键组件（如 A.1.4 节所述）。

RADIUS 包含了 3 种访问控制功能。

- **认证**：谁正在试图连接网络（用户或端点的身份）。
- **授权**：允许端点或用户访问什么。
- **审计**：用户或端点（身份）连接的时间和时长。

RADIUS 协议将这些功能实现为不同的流程。第一个流程在单个请求-响应循环中结合了认证和授权。NAD（Network Access Device[网络访问设备]，可以是交换机或无线局域网控制器）将特定用户的访问请求发送给 RADIUS 服务器，RADIUS 服务器则以 Access-Accept 或 Access-Reject 作为响应消息（包括了具体的授权信息）。第二个流程也由 NAD 发起，包含了 Accounting-Start 和 Accounting-Stop 消息，这些消息由 RADIUS 服务器进行接收和处理。图 A-5 给出了 RADIUS 协议的操作示意图。

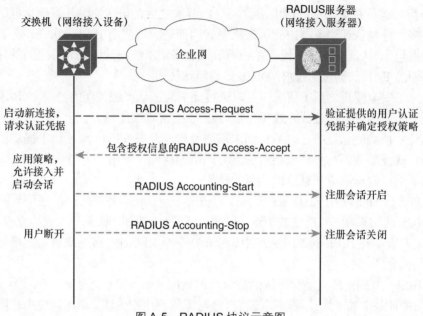

图 A-5　RADIUS 协议示意图

RADIUS 流程相对较为简单，步骤如下。

1. 需要认证的时候，NAD（客户端）向 NAS（Network Access Server，网络访问服务器）发送 RADIUS 消息 Access-Request。消息中包含了认证请求所需的所有属性，如用户名、密码及其他信息。

2. NAS 收到 Access-Request 消息并验证 NAD。完成 NAD 验证之后，将查找消息中提供的用户名并验证密码。

3. 如果提供的身份凭据正确，那么 NAS 就会确定访问策略并返回包含授权策略的 Access-Accept 消息（使用属性-值键值对）。如果身份凭据不正确，那么就会发送一条简单的 Access-Reject 消息。

4. NAD 解析并处理 Access-Accept 消息并应用特定策略，然后向 NAS 发送 Accounting-Start 消息。

5. 会话关闭之后，NAD 将向 NAS 发送 Accounting-Stop 消息，告知会话已关闭。

RADIUS 协议最初定义在 1997 年发布的 RFC 2058 中。虽然这是一种很老的协议，但是目前仍然广泛应用于基于 IEEE 802.1x 网络访问控制的园区网络中，主要原因在于 RADIUS 使用属性-值键值对模型来定义数据包。除了 RADIUS 数据包内的控制部分之外，NAD 与 NAS 之间交换的实际数据（反之亦然）将围绕属性类型、数值长度以及数值本身进行建模。每条 RADIUS 消息均都包含一组属性以及对应的值。例如，属性类型 6 表示 User-Name（用户名）字段。

虽然 RADIUS 协议仅允许 256 个唯一的属性类型，但是其中有一个 VSA(Vendor Specific Attribute，厂商特定属性）属性（值 26）。VSA 可以实现协议的扩展性和灵活性，允许厂商在 RADIUS 通信中自定义自己的属性-值键值对列表。

思科（Vendor ID 9）遵循建议的格式协议，通过 attribute sep value 格式定义 VSA。表 A-1 列出了部分 VSA 示例。

表 A-1　VSA 示例

示例	描述
cisco-avpair= "device-traffic-class=voice"	为设备分配语音类别
cisco-avpair= " ip:inacl#100=permit ip any 10.1.1.0 0.0.0.255"	应用访问列表，仅允许去往 10.1.1.0/24 的流量
cisco-avpair= "shell:priv-lvl=5"	为会话分配特权级别 5

这种扩展能力使得 RADIUS 成为事实上的网络基础设施认证和授权标准，因为每个厂商都可以自定义额外属性。随着时间的推移，很多厂商已经引入了大量自定义属性。对于 IBN 来说，网络运维团队可以利用这些 VSA 在 RADIUS 服务器（思科 ISE）上自定义策略，在设备连接且授权之后将特定策略应用到网络端口上。

A.1.6　SGT

思科在 2007 年推出思科 TrustSec 的时候引入了 SGT（当时称为源组标签，后来称为安全组标签，目前称为可扩展组标签）的概念。大多数网络部署方案都通过访问列表来实施访问策略。访问列表定义了允许哪个 IP 网络在哪个端口上与哪个目的端进行通信。图 A-6 给出了一个典型的企业网拓扑结构。

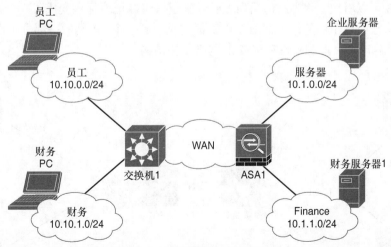

图 A-6　企业网拓扑结构示意图

企业网中的员工连接到 IP 网络 10.10.1.0/24，且允许访问 10.1.0.0/24 中的服务器。IP 网络 10.1.1.0/24 中有一个财务服务器网络，财务部门的员工位于 IP 网络 10.10.2.0/24 中。如果允许所有员工访问通用服务器，仅允许财务部门的员工访问财务服务器网络，那么防火墙 ASA1 的访问列表将如表 A-2 所示。

表 A-2　ASA1 的访问列表示例

源 IP	目的 IP	端口	允许/拒绝
10.10.0.0/24	10.1.0.0/24	445、135、139	允许
10.10.1.0/24	10.1.0.0/24	445、135、139	允许
10.10.0.0/24	10.1.1.0/24	任意	拒绝
10.10.1.0/24	10.1.1.0/24	445、135、139	允许

随着网络基础设施启用的应用程序越来越多，访问列表的长度和复杂性也呈现爆炸性增长。由于复杂性过高，未授权访问的风险（由于访问列表出现错误）也大大增加。SGT 的原理是解决源 IP 地址和目标 IP 地址的复杂性，定义与 IP 无关的访问策略。也就是说，访问列表策略基于标签而不是 IP 地址。表 A-3 显示了相同的访问列表策略，但此时基于 SGT。

表 A-3　ASA1 基于 SGT 的访问列表示例

源标签	目的标签	端口	允许/拒绝
Employees Emp-Finance	Serv-Generic	445、135、139	允许
Emp-Finance	Serv-Finance	445、135、139	允许
Any	Serv-Finance	任意	拒绝

从表 A-3 可以看出，此时的访问列表已经基于一组标记或标签变成了一个策略矩阵。由于此时的策略已经基于标签，因而所有员工都能成为同一个 IP 网的一部分（也同样适用于服务器）。图 A-7 显示了此时基于 SGT 的网络拓扑结构。

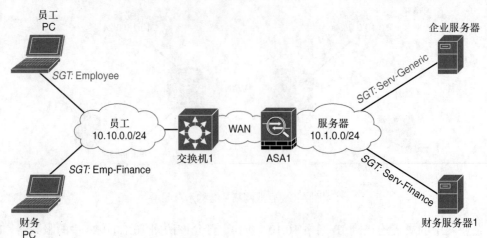

图 A-7　基于 SGT 的企业网拓扑结构示意图

SGT 的概念基于集中式策略服务器（思科 ISE），将访问策略定义为安全矩阵。端点通过认证连接网络的时候，会发生 SGT 分配操作，将 SGT 添加到 RADIUS 授权响应消息中。对于服务器来说，SGT 在 ISE 中进行手动分配（可以基于单个 IP 地址或整个子网）。

与 VLAN 一样（如 A.2.1 节所述），从端点收到的 SGT 将在思科交换机之间通过以太网帧一起进行传输。

思科 SGT 的概念在一定程度上源于可以在接入交换机（端点所连接的交换机）上实施相同的安全矩阵。这就意味着接入交换机上有一份下载的 SGACL（Security Group Access List，安全组访问列表），并对交换机收到的每一个数据包强制应用该访问列表。事实上，这也是微分段机制的使能技术（如在虚拟网络中定义微安全策略）。

思科 TrustSec 解决方案不但支持 SGT，而且还支持链路线速加密。对于 IBN 来说，SGT 与安全矩阵（定义在思科 DNA Center 或思科 ISE 中）相结合，就能启用和实施微分段机制。

A.1.7 路由协议

路由协议在本质上是不同本地网络之间的连接剂。路由协议的广泛部署，使得不同的本地网络能够进行相互连接，从而构成更大的互连网络。市面上介绍路由协议的图书很多，介绍了各种路由协议的工作机制及相关技术。

本节的目的不是详细讨论当前可用的各种路由协议，而是描述如何通过路由协议将本地网络互连成更大的网络以及与 IBN 的关系。

路由协议的概念

常见路由协议（如 IS-IS、BGP、OSPF 和(E)IGRP）都有一个共同的目标，那就是提供一种方法，以确定应该将携带特定目的 IP 地址的数据包转发给哪条链路。所有这些协议都旨在通过互连网络之间的链路提供最佳路径。图 A-8 给出了一个多个网络相互连接的拓扑结构示例。

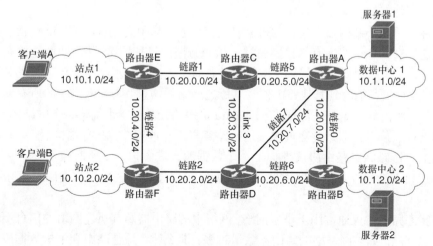

图 A-8 网络拓扑结构示例

该网络（一个企业）中的两个园区站点（站点 1 和站点 2）通过大量直连链路连接两个数据中心（数据中心 1 和数据中心 2）。为了允许从客户端 A 到服务器 2 的通信，网络中的所有路由器都需要知道应该如何来回转发数据包。也就是说，路由器必须知道特定网络是否可达（可达性）以及应该使用哪条链路转发数据包（网络拓扑结构）。此外，为了实现高可用性，网络中存在大量环路，因而路由器还必须保持拓扑结构处于无环状态。

一种方式是在所有路由器上静态配置所有站点网络，使得路由器知道整个拓扑结构和网络信息。但静态路由的扩展性很差，而且出现链路故障后存在严重的路由中断问题。

路由协议的目的就是解决这个问题。路由协议可以动态了解所连接网络的拓扑结构及可达性信息。路由协议可以通过两种机制来了解拓扑结构和可达性：距离矢量和链路状态。

（1）距离矢量机制

对于距离矢量路由协议来说，网络中的每台路由器都会周期性地共享它所知道的所有网络以及与到达该网络相关的距离（开销）。当然，直连网络的开销最低。距离或开销可以用跳数来表示（如到达某网络之前需要经过多少跳）。

如果路由器从开销更优的邻居那里收到网络更新，那么就会更新其内部网络数据库（拓扑结构数据库），并在下一次更新中转发自己更新后的网络信息。

随着时间的推移，每台路由器都能学到所有可达网络以及相关的开销。收到数据包之后，就会在拓扑结构数据库中查找目的 IP 地址，并以最小开销转发给邻接路由器。

可以将距离矢量机制与高速公路沿线去往不同城市（目的地）的路标进行对比。如果需要穿越多条高速公路才能到达特定城市，那么只有遵循每个高速公路交汇处（路由器）的路标，才能到达最终目的地。

距离矢量路由协议的缺点在于不能（始终）考虑链路的带宽和利用率。仍以高速公路为例，距离矢量路由协议没有办法在路由信息中包含高速公路是两车道还是六车道，从而导致数据包可能因链路拥塞（交通拥堵）而缓慢到达。

（2）链路状态机制

另一种学习拓扑结构和可达性的机制是链路状态。与距离矢量不同，链路状态路由器会首先确定它们在哪些链路上有邻接路由器（检查链路的可达性），并周期性地检查可达性。建立可达性之后，路由器会将邻居及网络（链路状态）信息泛洪给所有已连接的邻居。这样一来，所有路由器都能收到其他路由器及其所连网络的信息。收到网络中的所有路由器的信息之后，每台路由器都通过一种算法（Dijkstra 最短路径算法）来确定每个网络的最佳路径。如果链路出现了故障，那么就会再次发送链路宣告，并重新计算拓扑结构。

事实上，链路状态路由协议维护了一个数据库，其中包含了所有路由器、去往其他路由器的（连接）链路以及每台路由器连接的网络等信息，并通过该数据库确定拓扑结构和可达性。

链路状态路由协议通常用于小型网络，网络中的路由器及其所连网络的信息不会产生扩展性和资源问题。如果网络中的路由器数量过多，那么计算最佳路由和维护数据库的开销就会占用过多的资源。

链路状态机制的一个常见示例就是使用 GPS 导航系统确定从城市的 A 点到 B 点的路线，其地图信息允许创建城市中所有道路（链路）及其交叉路口（路由器）的拓扑结构。最短路径算法可以确定城市范围内任意两点之间的最短路径。但是，如果要维护整个大洲的所有街道及其交叉路口的完整拓扑结构，那么将过于庞大，计算最短路径所花费的时间也太长。因此，在这些情况下，大多数 GPS 导航系统都采用了分层结构（网络拓扑结构之上的网络拓扑结构）来优化资源使用。

园区网络使用的路由协议都基于上述两种机制中的一种。例如，OSPF（Open Shortest Path First，开放最短路径优先）和 IS-IS（Integrated System-to-Integrated System，集成系统到集成系统）基于链路状态机制，BGP（Border Gateway Protocol，边界网关协议）基于距离矢量机制。思科推出的 EIGRP（Enhanced Interior Gateway Routing Protocol，增强型内部网关路由协议）结合了链路状态和距离矢量机制，提供了一些独特的改进能力。

对于传统园区网络来说，虽然使用哪种路由协议并没有什么关系，但是路由协议的选择对于基于意图的园区网络来说却很重要。

对于 non-Fabric 和基于 SDA 的园区网络来说，网络中部署了多个虚拟网络，这意味着需要在这些虚拟网络中交换可达性和拓扑结构信息，此时最常用的路由协议就是 BGP。

基于 SDA 的网络对底层交换基础设施增加了路由协议需求，因为交换机之间的每条链路都是基于 IP 的链路。底层网络最常用的路由协议是 IS-IS。IS-IS 网络终结在 Fabric 的边界节点位置。

A.1.8 SDA

SDA（Software Defined Access，软件定义接入）是未来园区网络的发展方向，它结合了园区网络中的多种通用技术（IEEE 802.1x、VRF-Lite、RADIUS 和 SGT）和一些新技术。第 5 章描述了基于 SDA 的园区网络设计模式及相关概念。接下来将描述 SDA 使用的两种新技术。

A.1.9 VXLAN

VXLAN（Virtual eXtensible Local Area Network，虚拟可扩展局域网）是一项源自数据中心的网络技术。由于传统 VLAN 技术仅支持 4096 个 VLAN，因而数据中心网络被限制为 4096 个逻辑二层网络。二层网络的另一个局限性是，将其扩展到多个数据中心时会带来很多的复杂性，如时延、脑裂（split-brain）和非最优流量等。为了克服这些问题，业界开发了 VXLAN 技术并将其引入数据中心。

VXLAN 是一种网络虚拟化（叠加网络）技术，可以将二层数据包嵌入到逻辑网络（虚拟网络 ID）当中。VXLAN 使用 UDP 封装二层数据包，并转发到正确的目的地。接收端交换机将原始二层数据包从 VXLAN 数据包（UDP）中解封装，并在本地转发该数据包，就像单个逻辑网络（如 VLAN）一样。图 A-9 解释了通过 VXLAN 跨 IP 网传输信息的方式。

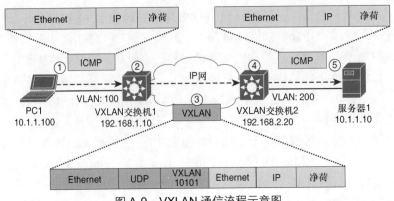

图 A-9　VXLAN 通信流程示意图

图 A-9 中的 PC1 与服务器 1 位于同一个逻辑 IP 子网（10.1.1.0/24）中，但是在物理上被一张 IP 网络隔开。VXLAN 交换机允许设备之间进行相互连接和通信。例如，PC1 可以将 ping（ICMP）包发送给服务器 1。流程如下。

1. PC1 将目的 IP 地址为 10.1.1.10 的 ICMP 包发送给与 VXLAN 交换机 1 相连的以太网连接上。
2. VXLAN 交换机 1 在 VLAN 100 上收到 PC1 发送的 ICMP 包。VLAN 100 被配置为将数据包转发给 VXLAN 10101，这意味着 VXLAN 交换机 1 将把完整的 ICMP 包嵌入到一个新的 VXLAN 标识符为 10101 的新 VXLAN 网络中。VXLAN 交换机 1 通过控制平面查找操作确定 VXLAN 数据包的目的地。执行查找操作时，使用原始数据包的目的 MAC 地址（在二层 VXLAN 的情况下）。通过控制协议查找操作，可以确定目的 IP 地址为 192.168.2.20，因而 VXLAN 交换机 1 将基于 IP 网络的路由表转发数据包。
3. IP 网络通过网络将新的 VXLAN 数据包转发给目的端 192.168.2.20。
4. 收到 VXLAN 数据包之后，VXLAN 交换机 2 解封装 VXLAN 数据包。根据 VXLAN 标识符（10101）及配置可以知道，需要将数据包转发给 VLAN 200。同样，需要通过控制协议查找操作（原始目的 MAC 地址）确定应该将数据包转发给哪个接口。查找成功之后，VXLAN 交换机 2 将原始数据包转发给去往服务器 1 的链路。
5. 服务器 1 以普通数据包的方式接收原始 ICMP 包，发送给 VXLAN 交换机 2 的响应消息也采用相同的路径。

对于 PC1 和服务器 1 来说，整个 VXLAN 通信过程都是透明的，它们不知道中间还有一个独立的 IP 网络。园区内的 SDA 网络的行为方式与此相同，端点所连接的交换机称为边缘节点，流量离开 Fabric 的节点称为边界节点。

VXLAN 本身支持 1600 万个（24 比特）逻辑虚拟网络，以虚拟网络 ID 加以标识。SDA 中的 VXLAN 标识符与思科 DNA Center 定义的虚拟网络 ID 相同。从理论上来说，最多可以在单个园区 Fabric 中支持 1600 万个虚拟网络。

VXLAN 本身被设计成数据路径协议。也就是说，其扩展性和性能主要受限于数据包的快速封装与解封装，需要通过单独的控制协议来确定如何转发每个 VXLAN 数据包。

A.1.10　LISP

SDA 利用 VXLAN 技术定义叠加虚拟网络，并通过园区 Fabric 中的底层网络进行传输。但 VXLAN 本身是一种数据路径技术，需要依靠控制协议执行查找操作并确定应该使用底层网络中的哪个目的 IP 地址。SDA 使用的控制协议是 LSIP（Locator/Identifier Separation Protocol，定位编号分离协议）。

LISP 架构（和协议）最初定义于 2006 年，旨在为 Internet 提供更具扩展性的路由和寻址方案。那时的 Internet 路由器数据库中的 IPv4 网络数量已经出现指数级增长趋势。出现这种情况的主要原因是，Internet 发布的小 IP 子网数量呈现指数级增长，而且越来越多的组织机构通过多个提供商进行连接（并发布路由）。

对于当前 Internet 来说，所有公有 IP 网络都知道其他网络以及该如何到达这些网络（位置），这是 Internet 使用的距离矢量路由协议的一部分。此外，由于 Internet 上的每台路由器都需要知道如何访问每个网络，因而每台路由器实际上都拥有庞大的网络和位置数据库（如何到达这些网络）。随着网络数量的不断增加，管理该数据库所需的资源也随之增多，从而导致路由器重启或链路中断之后，路由表的加载时间越来越长。

LISP 旨在降低复杂性和资源需求。从概念上来说，LISP 实现该目标的做法是，将 IP 网络（在 LISP 中被称为 EID[Endpoint IDentifier，端点标识符]）与到达这些网络的方式（在 LISP 中是 RLOC[Routing Locator，路由定位器]）信息相分离，并将这些信息放到数据量较少的大型数据库或映射服务器中。

网络中的路由器将告诉映射服务器，可以通过本路由器到达哪些 EID。同时，如果路由器希望知道应该如何转发特定数据包，那么就可以在 LISP 服务器中执行查找操作，以确定由哪台 RLOC 负责该网络，然后再将数据包转发给该 RLOC。这样就可以在网络中的每台路由器上生成较小的动态表格，同时保留所有 EID（IP 网络）的位置信息。图 A-10 给出了一个（简化的）大型互连网络示意图，通过两个 ISP 连接了多个 IP 网络。

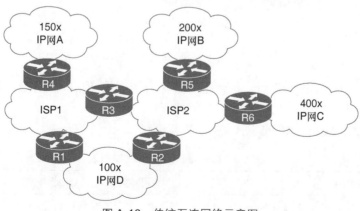

图 A-10　传统互连网络示意图

对于传统网络（以及当前的 Internet）来说，每台路由器都要维护一个包含所有网络及其可达性的路由表。表 A-4 给出了路由器 R6 的路由表信息。

表 A-4　路由器 R6 的路由表

IP 网络（EID）	可达方式（RLOC）
400xIP 网络 C	直连
150xIP 网络 A	ISP2-R3
200xIP 网络 B	ISP2-R5
100xIP 网络 D	ISP2-R2
100xIP 网络 D	ISP2-R3 ISP1-R1

虽然该网络结构较为简单，但此时路由器 R6 的数据库当中已经有了 950 条路由。同一 IP 网中的其他路由器也都有了 950 条路由，因而整个 IP 网的路由数达到了 5700 条。如果这个网络扩展到 Internet 的规模，拥有成千上万个服务提供商和企业网络，那么路由规模将会多么庞大！

Internet 上的每台路由器都要耗费大量资源来维护这种表格。如果基于 LISP，那么图 A-10 中的网络将变成图 A-11 所示的网络。

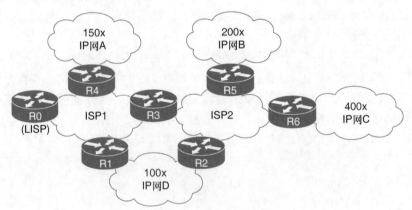

图 A-11　启用 LISP 的互连网络示意图

在网络上配置了 LISP 之后，每台路由器将向 R0 的 LISP 映射服务器提供位置标识（RLOC）和所连接的网络（EID）。

表 A-5 给出了路由器 R0 的映射表信息。

表 A-5　路由器 R0 的 LISP 映射表

IP 网络（EID）	可达方式（RLOC）
400xIP 网络 C	ISP2-R6
150xIP 网络 A	ISP2-R3

续表

IP 网络（EID）	可达方式（RLOC）
200xIP 网络 B	ISP2-R5
100xIP 网络 D	ISP1-R1 或 ISP2-R2

虽然表 A-5 看起来与路由器 R6 的路由表相似。但是，此时不要求所有路由器都维护完整的 IP 网络表，只要求 R0 维护这张映射表，其他路由器只要维护表项缓存即可，从而大大减少了路由表规模。如果 IP 网络 C 的流量大部分流入 IP 网络 A 和 IP 网络 B，那么路由器 R6 上的路由表将只有 350 条路由，而不再是 950 条（完整的路由表）。这大大减少了路由器 R6 的资源需求。

LISP 还提供了其他技术和概念来减少网络上的 IP 网络（前缀）数量，如隧道流量。但是对于 SDA 来说，LISP 映射服务器的概念和原理主要用于园区 Fabric。

SDA 中的 LISP 映射服务器被称为控制节点。EID 是端点 IP 地址（或二层虚拟网络的 MAC 地址），RLOC 信息包含了设备所连接的边缘节点的环回地址。可以通过映射信息将端点流量封装到 VXLAN 数据包中，并通过 Fabric 底层网络进行发送。

A.2 传统技术

non-Fabric 部署模式采用了多种传统技术来启用意图网络。本节将概要描述这些传统网络技术。

A.2.1 VLAN

VLAN 是园区网络最知名也最常用的技术之一。VLAN 可以将多个物理以太网连接隔离成逻辑二层域。隔离可能由于业务需求（如将打印机与员工工作站或访客用户进行隔离），也可能是为了实现可管理性而创建较小的广播域。VLAN 技术定义在 IEEE 802.1Q 标准中，是一种二层网络技术。

传统上，同一物理网络中的每台以太网设备都能进行相互通信（见图 A-12）。也就是说，PC1 可以与同一交换机上的 PC2、服务器以及其他设备进行自由通信。

如果出于某种原因，PC1 和服务器属于财务管理部门，不允许 PC2 和 PC3 进行访问，那么在没有 VLAN 的情况下，需要将这两台设备连接到不同的物理交换机上。虽然这也是一种有效选项，但扩展性很差且成本很高。可以利用 VLAN 在单台物理交换机上创建多个逻辑交换机。因此，每个 VLAN 都有一个唯一的标识符，即 VLAN ID。VLAN ID 的范围是 2～4095。VLAN ID 1 是默认 VLAN，用于不支持 VLAN 的交换机。图 A-13 显示了同一个物理拓扑结构，但此时已经为财务部和员工划分了不同的 VLAN。

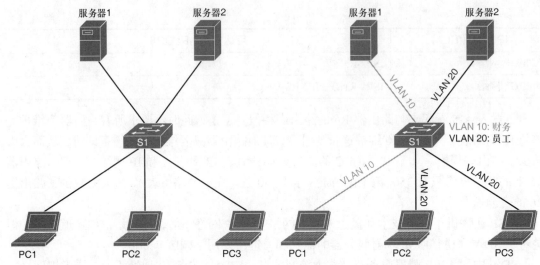

图 A-12 无 VLAN 的单个以太网域　　　　图 A-13 拥有两个 VLAN 的交换机拓扑结构

　　此时，配置了 VLAN 10（财务）的设备只能与其他配置了 VLAN 10 的设备进行通信，VLAN 20（员工）的设备也只能进行相互通信。隔离之后，VLAN 10 和 VLAN 20 将永远也无法进行相互通信，意味着 PC1 无法与服务器 2 进行通信，因为它们位于不同的 VLAN 上，也就是位于不同的逻辑二层网络中。仅当交换机（或防火墙或路由器）同时拥有两个 VLAN 的 IP 地址时，才能在三层进行路由并实现相互通信。

　　IEEE 802.1Q 标准还描述了多台交换机互连时的二层隔离机制以及跨交换机的二层隔离机制。图 A-14 显示了相同的拓扑结构，但此时的 PC3 连接在单独的交换机上。

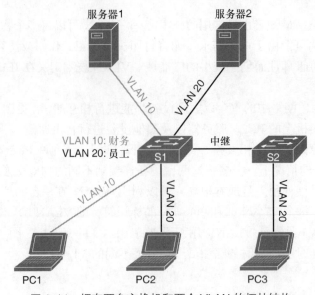

图 A-14 拥有两台交换机和两个 VLAN 的拓扑结构

为了确保 PC3 能够与服务器 2 进行通信,两台交换机需要通过特殊的 IEEE 802.1Q 接口进行互连,思科交换机将其称为以太网中继。两台交换机之间发送和接收的以太网帧中包含了 VLAN 标识符作为标签,也被称为"标记流量"。这样一来,如果 S1 收到 Tag20 以太网帧,那么就知道该以太网帧属于哪个 VLAN,从而能够转发给适当的逻辑网络。有关该以太网帧格式的详细信息,请参阅 IEEE 802.1Q 标准。

总之,VLAN 是一种应用广泛的隔离二层网络的常见技术。交换机(或防火墙或路由器)通过 VLAN 接口连接不同的隔离的二层网络以实现互连。对于 IBN 来说,non-Fabric 部署方案通过 VLAN 隔离不同的虚拟网络。

A.2.2　STP

STP(Spanning Tree Protocol,生成树协议)是一种预防以太网环路的技术。虽然 STP 的最初目的是为跨多个以太网的两个节点创建一条单一路径,但目前 STP 已成为园区网络中应用最为广泛的协议之一。STP 概念基于以下前提:对于拥有冗余连接的以太网来说,任意两个节点之间只能存在一条路径。为了实现该前提,STP 运行在二层(以太网)之上,并在物理连接的冗余交换机上创建一个逻辑拓扑结构(基于树)。图 A-15 给出了了一个小型交换机拓扑结构示例。

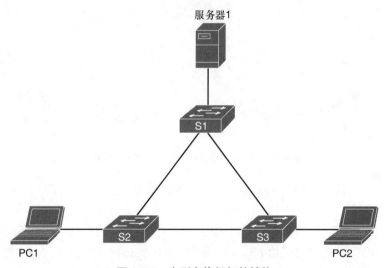

图 A-15　小型交换机拓扑结构

如果没有在上述网络拓扑结构中启用 STP,那么网络中很快就会出现广播风暴。假设 PC1 向外发送一条以太网广播消息以发现服务器 1 的 IP 地址,那么交换机 S2 就会收到该广播消息,然后又将该广播消息发送给 S1 和 S3。这两台交换机又依次将相同的广播包发送给各自的上行链路,从而导致最初发送该广播包的 S2 又收到两个广播包(一个通过路径 S3-> S1-> S2,另一个通过路径 S1-> S3-> S2)。由于以太网是二层协议,所以没有生存时间(或跳数)的概念。这样一来,交换机之间的链路就会在几秒钟之内被单个广播包所阻塞。

由于 STP 被设计为仅允许通过单一路径发送以太网数据包，因而如果配置了 STP，那么就能有效避免广播风暴问题。为了实现这一目的，STP 需要定期向每个接口发送携带该交换机标识符及其他信息的特殊桥接数据包。其他交换机收到该数据包之后，将停止处理所有数据并启动生成树计算过程。计算过程包含了网络中的所有交换机（当然，这些交换机也会停止通信）。可以通过接收到的桥接数据包从逻辑上确定哪台交换机是生成树的根（MAC 地址最小且优先级最低的交换机）。确定了根之后，每台交换机都会建立一个网络拓扑结构，并通过最短路径来确定到达该根交换机的最优路径。计算并确定了最短路径之后，通过根交换机学到的其他接口都将阻塞入站流量，以防止网络出现环路。STP 使用的方法与 A.1.7 节描述的链路状态机制相似。

图 A-16 显示了相同的网络拓扑结构，但此时已经配置了 STP 且根 S1 处于活动状态。

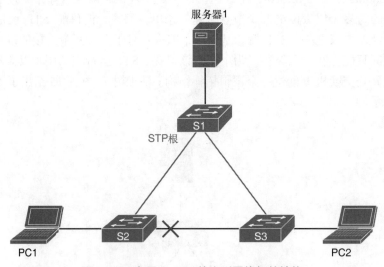

图 A-16 启用了 STP 的小型网络拓扑结构

在图 A-16 中，S2 到 S1 的链路与 S3 到 S1 的链路是活动链路，标记了 X 的接口表示处于阻塞状态。

对于图 A-16 的相同案例来说，如果 S2 从 PC1 收到以太网广播，那么 S2 仅将该广播包转发给 S1。S1 则将广播包发送给 S3，S3 又将广播包发送给 S2。但由于 S2 阻塞了该接口，因而该接口不会转发广播包，从而阻止了广播风暴。

由于 STP 是二层协议（默认启用），因而将交换机引入网络时，可能会因为 STP 而产生异常行为，甚至可能会导致新交换机成为网络的根桥，从而出现各种性能问题和异常行为。

对于最初的（以及正式的 IEEE 802.1D 标准）STP 来说，交换机会阻止所有流量 30 秒钟。由于 PC 连接网络（交换机暂时还不知道这是一台 PC 还是一台交换机）的时候也会出现这种流量阻塞情况，因而会产生连接问题以及获取 IP 地址超时问题。

为了解决这些问题，IEEE 引入了 RSTP（Rapid Spanning Tree Protocol，快速生成树协

议），即 IEEE 802.1w。该标准将定时器从 30 秒钟减小为 Hello 消息的 3 倍，从而将阻塞时间减少为 6 秒钟左右。这样就能为企业提供更加可靠的服务，并减少网络连接问题。

除了 RSTP 之外，思科还提供了专有优化技术，可以在每个 VLAN 上部署 RSTP，称为 RPVST。由于 RSTP 可以在园区网络上以逐个 VLAN 的方式运行，因而可以由两台汇聚交换机或核心交换机分担流量负荷。实现方式是将一台核心交换机作为若干个 VLAN 的 STP 根，将另一台核心交换机作为其他 VLAN 的 STP 根。RPVST 还有一个好处，那就是如果某个 VLAN（如 VALN 100）出现了一条新链路，那么只有该 VLAN 启动 STP 进程并阻塞流量。但是，由于 RPVST 需要占用更多的交换机内存和 CPU 资源（需要维护每个 VLAN 的拓扑结构），因而几乎所有的思科 Catalyst 交换机都将实例数限制为 128。这就意味着如果园区网络中的 VLAN 数超过了 128 个，那么就会有部分 VLAN 不支持 STP，至于哪个 VLAN 不起作用则是随机的。

STP 的另一项改进技术就是 MST（Multiple Spanning Trees Protocol，多生成树协议），它基于 IEEE 802.1s 标准。MST 实际上是 STP 与 PVSTP 的混合，为一组 VLAN 配置一个 STP 实例，从而大大限制了实例数量。大多数思科交换机最多支持 63 个 MST 实例。

总体来说，STP 是一种非常好的解决网络环路问题的网络技术。但是，现在的很多技术都完全消除了网络中的环路问题，如 vPC（virtual PortChannel，虚拟端口通道）和 MEC（Multichassis EtherChannel，多机架以太通道），因而不再需要 STP。最佳实践表明，如果园区网络中没有环路，那么非 SDA 意图网络就完全不需要 STP，从而大大降低了网络复杂性。如果网络中存在环路，那么就可以使用 MST 作为生成树协议。

A.2.3 VTP

VTP（Virtual Trunking Protocol，虚拟中继协议）可能是园区网络中最被低估的协议之一。VTP 是一种二层网络协议，可以在交换机之间传播 VLAN 的创建、修改和删除。VTP 是思科专有协议，目前的最新版本是 VTPv3，做了大量改进。

VTP 的概念比较简单。VTP 基于单个管理域中的客户端/服务器模式，单个管理域（通过域名定义）中的所有 VLAN 均由 VTP 服务器进行管理。出现变更之后，VTP 服务器就会发送以太网更新消息，将变更情况告知 VTP 客户端。同一域中的所有 VTP 客户端都能收到并处理该更新。图 A-17 给出了启用 VTP 的网络示意图。

图 A-17 的网络中有一台 VTP 服务器，用于名为 campus 的域。如果网络操作人在充当 VTP 服务器角色的交换机上创建了一个新 VLAN，那么该交换机就会生成一条 VTP 更新消息，并将消息广播给每个连接接口（由数字①表示）。

VTP 客户端收到 VTP 更新消息之后，立即执行两次验证。第一次验证是确定该更新是否针对其管理域。第二次验证是检查消息中的修订号，以确定该更新是否比 VTP 客户端已知的最新版本新。如果两次验证均正确，那么就处理该更新消息，并将变更复制到交换机上。此后，VTP 客户端会将该消息转发给其连接的所有接口（用数字②表示）。

如果两次验证均失败，那么 VTP 客户端就会忽略该消息，不更新自己的配置，但是会将其广播给所有连接的接口（用数字③表示）。

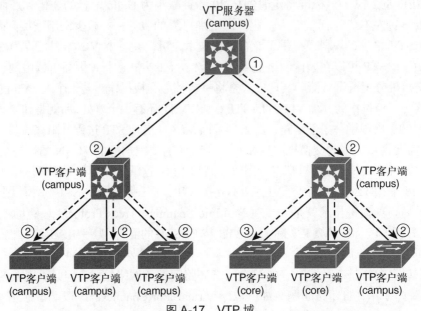

图 A-17　VTP 域

　　VTP 是一种功能强大的协议，可以轻松管理大型网络上的 VLAN。但是其强大功能也是有代价的。VTP 是一种二层协议，与所有二层协议一样，都处于默认启用状态。因此，如果用新交换机（或者实验环境中的交换机）替换网络中的某台交换机，且新交换机被配置为 VTP 服务器（同一个域），如果修订版本号高于当前 VTP 服务器，那么所有 VTP 客户端都将使用该 VLAN 数据库。如果新交换机未配置 VLAN（写擦除不会删除 VTP 配置），那么就会从网络中删除所有 VLAN。

　　由于这种情况在实际网络中经常出现，因而很多企业都倾向于禁用 VTP 功能，以避免可能的网络中断问题。虽然这是一个很正当的理由，但是这类事件的真正原因应该是未正确配置网络中安装的交换机。

　　对于 VTPv3（最新版本）来说，可以同时将一台主用交换机和一台备用交换机定义为 VTP 服务器，这样也能避免出现此类问题。

　　对于 non-Fabric 意图网络来说，利用 VTP 在汇聚交换机上执行一次变更操作之后，即可在整个网络中部署 VLAN 变更，使得新意图的部署更加简单。

A.3　分析技术

　　对于园区网络来说，除了配置技术之外，还要部署很多其他技术来监控网络的正确运行。对于 IBN 来说，分析组件是园区网络运行和管理不可或缺的重要组成部分。接下来将描述 IBN 分析组件使用的相关技术（包括现有技术和新技术）。

A.3.1 SNMP 协议

网络管理中最常用的协议之一就是 SNMP（Simple Network Management Protocol，简单网络管理协议），但是千万不要被该协议的名称所误导。SNMP 协议本身可能很简单，但是 SNMP 的部署、配置和操作却非常复杂，而且可能会给网络性能带来巨大影响（如果配置错误）。

SNMP 包括一个管理网络、一台网络管理站和一组被管设备。其中，被管设备会安装 SNMP 代理，SNMP 管理系统则运行在网络管理站上，如图 A-18 所示。

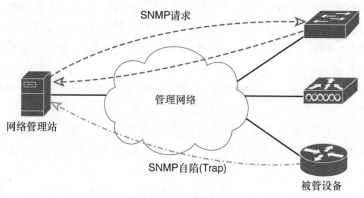

图 A-18　SNMP 概念

SNMP 支持两种通信方法。

- **SNMP 请求**：网络管理站利用该消息从被管设备请求信息（GetRequest），或者为设备设置特定值（SetRequest）。例如，网络管理站向被管设备发送 SNMP 请求消息，以请求被管设备的 CPU 负载信息（使用 UDP）。被管设备收到请求之后，验证请求的真实性，然后回送响应消息。

- **SNMP 自陷（Trap）**：被管设备通过自陷消息告诉网络管理站已经发生的事件。例如，如果被管设备检测到设备的 CPU 利用率过高，那么就会向网络管理站发送 SNMP 自陷消息，以告知 CPU 利用率过高问题。

由于 SNMP 基于 UDP（无确认），因而非常依赖于网络的弹性能力，以确保网络管理站能够收到自陷消息。

可以看出，SNMP 采用的请求-响应模式（可以根据需要请求特定信息以及在出现差错的时候接收自陷消息）确实很简单，但是在指定和配置所要请求的信息时，就会发现 SNMP 也非常复杂。

SNMP 使用 OID（Object Identifier，对象标识符）来唯一标识可以通过 SNMP 请求的信息。这就意味着交换机每个接口的操作状态都有一个唯一的标识符，路由器的每条路由表项也都有一个唯一的标识符。

为了实现网络管理协议的灵活性和可扩展性，SNMP 以树状方式组织 OID。树中的每个节点和要素都由一个十进制数值进行标识，如 OID 1.3.6.1.2.1.2.2.1.8 可以转换为接口 1 的操作状态。MIB（Management Information Base，管理信息库）描述了 OID 的组织方式（使用特定语言）。例如，可以将前面的 OID 转换为 1(iso).3(org).6(dod).1(internet).2(mgmt).1(mib-2).2(interface).2(ifTable).1(ifEntry).8(operStatus)。

树的概念允许不同的厂商在同一个层次结构中定义自己的特定子树。网络管理站使用 MIB 文件将文本信息转换成所请求的 OID。这是 SNMP 配置复杂的原因之一，因为网络管理站想要监控的所有信息要素都要进行配置。虽然有模板，但 SNMP 的配置仍要一定的手动配置。

此外，SNMP 对被管设备的性能影响很大，因为被管设备实际上是 SNMP 请求的服务器。这就意味着被管理设备的 CPU（与优化后的 ASIC 交换方式相比，CPU 速度通常非常慢）必须处理这些请求。因此，如果将很多请求发送给交换机，那么交换机的 CPU 使用率就很容易达到最大值。

虽然后来的 SNMP 版本支持了批量请求（而不是每个信息元素一条 SNMP 请求），但很多 SNMP 管理工具仍然采用单一请求方式。这就意味着，对于 4 台 48 端口思科 Catalyst 3650 交换机堆栈来说，为了请求每个接口的信息，至少需要 1152（6×4×48）条请求。如果网络管理站一次性发送如此大量的请求消息，那么就会对交换机的 CPU 以及所生成的连接数造成严重影响。

当前可用的 3 个 SNMP 版本在安全性方面也有较大差异。SNMPv1 是第一个版本，没有安全性，所有人都能发送和接收请求。SNMPv2 引入了团体的概念，每个团体都被用作认证和授权的预共享密钥。SNMP 团体可以是只读团体（仅 GetRequests）或读写团体（GetRequests 和 SetRequests）。SNMPv3 是最新版本，提供了认证与授权的现代加密和哈希方法。SNMPv3 的优点是更加安全，但是对 CPU 的影响更大。

总之，简单网络管理协议这个名称有点歧义。协议本身虽然很简单，但是配置和管理却非常复杂。此外，SNMP 对网络设备的性能影响也很大，特别是在多个网络管理站请求相同信息的情况下。

对于 IBN 来说，网络基础设施是业务正常运行的关键，需要监控包括接口状态在内的大量信息，这样就会对网络和网络设备产生较大影响。因此，不建议在 IBN 中使用 SNMP。如第 4 章所述，MDT（Model-Driven Telemetry，模型驱动遥测）是一种更适合 IBN 的分析技术（将在 A.3.3 节进行讨论）。

A.3.2   Syslog

Syslog 是一项源自 UNIX 和大型机系统环境的网络技术，其系统基础是有一个集中式（统一）的环境，每个进程和应用程序都可以在环境中记录消息，然后由 Syslog 环境将消息分发给不同的文件、数据库，或者通过网络分发给集中式 Syslog 服务器，以便集中管理所有工作站的日志信息。

网络基础设施中的 Syslog 以相同的方式运行，通常都使用 RFC 5454（Syslog 协议）。网络设备都使用相同的 Syslog 标准，并将日志消息发送给集中式 Syslog 服务器。RFC 5454 遵循以下原则：每条 Syslog 消息均作为单个数据包发送给集中式 Syslog 服务器。每条 Syslog 消息都包含了多个字段和描述符，可以提供结构化信息。这些字段都遵循 UNIX 环境下的 Syslog 消息格式。表 A-6 描述了 Syslog 字段信息。

表 A-6　Syslog 消息字段

Syslog 字段	描述
Facility（程序模块）	程序模块源自 UNIX 环境，解释了发送 Syslog 消息的程序模块（kernel、user、email、clock、ftp、local-usage）。绝大多数网络设备日志使用的程序模块等级都是 local4
Severity（严重性）	描述严重性的数字代码，范围是 0（紧急）～7（调试）
Hostname（主机名）	发送 Syslog 消息的主机
Timestamp（时间戳）	Syslog 消息生成时的时间戳
Message（消息）	Syslog 消息本身。思科设备的 Syslog 消息格式为 "%FACILITY-SEVERITY-Mnemonic: Message-text"。 其中，FACILITY 和 SEVERITY 通常与 Syslog 协议消息的程序模式和严重性相同，Message-Text 是 Syslog 消息的实际文本
Mnemonic（助记符）	助记符是 Syslog 消息的特定操作系统标识符。例如，IOS 设备中的 CONFIG_I 表示配置消息，代码 305012 表示在思科 ASA 防火墙上拆除一条 UDP 连接

对于网络来说，可以将 Syslog 消息与 SNMP 自陷消息进行类比，因为它们都是"告诉" Syslog 服务器和网络操作人员网络上发生的事件。与 SNMP 自陷消息相比，Syslog 有两大优点。一是与 SNMP 自陷消息相比，Syslog 消息更加丰富。运行 IOS 12.2 的 Catalyst 6500 大概有 90 种 SNMP 自陷消息，但是却有 6000 多种 Syslog 事件消息。

二是 Syslog 提供了更精细的控制粒度。可以通过日志级别、日志严重性以及消息细节等创建过滤器并确定需要响应哪些消息。

目前有多种解决方案都依靠 Syslog 来监控网络基础设施，最常见的就是 SIEM（Security Incident Event Management，安全事故事件管理）系统。该系统从多个源端采集 Syslog 信息，并使用智能过滤器及组合（必须自定义）来检测网络中的异常状况。

Syslog 有两个常见网络维护用例。第一个就是查看 Syslog 消息本身的内容。通过查看 Syslog 消息，可以了解网络上发生的情况。从例 A-4 所示的 Syslog 消息可以看出：有个 MAC 地址从一个接口移动到了另一个接口（这种情况是合理的，因为这是一个漫游到其他 AP 的无线客户端），而且用户 admin 更改了其运行配置。

例 A-4　Syslog 消息示例

```
Jul 18 2019 14:27:01.673 CEST: %SW_MATM-4-MACFLAP_NOTIF: Host 8cfe.5739.6412 in vlan
  300 is flapping between port Gi0/6 and port Gi0/8
Jul 18 2019 14:29:08.152 CEST: %SYS-5-CONFIG_I: Configured from console by admin on
```

```
vty0 (10.255.5.239)
<166>:Jul 18 14:41:03 CEST: %ASA-session-6-305012: Teardown dynamic UDP translation
  from inside:10.255.5.90/60182 to outside:192.168.178.5/60182 duration 0:02:32
<166>:Jul 18 14:41:03 CEST: %ASA-session-6-305012: Teardown dynamic UDP translation
  from inside:10.255.5.90/61495 to outside:192.168.178.5/61495 duration 0:02:32
```

　　另一个常见的网络维护用例就是观察网络基础设施生成的日志消息数量的变化情况。例如，假设网络平均每分钟产生 500 条日志消息，而某一时刻平均每分钟产生了 3000 条日志消息，事实上，这个峰值就是网络通过日志消息告诉操作人员网络正在发生某些事件。

　　总之，SNMP 是一种部署和应用非常广泛的监控 IT 设备行为的技术，Syslog 则专门用于监控网络基础设施正在发生的事件。IBN 分析组件使用的技术与部署意图的技术无关。

A.3.3　MDT

　　当前网络基础设施通常使用 SNMP 获取遥测数据（用于确定网络运行状态和统计信息，如接口统计信息）。这种获取遥测数据的方法，不但会导致 CPU 出现峰值，而且 SNMP 还只能提供网络基础设施层的遥测数据，无法提供用户连接网络所花的时间等遥测数据。

　　为了解决这两个问题，可通过 MDT（Model-Driven Telemetry，模型驱动遥测）技术将遥测数据从网络设备传输到网络管理系统。MDT 基于订阅方式，其中的客户端和服务器角色是颠倒的，网络管理系统（充当客户端，如思科 DNA Center）向网络交换机（充当服务器）发送单个遥测数据请求，不会给网络交换机带来过大影响。在 MDT 当中，网络管理系统从交换机请求订阅遥测数据，作为回复，交换机（充当客户端）也要连接网络管理系统（充当服务器）并提供订阅数据。图 A-19 给出了 MDT 流程示意图。

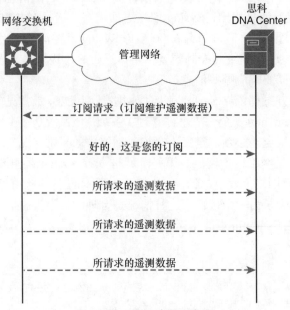

图 A-19　MDT 流程示意图

从 MDT 流程可以看出，思科 DNA Center 请求订阅网络交换机的遥测数据。不可能在单次订阅中订阅所有数据。本例中的思科 DNA Center 请求的是维护数据（如 CPU 负荷、内存利用率）并要求定期订阅。网络交换机将验证订阅请求并生成订阅 ID，然后将订阅 ID 作为响应消息发送给思科 DNA Center。

完成初始请求之后，网络交换机就会定期将（订阅的）遥测数据推送给用户（本例为思科 DNA Center）。

与 SNMP 相比，这种订阅模型的优点很明显。遥测数据的请求只需要发送一次，此后交换机就会定期（或者在出现变更时，这是 MDT 的另一种订阅选项）发送请求的遥测数据。实际上，此时的交换机已经成为客户端，但是不会因为过多的 SNMP 请求而导致过载。遥测数据则以批量流更新的方式发送给网络管理站。

MDT 通过订阅模型来优化流量并减少对网络设备的影响和负荷。另一个区别在于可订阅的数据基于开放模型规范。MDT 定义了遥测数据模型并作为订阅请求的一部分，而不是为每个数据元素定义单独的对象标识符。遥测数据模型基于 YANG 数据模型。YANG 是一种开放数据建模标准，网络行业利用该标准实现与厂商独立的网络设备配置方法（和模型）。YANG 模型可以在 GitHub 上公开获得，每种 IOS-XE 版本都有可用的 YANG 模型（不同的版本之间有一定的差异）。

从思科 IOS-XE 16.6.1 开始，所有交换机都支持 MDT 功能，较新的版本还支持思科路由器。随着时间的推移，未来所有运行 IOS-XE 的思科设备都将支持 MDT 功能，因为 MDT 是思科全数字化网络架构中为分析组件提供运行数据的关键技术。

A.3.4 NetFlow

NetFlow 是思科开发的一项流量分析技术，可以采集流经网络的流量的元数据。NetFlow 的原理是在网络的战略性入口点和出口点（如园区网络三层第一跳）配置流量导出器，由流量导出器采集流经该设备的每条连接的统计信息。统计信息通常包括源和目的 IP 信息、连接时间以及收发的字节数。流量导出器会周期性地将这些统计信息以流记录的方式发送给流量采集器。

图 A-20 显示了 NetFlow 的基本原理。

从图 A-20 可以看出，来自不同园区站点位置的端点正在访问 Internet 上的应用程序和企业应用程序。位于两个园区站点的汇聚交换机将流量统计信息导出给流量采集器。操作人员连接流量采集器以查看网络中的流量信息。

由于 NetFlow 采集统计信息的频率高于 SNMP 的轮询频率，而且能够采集网络中使用的应用和协议的元数据，因而 NetFlow 是一种非常出色的分析技术，可以确定网络中运行了哪些应用程序以及特定应用程序和链路使用的带宽情况。

大多数采集器都将流信息存储在数据库中，从而保留这些流信息以执行故障排查和取证分析操作（分析网络中断期间发生的事件）。这两种用例都是思科 DNA 分析组件不可或缺的重要组成部分，可以通过 NetFlow 技术提供大量有用信息。

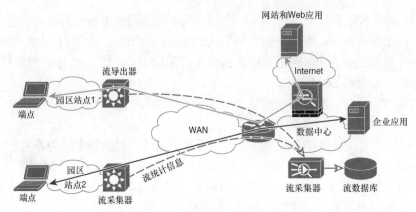

图 A-20 启用 NetFlow 的拓扑结构示例

A.4 附录 A 小结

基于 IBN 的园区网络设计、部署和维护操作使用了多种无论技术。本附录描述了其中的大多数网络技术。表 A-7 列出了这些技术以及在园区网络中部署 IBN 时用到的技术情况。

表 A-7 主要网络技术以及在 IBN 园区网络中的角色

技术	SDA Fabric 模式	传统 VLAN 模式	角色
Network PnP	✓	✓	PnP 用于 LAN Automation 和 Day-0 操作
VRF-Lite	✓	✓	VRF-Lite 用于虚拟网络的逻辑隔离
IEEE 802.1X	✓	✓	用于识别和认证连接到 IBN 上的端点
RADIUS	✓	✓	RADIUS 负责在集中式策略服务器与网络接入设备之间提供端点认证和授权机制
SGT	✓	✓	SGT 用于微分段
路由协议	✓	✓	路由协议负责为每个虚拟网络交换可达性和拓扑结构信息；对于 SDA 来说，路由协议还可以用于底层网络
VXLAN	✓		VXLAN 负责在底层网络之上隔离并传输虚拟网络
LISP	✓		LISP 在 Fabric（交换矩阵）中用作控制协议
VLAN		✓	VLAN 负责在二层逻辑隔离网络；与 SDA 的 VXLAN 相似
STP		✓	最好不使用，但是如果需要，那么就在网络中预防二层环路
VTP		✓	可以跨园区网络分发 VLAN 信息
SNMP	✓	✓	SNMP 可以执行基本的设备监控操作，不支持 MDT
Syslog	✓	✓	Syslog 用于网络中的监控和分析功能
NetFlow	✓	✓	NetFlow 负责分析园区网络中的流量情况并检测应用程序
MDT	✓	✓	网络设备通过 MDT 向 IBN 的分析组件提供智能化的遥测数据